D1722880

REINHOLD POPP

ZUKUNFT & FORSCHUNG.
DIE VIELFALT
DER VORAUSSCHAU.

REINHOLD POPP

ZUKUNFT & FORSCHUNG. DIE VIELFALT DER VORAUSSCHAU.

66 STICHWORTE VON A BIS Z

LIT

Bibliografische Information der Deutschen Nationalbibliothek
Die Deutsche Nationalbibliothek verzeichnet diese Publikation in der Deutschen Nationalbibliografie; detaillierte bibliografische Daten sind im Internet über http://dnb.d-nb.de abrufbar.

ISBN 978-3-643-50945-1 (gb.)
ISBN 978-3-643-65945-3 (PDF)

Wien 2020
Garnisongasse 1/19
A-1090Wien
Tel. +43 (0) 1-409 56 61
Fax +43 (0) 1-409 56 97
E-Mail: wien@lit-verlag.at
http://www.lit-verlag.at

Auslieferung:
Deutschland: LIT Verlag, Fresnostr. 2, D-48159 Münster
Tel. +49 (0) 2 51-620 32 22
E-Mail: vertrieb@lit-verlag.de
E-Books sind erhältlich unter www.litwebshop.de

Lektorat: Annemarie Hochkönig, Salzburg
Grafische Gestaltung: wir sind artisten, Salzburg
Bild: Christian Schneider, Salzburg

INHALT

VORWORT

ALFRED PRITZ (REKTOR DER SFU)

Die Sigmund Freud PrivatUniversität Wien (SFU) ist die größte Privatuniversität Österreichs. Das breite Studienangebot gliedert sich in vier Fakultäten: *Humanmedizin, Psychologie, Psychotherapiewissenschaft*[1] und *Rechtswissenschaften.* Über den Hauptsitz in Wien hinaus ist die SFU an einem weiteren Standort in Österreich (Linz) sowie in mehreren (Haupt-)Städten anderer europäischer Länder (Berlin, Ljubljana, Mailand, Paris) vertreten. Als junge und dynamische Hochschule ist die SFU sehr stark an der *interdisziplinären* Auseinandersetzung mit *Zukunftsfragen* interessiert. Im Hinblick auf dieses vorausschauende Forschungsinteresse wurde das von *Univ.-Prof. Dr. Reinhold Popp* geleitete *Institute for Futures Research in Human Sciences* gegründet, das erfreulicherweise die interdisziplinäre Kooperation sowohl mit Forschungsinstituten innerhalb und außerhalb der SFU als auch mit Institutionen der zukunftsbezogenen Wissenschaftskommunikation pflegt.

Im Hinblick auf die *öffentliche Wissenschaftskommunikation* über wichtige Zukunftsfragen ist das im September 2019 eröffnete und vom deutschen Bundesministerium für Bildung und Forschung geförderte sowie mit den großen Forschungsgesellschaften Deutschlands vernetzte Futurium in Berlin die derzeit renommierteste Institution in Europa. Als Rektor der Sigmund Freud PrivatUniversität freue ich mich selbstverständlich sehr über die bis 2023 vereinbarte Kooperation zwischen dem Futurium, dem Haus der Zukünfte in Berlin, und dem *Institute for Futures Research in Human Sciences* der SFU in Wien.

1 Als erste Universität im kontinentaleuropäischen Raum bietet die SFU ein Vollstudium (Bakkalaureat, Magisterium, Doktorat) für „Psychotherapiewissenschaft" an.

Im Bereich der *Kooperation mit wichtigen Forschungsinstituten* erschienen in der von *Univ.-Prof. Mag. DDr. Bernd Rieken* herausgegebenen SFU-Schriftenreihe

- 2017 das Grundlagenwerk „Zukunftsforschung und Psychodynamik. Zukunftsdenken zwischen Angst und Zuversicht" (Reinhold Popp/Bernd Rieken/Brigitte Sindelar) mit Gastbeiträgen von Julia Grundnig, Nils Guse und Tassilo Niemetz sowie
- 2018 der von Reinhold Popp herausgegebene Sammelband „Die Arbeitswelt im Wandel! Der Mensch im Mittelpunkt?", in dem mehrere Autorinnen und Autoren aus den Perspektiven der Psychologie, der Psychotherapiewissenschaft, der Wirtschaftswissenschaft und der prospektiven Forschung überwiegend zuversichtliche Prognosen zu den Zukünften der Arbeitswelt zur Diskussion stellen.

In der von Reinhold Popp (als Leiter des *Institute for Futures Research in Human Sciences* der Sigmund Freud PrivatUniversität) beim LIT Verlag herausgegebenen Schriftenreihe *„Zukunftswissenschaft & Zukunftsforschung"* erschien 2018 das Buch

- Popp, Reinhold: Zukunft:Beruf:Lebensqualität. 77 Stichworte von A bis Z.

Das ebenso in dieser Schriftenreihe publizierte *vorliegende* Buch beschäftigt sich mit den wissenschaftlichen Grundlagen und Grundfragen der zukunftsbezogenen Forschung. Auch in dieser umfassenden *neuen* Publikation gelang es Professor Popp, komplexe wissenschaftstheoretische und forschungsmethodische Themen allgemein verständlich zu präsentieren.

Wien, Januar 2020
Univ.-Prof. DDr. h. c. mult. Alfred Pritz
Rektor der SFU

VORWORT

STEFAN BRANDT (DIREKTOR DES FUTURIUMS)

Das Futurium, das Haus der Zukünfte in Berlin, wurde am 5. September 2019 eröffnet. Diese neuartige Plattform für den gesellschaftlichen Dialog über Zukunftsansätze und -visionen trifft offenbar einen Nerv der Zeit: Schon in den ersten vier Wochen nach Eröffnung wurden 100.000 Besucher*innen gezählt, und der weit über allen Erwartungen liegende Publikumszustrom hält seither weiter an. In der mehrjährigen Planungs- und Entwicklungsphase hat der Autor des vorliegenden Buches, Reinhold Popp, bei verschiedenen vorbereitenden Projekten mitgewirkt und war ein geschätzter Gesprächs- und Kooperationspartner des Futurium-Teams. Besonders wertvoll waren seine Beiträge zu den im vorliegenden Buch ausführlich behandelten wissenschaftstheoretischen und forschungsmethodischen Grundlagen der prospektiven Forschung.

In „Zukunft & Forschung" geht Professor Popp der nicht zuletzt für das Futurium bedeutsamen Frage nach, wie die zukunftsbezogene Wissenschaft eigentlich zu ihrem Wissen kommt. Wie in seinen bisherigen Büchern gelingt es dem Autor auch in seiner neuen Publikation, komplexe wissenschaftliche Inhalte verständlich zu präsentieren. Die Verteilung der Themen auf 66 unabhängig voneinander lesbare Textbausteine, die zugleich mit vielen Querverweisen verbunden sind, ermöglicht eine interessengeleitete und flexible Lektüre.

Bereits im Titel dieses Buches hebt Reinhold Popp die „Vielfalt der Vorausschau" hervor. Damit vertritt er einen Ansatz, der auch für das Futurium konstituierend ist: Keine Disziplin und keine Forschungsrichtung kann und soll einen exklusiven Anspruch auf wissenschaftliche Auseinandersetzung mit dem Thema „Zukunft" erheben. Die Annäherung an eine Zukunft, deren Offenheit durch die Verwendung des Begriffs „Zukünfte" am Futurium noch einmal besonders herausgestellt wird, bedarf interdisziplinärer Ansätze. Damit ist eine Vernetzung der zukunftsbezogenen Forschungsergebnisse aller Human-, Kultur-, Kunst-, Natur-, Sozial-, Technik- und Wirtschaftswissenschaften ebenso gemeint wie der Einbezug der per se interdisziplinären Erkenntnisse aus der Innovations-,

Bilder: Jan Windszus

Risiko-, Technikfolgen- und Zukunftsforschung. Der interdisziplinäre Brückenschlag muss aber weit über die Grenzen von Wissenschaft und Forschung hinausreichen: Erkenntnisse aus Politik, Wissenschaft und Kunst sind hier ebenso zu berücksichtigen wie Anregungen, Überlegungen, Wünsche und auch Ängste aus der Zivilgesellschaft. Zukunft geht uns alle an – und kein*e Expert*in kann hier „Herrschaftswissen" für sich reklamieren.

Mit diesem offenen Ansatz möchte das Futurium die Besucher*innen zur Auseinandersetzung mit Zukunftsfragen und zur Mitgestaltung einer nachhaltigen Zukunft ermutigen. In diesem Sinne ist das Futurium ein – derzeit in Europa noch einzigartiger – Ort der interdisziplinären und partizipativen Auseinandersetzung mit möglichen Zukünften. Es führt wissenschaftliche Forschung und aktuelle Diskurse aus Politik, Wirtschaft, Kultur und Zivilgesellschaft zusammen.

Im Futurium wird die grundlegende Frage „Wie wollen wir leben?“ in Verbindung mit den Fragen „Wie können wir leben?“ und „Wie sollten wir leben?“ auf drei sich ergänzenden Ebenen verhandelt:

- in der Ausstellung, die unterschiedliche Zukunftsentwürfe in den drei Denkräumen Natur – Mensch – Technik anschaulich und erfahrbar macht,
- im Forum, das aktuelle Positionen zur Sprache bringt und kontrovers diskutiert,
- und im Futurium Lab, das zur experimentellen Entwicklung eigener Ideen und zur Erprobung neuer Technologien einlädt.

Das Futurium ist eine gemeinnützige GmbH mit 15 Gesellschaftern. Als Hauptgesellschafter fungiert die Bundesrepublik Deutschland durch das Bundesministerium für Bildung und Forschung. Weitere Gesellschafter sind große Forschungsorganisationen wie beispielsweise die Fraunhofer-Gesellschaft, die Helmholtz-Gemeinschaft, die Max-Planck-Gesellschaft und die Leibniz-Gemeinschaft sowie mehrere deutsche Unternehmen. Innerhalb dieser Gesellschafterstruktur arbeitet das fast 50-köpfige Futurium-Team inhaltlich unabhängig und wird dabei von einem Programmrat aus hochkarätigen Wissenschaftler*innen verschiedenster Fachrichtungen beraten. Die Grundsteinlegung für das von den Berliner Architekten Christoph Richter und Jan Musikowski entworfene Futurium-Gebäude erfolgte im Sommer 2015. Es wurde an einem Standort nahe der Spree errichtet, auf dem noch vor drei Jahrzehnten die Berliner Mauer verlief. In der direkten Nachbarschaft befindet sich das Bundesministerium für Bildung und Forschung, in südlicher Richtung fällt der Blick auf die Spree, den Bundestag und das Kanzleramt, im Norden schaut man auf das Klinikum und Forschungszentrum Charité, und im Westen liegt der nur wenige Gehminuten entfernte Berliner Hauptbahnhof.

Die Vielfalt der Angebote am Futurium entspricht auch dem weiten Spektrum der inhaltlichen Annäherungen an die möglichen, wahrscheinlichen, plausiblen und erwünschten Zukünfte. Dabei spielt die wissenschaftsbasierte Kommunikation über Zukunftsfragen eine herausragende Rolle. Aber auch die kreative Auseinandersetzung der unterschiedlichen Künste mit zukünftigen Entwicklungen regt zu neuen Sichtweisen, alternativen Visionen und phantasievollem Zukunftsdenken an. Besonders spannend sind hierbei Begegnungen von Kunst und Wissenschaft. Ein Beispiel ist das von Futurium, Norddeutschem Rundfunk (NDR) und Südwestrundfunk (SWR) gemeinsam herausgegebene Publikationsprojekt „2029 – Geschichten von morgen“. Dieser im Suhrkamp Verlag erschienene Sammelband wurde im Oktober 2019 im Futurium der Öffentlichkeit vorgestellt. Mit diesem Werk wurde ein Dialog zwischen renommierten deutschsprachigen Belletristik-Autor*innen einerseits sowie der zukunftsbezogenen Wissenschaft andererseits gestartet. Als Repräsentant der prospektiven Forschung skizzierte Reinhold Popp in einem Nachwort seine Überlegungen zur Begegnung zwischen „Science“ und „Fiction“.

Ich freue mich auf die Fortsetzung der Zusammenarbeit mit Professor Reinhold Popp und dem von ihm geleiteten Institute for Futures Research in Human Sciences der Sigmund Freud PrivatUniversität in Wien – seine Überlegungen und Anregungen werden unser Haus der Zukünfte auch in Zukunft inspirieren!

Berlin, Januar 2020
Dr. Stefan Brandt
Direktor des Futuriums

VORWORT
REINHOLD POPP

WIE KOMMT DIE ZUKUNFTSBEZOGENE WISSENSCHAFT ZU IHREM WISSEN?

Seit vielen Jahren führe ich interessante Diskussionen über die theoretischen und methodischen Grundlagen und Grundfragen zukunftsbezogener Forschung

- mit Kolleginnen bzw. Kollegen und Studierenden an der Sigmund Freud PrivatUniversität in Wien, an der Exzellenzuniversität FU Berlin (Masterstudiengang Zukunftsforschung) sowie in Verbindung mit meiner Lehrtätigkeit an mehreren Universitäten in Deutschland, Österreich und der Schweiz,
- im Rahmen meiner wissenschaftlichen Kooperation mit mehreren Instituten für Wirtschaftsprognostik sowie für Innovations-, Technikfolgen- und Zukunftsforschung,
- im Zusammenhang mit meiner Funktion als Mitbegründer und Co-Herausgeber der wissenschaftlichen Fachzeitschrift „European Journal of Futures Research" (SpringerOpen – ein Teil von Springer Nature),
- im Kontext der Kooperation mit renommierten Institutionen der öffentlichen Wissenschaftskommunikation (u. a. Futurium Berlin),
- bei meiner Mitwirkung an interdisziplinären Publikationsprojekten,
- in Gremien und Beiräten für wirtschaftliche und politische Zukunftsfragen,
- bei Gesprächen und Interviews mit Journalistinnen und Journalisten sowie
- bei meinen vielen Vorträgen zu zukünftigen Herausforderungen.

In diesen Zusammenhängen[2] kristallisierten sich mehrere besonders häufig nachgefragte Themen heraus, die ich im vorliegenden Buch unter 66 Stichworten bearbeite. Bei der Auswahl dieser Stichworte war es mir sehr wichtig, die *Vielfalt* der wissenschaftlich fundierten Vorausschau zu berücksichtigen. Denn *zukunftsbezogene Probleme* werden *in fast allen wissenschaftlichen Disziplinen* erforscht. Keine Disziplin kann eine exklusive Zuständigkeit für zukunftsbezogene Forschung beanspruchen. Dies gilt sinngemäß ebenso für jene Forschungsrichtungen, die sich ausschließlich bzw. überwiegend der interdisziplinären Auseinandersetzung mit Zukunftsfragen widmen, etwa für die *Innovationsforschung*, die

Risikoforschung, die *Technikfolgenforschung* oder die *Zukunftsforschung*. Die Integration dieser unterschiedlichen disziplinären und interdisziplinären Ansätze prospektiver Forschung in einer eigenständigen wissenschaftlichen Disziplin *Zukunftswissenschaft* (in Analogie zur *Geschichtswissenschaft*) ist jedoch bisher nicht gelungen. (> Zukunftswissenschaft – ein Zukunftsprojekt?) Die im vorliegenden Buch betonte *Vielfalt* der Vorausschau beziehe ich auch auf unterschiedliche wissenschaftstheoretische Konzepte und auf das weite Spektrum der Forschungsmethoden. Damit ist die Ablehnung aller Versuche der dogmatischen Engführung des (zukunfts-)bezogenen Forschens verbunden. Weiters weise ich unter einigen Stichworten auf wichtige Ausprägungsformen des Zukunftsdenkens im individuellen und institutionellen Alltag der Wirtschafts- und Arbeitswelt sowie des gesellschaftlichen Zusammenlebens hin. Wichtig ist mir außerdem der Hinweis auf die Bedeutung von Phantasie, Kreativität, Kritik und Selbstreflexion. Im Hinblick auf die angestrebte Vielfalt der vorausschauenden Forschung betone ich auch die Bedeutung des *subjektiven Faktors* als unverzichtbare Erweiterung und Ergänzung der in der zukunftsbezogenen Forschung dominierenden ökonomischen, ökologischen, technischen, politischen und gesellschaftlichen Perspektiven. Außerdem halte ich die Analyse der *historischen Dimension* des Zukunftsdenkens und der zukunftsbezogenen Forschung für unverzichtbar. Dieser Zusammenhang zwischen *Herkunft* und *Zukunft* wird unter mehreren Stichworten thematisiert. Bei der Reflexion der historischen Entwicklung des Verständnisses von Vergangenheit und Zukunft stellt sich übrigens die Frage, ob der Begriff „Zukunft" noch zeitgemäß ist:

2 Bei der Produktion der Texte zu den 66 Stichworten des vorliegenden Buches habe ich z. T. auf Inhalte der folgenden Publikationen zurückgegriffen: Popp, R. (2016) *Zukunftswissenschaft & Zukunftsforschung* ... sowie Popp, R. (2018) *Zukunft:Beruf:Lebensqualität* ...

KOMMT DIE ZUKUNFT AUF UNS ZU?

Viele Begriffe haben sich von ihrer ursprünglichen Bedeutung gelöst. Dies gilt auch für den Begriff „Zu-kunft", der ja genau genommen suggeriert, dass die Lebensbedingungen der nächsten Jahre und Jahrzehnte auf uns *zu-kommen*. Nach der heute weit verbreiteten Sichtweise kommt jedoch die Zukunft nicht (schicksalhaft) auf uns zu. Vielmehr nehmen viele Menschen an, dass sie kreativ, gestaltend, vorausschauend, vorausplanend und vorsorgend *auf die Zukunft zugehen*. Zu diesem modernen Verständnis der aktiven Zukunftsgestaltung passt der englische Begriff „future", der bekanntlich vom lateinischen Wort „futurum" (= *das Werdende*) abgeleitet wurde, viel besser.

WISSENSCHAFTLICH FUNDIERT – VERSTÄNDLICH FORMULIERT

Im Sinne des Konzepts einer „öffentlichen Wissenschaft" wendet sich das vorliegende Buch nicht nur an Wissenschaftlerinnen und Wissenschaftler, sondern an ein breites Publikum. An diesem Anspruch einer allgemein verständlichen Wissenschaftskommunikation orientieren sich auch der Sprachstil und die Zitierweise dieser Publikation. (Vertiefend zur *Wissenschaftskommunikation* siehe Dernbach/Kleinert/Münder 2012 und Schäfer/Kristiansen/Bonfadelli 2015.)

ANIMATION ZUM FLEXIBLEN LESEN UND HINWEISE ZUR VERTIEFUNG

Die Gestaltung dieses Buches ermöglicht ein *flexibles Leseverhalten*. Der Leser bzw. die Leserin kann nämlich bei jedem der 66 Stichworte starten. Der Übergang zu anderen Textstellen bzw. Stichworten wird durch viele – mit (>) gekennzeichnete – *Querverweise* sowie durch ein *ausführliches Register* mit einer Vielzahl von Schlüsselbegriffen unterstützt. Außerdem erleichtert ein sehr ausführliches *Literaturverzeichnis* die Suche nach vertiefenden und weiterführenden Publikationen.

GENDERSENSIBLE TEXTGESTALTUNG

Im vorliegenden Buch bemühe ich mich um eine gediegene Balance zwischen einer gendersensiblen Textgestaltung und einer guten Lesbarkeit. In diesem Sinne wurden Varianten wie *Schrägstrich* (z. B. Student/innen), *Binnen-I* (z. B. StudentInnen) oder *Genderstern* bzw. *Unterstrich* (z. B. Student*innen bzw. Student_innen) vermieden und – sofern eine geschlechtsneutrale Formulierung (z. B. Studierende) nicht sinnvoll erschien – die Benennung sowohl der weiblichen als auch der männlichen Form (z. B. Studentinnen und Studenten) bevorzugt.

Wien, Januar 2020
Reinhold Popp

Dank: Die vorliegende Publikation wurde von der Sigmund Freud PrivatUniversität Wien gefördert.

ZUKUNFT & FORSCHUNG.

66 STICHWORTE VON A BIS Z

01

ANFÄNGE DER PROSPEKTIVEN FORSCHUNG IN EUROPA: 1940ER BIS 1980ER JAHRE

Unter diesem ersten Stichwort wird die historische Entwicklung in der Boomphase der zukunftsbezogenen Forschung in Form einer groben Skizze überblicksartig dargestellt. Die Lektüre dieses bewusst kurz gehaltenen Textes ermöglicht die Begegnung mit Personen und Institutionen, die die Entstehung und Weiterentwicklung dieser jungen Forschungsansätze, die meist unter der missverständlichen Bezeichnung „Zukunftsforschung“ zusammengefasst werden, maßgeblich beeinflusst haben. Eine geschichtswissenschaftlich fundierte Analyse ist hier nicht beabsichtigt. Einschlägig interessierten Leserinnen und Lesern können die Bücher von Hölscher (1999), Seefried (2015) und Uerz (2006) empfohlen werden. Interessante historische Informationen finden sich außerdem in den Veröffentlichungen von Kreibich (1991), Popp (2016c), Steinmüller (2000), (2012b), (2013), (2014) sowie Tiberius (2011c, S. 18–24). Den o. g. Publikationen sind wichtige Hinweise für die folgenden „Meilensteine“ der historischen Entwicklung der prospektiven Forschung in Europa zu verdanken.

EUROPÄISCHER KONTRAPUNKT ZUM US-AMERIKANISCHEN FORECASTING

Die Entwicklung der *Zukunftsforschung* im deutschsprachigen Raum bzw. der *Prospective* in Frankreich und der *Prognostics* in den Niederlanden erfolgte vor allem als kritisch-kreative Alternative zu den in der zweiten Hälfte der 1940er Jahre gegründeten großen Think-Tanks für (sozial-)technologisch orientiertes *Forecasting* mit einem Naheverhältnis zu Militär und Industrie bzw. im Umfeld politischer Entscheidungsträger in den USA, u. a. der > RAND Corporation. Die Ergebnisse dieser Art von zukunftsbezogener Forschung wurden vorerst in den meisten Fällen als militärische Geheimnisse bzw. als Betriebsgeheimnisse großer Konzerne betrachtet und deshalb nur selten publiziert.

Deutschland und Österreich

- In den *deutschsprachigen* Raum gelangte die Information über die Existenz der einflussreichen US-amerikanischen Think-Tanks für Zukunftsfragen durch das 1952 erschienene Buch „Die Zukunft hat schon begonnen. Amerikas Allmacht und Ohnmacht" des Wissenschaftsjournalisten Robert > Jungk. In den 1960er bis 1980er Jahren gründete Jungk in Österreich und Deutschland mehrere Institute für die gesellschaftskritische Auseinandersetzung mit Zukunftsfragen. 1985 gründete er in Salzburg eine Stiftung, die bis heute die *Jungk-Bibliothek* führt und das literarische Erbe Jungks verwaltet. Außerdem gibt sie die mehrmals pro Jahr erscheinende *Zeitschrift „Pro Zukunft"* heraus, die sich als „Navigator durch die aktuellen Zukunftspublikationen" versteht und vor allem kurze Rezensionen aktueller Zukunftsliteratur veröffentlicht.
- Nach seiner Rückkehr nach Deutschland lehrte Ossip K. Flechtheim, der 1943 – während seines Exils in den USA – den Terminus „Futurologie" geprägt hatte, an der Freien Universität Berlin. Die von Flechtheim gewählte Disziplinbezeichnung setzte sich weder im deutschsprachigen noch im englischsprachigen Raum durch. Flechtheims Grundlagenwerk („Futurologie", 1970) spielte jedoch im Zuge der Entwicklung der gesellschaftskritischen Zukunftsforschung in Deutschland eine bedeutsame Rolle.
- 1970 gründete die Max-Planck-Gesellschaft das von Carl Friedrich von Weizsäcker und Jürgen Habermas geleitete *Max-Planck-Institut zur Erforschung der Lebensbedingungen der wissenschaftlich-technischen Welt* am Starnberger See. Dieses renommierte Institut entwickelte eine starke inhaltliche Nähe zur gesellschaftskritischen Zukunftsforschung im deutschsprachigen Raum, wurde jedoch kurz nach der Emeritierung Weizsäckers (1980) im Jahr 1981 geschlossen. Sehr interessant ist auch die Vorgeschichte dieses Instituts. (Siehe Laitko 2011: Die expliziten Bezüge zur Zukunftsforschung und ihren damaligen Konflikten werden in dieser Publikation von Laitko auf S. 49 dargestellt.)
- 1972 gründete die Fraunhofer-Gesellschaft in Deutschland das *erste* von zwei Instituten, die sich überwiegend mit angewandter Zukunfts- und Innovationsforschung beschäftigten, nämlich das *Fraunhofer-Institut für System- und Innovationsforschung (ISI)* in Karlsruhe (siehe dazu Cuhls u. a. 2013, Weissenberger-Eibl 2019). 1974 erfolgte die Gründung des *zweiten* zukunfts- und innovationsbezogenen Instituts, nämlich des heute in Euskirchen situierten und auf

militärische Zukunftsforschung spezialisierten *Fraunhofer-Instituts für Naturwissenschaftlich-Technische Trendanalysen (INT)*.

- 1981 wurde das *Institut für Zukunftsstudien und Technologiebewertung (IZT)* in Berlin gegründet. Dieses Institut, das bis 2013 vom Doyen der Zukunftsforschung des deutschsprachigen Raums (und früheren Präsidenten der Freien Universität Berlin), Rolf Kreibich, geleitet wurde, führt die von Robert Jungk forcierte, stark gestaltungsorientierte Tradition der deutschsprachigen Zukunftsforschung fort. (Seit 2013 leitet Rolf Kreibich das bereits seit 1990 bestehende *Sekretariat für Zukunftsforschung*.) Das IZT realisierte eine beachtliche Zahl an zukunftsbezogenen F&E- sowie Beratungsprojekten und gab eine Vielzahl von überwiegend anwendungsorientierten Publikationen heraus (siehe dazu u. a. Kreibich 2013). In den folgenden Jahrzehnten hielt das IZT Berlin das Fähnchen der gesellschaftskritischen und sozial-ökologischen Zukunftsforschung bzw. -gestaltung hoch und engagierte sich auch verstärkt im Bereich der kritischen Technikfolgenabschätzung. Im Umfeld des IZT schlossen sich die gesellschaftskritischen Zukunftsinitiativen zum „Netzwerk Zukunft“ zusammen (siehe dazu Burmeister u. a. 1991).

Von Kreibich (2006b, S. 3) stammt auch die an Flechtheim angelehnte, häufig zitierte Definition des Begriffs Zukunftsforschung: „Zukunftsforschung ist die wissenschaftliche Befassung mit möglichen, wünschbaren und wahrscheinlichen Zukunftsentwicklungen und Gestaltungsoptionen sowie deren Voraussetzungen in Vergangenheit und Gegenwart. Die neuere Zukunftsforschung geht davon aus, dass die Zukunft prinzipiell nicht vollständig bestimmbar ist und dass verschiedene Zukunftsentwicklungen (Zukünfte) möglich und gestaltbar sind. Zukunftsforschung enthält neben analytischen und deskriptiven Komponenten immer auch normative, prospektive, kommunikative und gestalterische Elemente.“

Frankreich

1949 veröffentlichte der französische Ökonom Jean Fourastié in Paris die damals viel beachtete Zukunftsstudie „Le grand espoir du XXe siècle” sowie 1955 und 1966 weitere zukunftsweisende Publikationen.

Die mit dem Begriff „Prospective“ bezeichneten Ansätze der französischen Zukunftsforschung gehen auf den Philosophen und Wissenschaftspolitiker Gaston

Berger sowie den Sozialwissenschaftler Bertrand de Jouvenel zurück. De Jouvenel publizierte 1967 das für den weiteren Theorie- und Methodendiskurs in der zukunftsbezogenen Forschung sehr wichtige Werk „Die Kunst der Vorausschau". (Zu dem von ihm geprägten Begriff „Konjektur" siehe Wirth 2016.)
In den 1990er Jahren versuchte der Ökonom und Statistiker Michel Godet (u. a. 1997), den eher auf *hermeneutischen* Forschungsmethoden und *kreativen* Diskursprozessen basierenden Konzepten von Berger und Jouvenel (> Hermeneutischer Erkenntnisweg) eine stärker *empirisch-statistische* und *praxisorientierte* Note zu geben (> Empiristischer Erkenntnisweg). Der überwiegend wirtschaftsorientierte Praxisbezug Godets drückt sich in den von ihm (ebd., S. 56) formulierten vier Schlüsselfragen der angewandten Zukunftsforschung aus:

- Was kann geschehen? (Mögliche und wahrscheinliche Zukünfte)
- Was kann ich tun? (Handlungsoptionen)
- Was will ich erreichen? (Ziele)
- Wie kann ich es tun? (Strategie).

(Vertiefend zu den französischen Ansätzen zukunftsorientierter Forschung siehe Pausch 2012, S. 81 ff.)

Niederlande

Einen ähnlich gestaltungsorientierten und diskursiven Ansatz wie Bertrand de Jouvenel im Frankreich der 1960er Jahre vertrat Fred Polak (1961) in den Niederlanden. Seiner Meinung nach sollte das *intuitive* und *kreative* Denken bei der Auseinandersetzung mit Zukunftsfragen eine große Rolle spielen. In einem weiteren, 1971 erschienenen Grundlagenwerk verwendet Fred Polak den Begriff „Prognostics" als Sammelbegriff für zukunftsbezogene Forschung.

VERTIEFENDE INFORMATIONEN ZUR HISTORISCHEN ENTWICKLUNG DER ZUKUNFTSBEZOGENEN FORSCHUNG

Weitere kurze und überblicksartige Informationen zur Geschichte der prospektiven Forschung in Europa – mit besonderer Berücksichtigung des deutschsprachigen Raums – finden sich im vorliegenden Buch unter folgenden Stichworten:

- > Vorgeschichte der zukunftsbezogenen Forschung,
- > Krise der Zukunftsforschung und Phase der Vielfalt: 1980er Jahre bis heute.

02

„ANYTHING GOES“ – VIELFALT DER FORSCHUNG – POSTSTRUKTURALISMUS

VIELFALT DER FORSCHUNG: JEDES WISSENSCHAFTLICHE KONZEPT IST EIN KIND SEINER ZEIT

Aus *wissenschaftshistorischer* Sicht ist die Selbstdefinition einer wissenschaftstheoretischen Denkschule als *einzig mögliches* wissenschaftliches Konzept und die damit verbundene Abwertung aller anderen Denkschulen als „unwissenschaftlich“ nicht nur überheblich, sondern auch naiv. Denn was in einer bestimmten Zeit oder an einem bestimmten Ort als wissenschaftlich oder unwissenschaftlich gilt, wird nicht ausschließlich innerhalb des gesellschaftlichen Subsystems der Wissenschaft entschieden. Ein „Paradigmenwechsel“ (Kuhn 1981 und 1992) erfolgt – historisch betrachtet – in den seltensten Fällen nur auf der Basis der Ergebnisse von tiefsinnigen wissenschaftstheoretischen Diskursen, sondern wird in den meisten Fällen auch von der veränderten Bedarfslage neuer gesellschaftlicher, wirtschaftlicher und politischer Konstellationen beeinflusst (dazu ausführlicher: Fleck 1993, Kuhn 1981 und 1992). Dies gilt selbstverständlich auch für alle Ausprägungsformen der *zukunftsbezogenen* Forschung.

„ANYTHING GOES“: PAUL FEYERABENDS PLÄDOYER FÜR WENIGER DOGMATISMUS UND MEHR KREATIVITÄT IN DER FORSCHUNG

Die radikalste Forderung nach erkenntnis- und wissenschaftstheoretischer sowie forschungsmethodischer Freiheit und Kreativität stammt ausgerechnet von einem früheren Schüler Karl Poppers (> Kritischer Rationalismus), nämlich von Paul Feyerabend (1924–1994), der sich im Hinblick auf die Vielfalt der theoretischen und methodischen Angebote strikt gegen jede Dogmatisierung aussprach: „Wer sich dem reichen, von der Geschichte gelieferten Material zuwendet und es nicht darauf abgesehen hat, es zu verdünnen, um seine niederen Instinkte zu befriedigen, nämlich die Sucht nach geistiger Sicherheit in Form von Klarheit, Präzision, ‚Objektivität‘, ‚Wahrheit‘, der wird einsehen, daß es nur einen Grundsatz gibt, der sich unter *allen* Umständen und in *allen* Stadien der menschlichen Entwicklung vertreten lässt. Es ist der Grundsatz *Anything goes (Mach, was du willst)*" (Feyerabend 1976, S. 45).

Um allfälligen Missverständnissen vorzubeugen, muss hier freilich erwähnt werden, dass Feyerabend mit seiner großzügigen Aufforderung „Mach, was du willst" keineswegs einen Freibrief für wissenschaftsfernen Dilettantismus ausstellt. (Im Hinblick auf diesbezüglich problematische Entwicklungen im Themenspektrum des vorliegenden Buches siehe unter dem Stichwort > **Zukunftsgurus**.) Vielmehr sollte der Hinweis Feyerabends auf den Reichtum der in der Wissenschaftsgeschichte entwickelten, philosophisch gut begründeten erkenntnistheoretischen Konzepte (siehe Zitat oben) beachtet werden! Feyerabend plädiert also nicht für eine unreflektierte Beliebigkeit, sondern für eine wissenschaftlich fundierte Freiheit des Denkens, für mehr Kreativität und Phantasie in der Forschung sowie letztlich für mehr Toleranz – auch in der Welt der Wissenschaft.

(Ausführlich zu Feyerabend: Stadler/Fischer 2006. Zum Versuch des ungarischen Philosophen Imre Lakatos, zwischen der Position seines Freundes, Paul Feyerabend, und der Position von Karl Popper zu vermitteln, siehe unter > **Kritischer Rationalismus/Raffinierter Falsifikationismus**.)

POSTSTRUKTURALISTISCHE WISSENSCHAFTSKRITIK

Um die Befreiung von anscheinend „objektiven" Wahrheiten und unhinterfragbaren Glaubenssätzen geht es auch in den sehr unterschiedlichen Konzepten, die unter dem eher vagen wissenschaftstheoretischen Begriff „Poststrukturalismus" versammelt sind. Als wichtige Vertreter des Poststrukturalismus gelten u. a. Roland Barthes, Jean Baudrillard, Hélène Cixous, Jacques Derrida, Michel Foucault (1974), Félix Guattari, Jacques Lacan oder Jean-François Lyotard (1986), die jedoch keineswegs eine eigenständige wissenschaftliche Denkschule entwickeln wollten. Vielmehr betonen diese poststrukturalistischen Theoretikerinnen und Theoretiker ihre jeweils eigenständigen Positionen. Sie stimmen vor allem im Hinblick auf ihre *antiobjektivistische* Grundhaltung überein. Auf diesem wahrheitskritischen Theoriekern baut auch das gemeinsame Interesse für die von Michel Foucault entwickelte und von anderen Poststrukturalisten weiterentwickelte Methodik der *Diskursanalyse* auf. (Vertiefend dazu: Belsey 2013, Moebius/Reckwitz 2008. Kritisch zu wahrheitskritischen Konzepten: Boghossian 2015.)

Causal Layered Analysis (CLA) – eine (vage) poststrukturalistisch-diskursanalytische Forschungsmethode mit Zukunftsbezug

Auf der Basis der poststrukturalistischen Methodik der Diskursanalyse präsentierte der pakistanisch-australische Wissenschaftler Sohail Inayatullah (1998, 2004) im letzten Jahrzehnt des vergangenen Jahrhunderts CLA als „neue" Methode der zukunftsbezogenen Forschung. Inayatullah versteht CLA als Antwort auf eine – seiner Meinung nach – zu *eindimensionale* Realisierung der prospektiven Wissenschaft. Zum Zweck der von ihm angestrebten *mehrdimensionalen* Betrachtung zukunftsbezogener Entwicklungen empfiehlt er die Analyse des jeweiligen Forschungsgegenstands auf vier Ebenen:

- empirisch feststellbare Fakten („Litanei"),
- soziokulturelle Zusammenhänge (mit besonderer Berücksichtigung *interkultureller* Aspekte),
- Weltanschauung,
- Mythen/Metaphern.

Die Ergebnisse dieser Mehrebenenanalyse werden schließlich von den Forscherinnen bzw. Forschern – mehr intuitiv als systematisch – im Hinblick auf zukunftsbezogene Erkenntnisse verknüpft. Inayatullahs CLA wurde bisher vor allem im Bereich der zukunftsbezogenen Unternehmens- und Politikberatung eingesetzt. Die Integration in die universitäre Forschung ist bisher nur in Einzelfällen gelungen.

03

BEFRAGUNG: EXPERTENBEFRAGUNG – DELPHI-TECHNIK – PROSPEKTIVES INTERVIEW

Befragungen unterschiedlicher Art sind ein traditionsreiches methodisches Design der Sozialforschung. Zusammenfassende Überlegungen zur Methodik der > repräsentativen Befragung finden sich unter einem gesonderten Stichwort. Im Folgenden werden zwei weitere wichtige Befragungsverfahren mit Zukunftsbezug skizziert:

EXPERTENBEFRAGUNG – DELPHI-METHODE

Grundsätzlich kommen für die Erhebung der Zukunftsbilder von Expertinnen und Experten auch in der zukunftsbezogenen Forschung *alle Varianten* der Expertenbefragung in Frage (siehe dazu Bogner u. a. 2009). Seit Olaf Helmer in den 1960er Jahren (im Rahmen des US-amerikanischen Think-Tanks > RAND Corporation) für seine „Long-Range Forecasting"-Studie erstmals eine modifizierte Form des klassischen Experteninterviews, nämlich die *Delphi-Methode*, eingesetzt hatte, ist dieses Verfahren in Projekten der prospektiven Forschung sehr beliebt (ausführlich dazu siehe Cuhls 2009, Häder 2009). Im Sinne des neopositivistisch geprägten Forschungsverständnisses Helmers wurden die von den damals befragten Experten angenommenen zukünftigen technischen *Möglichkeiten* (= Zukunftsbilder) umstandslos als zukünftige *Wirklichkeiten* beschrieben. (> Technikfolgenforschung – Technikvorausschau)

Im Gegensatz zu Olaf Helmer hält die Zukunftsforscherin am Fraunhofer-Institut ISI in Karlsruhe, Kerstin Cuhls (2012, S. 140), die Delphi-Expertenbefragung *zutreffend* für eine *subjektiv-intuitive Erhebungsmethode*. Nach diesem Forschungsverständnis gewinnen die erhobenen Zukunftsbilder der Expertinnen und Experten erst durch die *kritisch-hermeneutische* Interpretation auf der Basis

- von (zukunftsbezogenen) Theorien des Wandels (siehe u. a. Tiberius 2012a und 2012b) sowie
- von jeweils konkreten, thematisch relevanten Gegenstandstheorien eine wissenschaftliche Bedeutung. (Zur Delphi-Technik siehe auch Häder 2009.)

Bei der Delphi-Methode werden ausgewählte Expertinnen und Experten mit möglichst unterschiedlichen Positionen zum jeweiligen Forschungsthema mindestens zwei Mal hintereinander befragt. Die Ergebnisse der ersten Erhebungsrunde werden den Befragten in der zweiten Runde in zusammengefasster Form zurückgemeldet. Dadurch lernen die Expertinnen und Experten die Meinungsbilder aller Befragten kennen und können bei der nochmaligen Befragung – unter Berücksichtigung dieser modifizierten Wissensbasis – allenfalls ihre zukunftsbezogenen Antworten aus der ersten Befragungsrunde korrigieren.

PROSPEKTIVES INTERVIEW

Prospektive Interviews sind eine auf Zukunftsfragen abgestimmte Variante der Forschungsmethode des *narrativen* bzw. *problemzentrierten Interviews*. Derartige prospektive Befragungen werden mit einer kleinen Anzahl von ausgewählten Personen (häufig auch in Form von Gruppendiskussionen) zum jeweiligen zukunftsbezogenen Themenspektrum durchgeführt. Diese vorausschauende Interviewvariante hat sich u. a. in der Phase der Vorbereitung von Fragebögen für zukunftsbezogene > repräsentative Erhebungen bewährt.
In einem interessanten Beitrag von Michael Schetzke (2005) wird der Einsatz von prospektiven Interviews auch im Hinblick auf die „qualitative Prognose" von Wild Cards (> Szenario ...) vorgestellt.

04

COMPUTERSIMULATION – ORAKEL DES 21. JAHRHUNDERTS?

PROGNOSEN DURCH SUPERCOMPUTER?

Werden in unserem Zeitalter der Digitalisierung (> Digitaler Wandel ...) gigantische Supercomputer zum Orakel des 21. Jahrhunderts? Können derartige Mega-Maschinen schon bald vorhersagen, was in der Zukunft auf uns zukommt? Die meisten Forscherinnen und Forscher warnen vor allzu großen Hoffnungen. Denn das dynamische Zusammenwirken von individuellen Bedürfnissen und Hand-

lungen mit gesellschaftlichen, politischen und ökonomischen Entwicklungen erzeugt – trotz der Fortschritte im Bereich der Komplexitätsforschung – eine nicht berechenbare Menge an Faktoren und deren Wechselwirkungen.
Beim kreativen Nachdenken – auch beim zukunftswissenschaftlichen Vorausdenken – über komplexe Zusammenhänge ist das menschliche Gehirn den digitalisierten Maschinen deutlich überlegen; vor allem dann, wenn mehrere prospektiv forschende Gehirne interdisziplinär kooperieren und künstlich intelligente Maschinen als nützliche Werkzeuge dienen (> Künstliche Intelligenz – menschliche Intelligenz).

DER URSPRUNG DES WISSENSCHAFTLICHEN DISKURSES ÜBER EMPIRISCH-STATISTISCH ORIENTIERTE PROGNOSTIK

Seit den 30er Jahren des vergangenen Jahrhunderts entwickelte sich auch in den vielen Disziplinen der Human- und Sozialwissenschaften die Methodik der *statistischen Modellierung von Daten* rasant weiter. Diese forschungsmethodische Innovation ermöglichte – bei Vorliegen einer aussagekräftigen quantifizierbaren Datenbasis – die einigermaßen detaillierte mathematische Fortschreibung der (wahrscheinlichen) Entwicklung von Systemen mit *geringer* Komplexität, und damit auch die Nutzung für zukunftsbezogene Forschungsfragen. Die öffentlichkeitswirksamste Anwendung dieser neuen Prognosetechnologie gelang dem Psychologen und Kommunikationswissenschaftler George Gallup, der den Ausgang der US-amerikanischen Präsidentschaftswahlen von 1936 erstaunlich genau vorausberechnete. Ab 1945 gewann diese Prognosetechnologie in unterschiedlichen Einsatzbereichen – vorerst in den USA – eine wachsende Bedeutung. Ab den 1970er Jahren profitierte die empirisch-statistisch orientierte Prognostik von der rasanten Verbesserung der Rechenleistung der Computer. (Zur Geschichte der sozialwissenschaftlichen Prognostik: Stagl J. 2016.)

PROGNOSTISCHE MODELLIERUNG UND SIMULATION DYNAMISCHER SYSTEME

In Zeiten von *Big Data* werden von der Politik, der Wirtschaft und den Medien hohe Erwartungen in die statistische Prognostik gesetzt. Die Darstellung von zukunftsbezogenen Aussagen in Form von *Zahlen* erweckt offensichtlich bei vielen Menschen – auch bei vielen Entscheidungsträgern in der Politik und der Wirtschaft – den Eindruck von *Fakten*. In diesem Zusammenhang ist es nicht verwunderlich, dass empirisch-statistisch fundierte und computergestützte Simulationsverfahren (wie z. B. agentenbasierte Modelle) auch in der *sozialwissenschaftlichen* und *wirtschaftswissenschaftlichen* Forschung mit Zukunftsbezug immer häufiger eingesetzt werden. Computersimulationen (CS) zielen auf die virtuelle Nachbildung von Systemen und Prozessen ab. Zu diesem Zweck werden jene psychischen, sozialen, gesellschaftlichen, natürlichen und technischen Systeme, in denen Prozesse simuliert werden sollen, in Form von vereinfachten Modellen konstruiert. Diese Modelle müssen alle charakteristischen Merkmale des simulierten Systems enthalten. Bei der sogenannten *agentenbasierten Computersimulation* bilden spezielle Softwareprogramme, die in die gesamte Modellsimulation integriert werden, das Verhalten und die Interaktion der in die simulierten Prozesse involvierten Akteure ab. Computersimulationen „greifen in Form von ökologischen, medizinischen, ökonomischen oder technischen Maßnahmen und Entscheidungen in unseren Lebensalltag ein: So befördern zum Beispiel Klimasimulationen ein Bewusstsein für mögliche Auswirkungen spätkapitalistischer Wirtschaftssysteme und fächern Zukunftsszenarien auf, die ein Nachdenken über alternative Gesellschaftsmodelle auf die politische Agenda setzen. Agentenbasierte Computersimulationen steigern die Effizienz von Verkehrssystemen und logistischen Netzwerken, indem sie die Wahrscheinlichkeit und den Entstehungszusammenhang zukünftiger Staus durch Vorausberechnung verhindern. Es ändern sich Architekturen, ganze Stadtbilder und ihre Infrastrukturen unter dem Eindruck computerbasierter Designprozesse. Und in Form von Computerspielen dringen Simulationsmodelle breitenwirksam in die Gesellschaft ein und gewöhnen aufwachsende Generationen bereits an ein Denken und Handeln unter den Bedingungen von CS. Die Tatsache, dass Spiel- und Erzähltheorie hier miteinander zu verschmelzen scheinen, sei an dieser Stelle nur angemerkt." (Vehlken u. a. 2016, S. 190. Vertiefend dazu: Esposito 2007, Geiselberger/ Moorstedt 2013.)

„DIE GRENZEN DES WACHSTUMS"

Ein frühes Beispiel für die Möglichkeiten und Grenzen der prognostischen Computersimulation dynamischer Systeme ist die 1972 von einem MIT-Forschungsteam unter der Leitung von Dennis und Donella Meadows unter dem Titel „Die Grenzen des Wachstums" – als ersten Bericht an den *Club of Rome* – vorgelegte und bis heute berühmteste prospektive Studie.

Der *Club of Rome* war 1968 von Alexander King, dem damaligen Direktor für Wissenschaft, Kultur und Bildung der OECD, dem Fiat-Manager Aurelio Peccei und wichtigen Repräsentanten aus Politik und Wirtschaft vor dem Hintergrund der in den 1960er Jahren sehr kontrovers geführten Diskussionen über Hunger, Armut, Energieressourcen, Ökologie und Demografie gegründet worden.

Die von den MIT-Kybernetikerinnen und -Kybernetikern errechneten überwiegend negativen Prognosen über die „Grenzen des Wachstums" hatten eine stark alarmierende Wirkung auf viele Entscheidungsträger in Politik und Wirtschaft. Bei dieser Studie erwiesen sich viele zukunftsbezogene Annahmen zur globalen Langfristentwicklung der Bereiche *Bevölkerung, Kapital, Nahrungsmittel, Rohstoffvorräte, Umweltverschmutzung* als zwar prinzipiell richtig, jedoch in vielen planungsrelevanten Details nicht sehr treffsicher.
An dieser Studie lassen sich die *unvermeidlichen* Probleme aller statistischen Prognosemodelle sehr gut darstellen: In Anbetracht der *Komplexität* der psychischen und sozialen Dimension eines Forschungsgegenstands können die vielfältigen *psychosozialen, soziokulturellen, ökonomischen und politischen Einflussmöglichkeiten* – trotz der permanent verbesserten Rechenleistungen moderner EDV-Systeme – nicht mit der erforderlichen Exaktheit erfasst, quantifiziert und berechnet werden! Auch im *Weltsimulator* der MIT-Kybernetiker wurde die komplexe Vielfalt der *gesellschaftlichen Dynamik* und der *politischen Interventionen* nicht in die zukunftsorientierten Rechenmodelle einbezogen. Genau dieser (freilich unvermeidbare) Mangel wurde bereits kurz nach der Veröffentlichung der Studie von *sozial*wissenschaftlich fundierten Forschern scharf kritisiert, z. B. von mehreren Autoren in den Sammelbänden von Nussbaum (1973) und Richter/Meadows (1974), u. a. von Senghaas (1974, S. 32–46). (Ausführlicher zu diesem kritischen Diskurs siehe Uerz 2009, S. 311 ff.). Im Rahmen dieses Diskurses hatte sich auch der Journalist und Zukunftsdenker Robert Jungk (>) bereits 1973

zum ersten Bericht an den Club of Rome kritisch geäußert. Er befürchtete, dass mit Hilfe derartiger Studien der Computer „zum Orakel des ausgehenden zwanzigsten Jahrhunderts" avanciere und die dadurch forcierte Sachzwanglogik die „soziale Phantasie" und Gestaltungsbereitschaft der Menschen behindere (Uerz 2006, S. 312 f.). 2012 erschien übrigens das 30-Jahre-Update des Berichts „Grenzen des Wachstums" (Meadows/Randers/Meadows 2012).

„FUTURICT" UND „HUMAN BRAIN PROJECT"

Ähnlich spektakulär wie das oben kurz skizzierte Computersimulationsprojekt „Die Grenzen des Wachstums" war rund vier Jahrzehnte später das von Dirk Helbing u. a. bei der EU beantragte Forschungsvorhaben „FuturICT" angelegt. Dieses milliardenschwere Großforschungsprojekt „setzte sich zum Ziel, in einer Art virtuellem Weltmodell eine integrative Umgebung für alle möglichen Arten sozioökonomischer und ökologischer Simulationsmodelle zu schaffen, um dadurch ein besseres Verständnis der nichtlinearen Zusammenhänge in einer vernetzten Gesellschaft medientechnisch zu produzieren." (Vehlken u. a. 2016, S. 182)
Die Leistungsfähigkeit dieses grandios geplanten Projekts der virtuellen Vorausschau konnte jedoch bisher nicht getestet werden. Denn die EU-Forschungsgelder flossen in das ebenso spektakuläre „Human Brain Project", in dem mehr als einhundert europäische und internationale Forschungseinrichtungen und Firmen kooperieren. Bei diesem EU-Projekt geht es nicht um ein Modell der Welt, sondern um die neurotechnische Simulation des Gehirns und in diesem Zusammenhang vor allem um neue Erkenntnisse für die Robotik.

STÄRKEN UND SCHWÄCHEN DER ZUKUNFTSBEZOGENEN SIMULATION UND MODELLIERUNG DYNAMISCHER SYSTEME

Bei Vorliegen eines fundierten wissenschaftlichen Wissens sowie einer aussagekräftigen quantifizierbaren Datenbasis über die Strukturen und Funktionen eines Forschungsgegenstands konnten derartige Simulationsverfahren offensichtlich bereits bisher nützliche Beiträge für die zukunftsbezogene Analyse von Systemen mit eher *geringer Komplexität* und *Dynamik* leisten. Dies trifft etwa für die Simulation des Systemverhaltens von Fahr- oder Flugzeugen zu. Wie bereits oben am Beispiel der Studie „Die Grenzen des Wachstums" angesprochen, geraten jedoch derartige Verfahren im Falle von *komplexen* und *dynamischen* Syste-

men sehr rasch an die Grenze ihrer Leistungsfähigkeit. So gelang es keinem der im Bereich der politischen und ökonomischen Prognostik tätigen großen Institute, bedeutsame Ereignisse wie etwa den Zusammenbruch der kommunistischen Planwirtschaft, die bis heute nicht überwundene schwere Finanzkrise von 2008/09 oder die politischen Entwicklungen in Tunesien, Syrien, Ägypten, Libyen und der Ukraine vorherzusagen.
Trotz dieser Vorbehalte sollte die prospektive Forschung die methodischen Möglichkeiten der Modellierung und virtuellen Simulation dynamischer Systeme ausloten und an der Verbesserung von deren Leistungs- und Aussagefähigkeit mitwirken. (Ausführlich dazu: Bacher/Müller/Ruderstorfer 2016, Bossel 2005, Farmer/Foley 2009, Gramelsberger 2010, Huber/Werndl 2016, Murauer 2016, Schröder/Wolf 2016, Smith/Conrey 2007, Vespignani 2009.)

ANMERKUNG ZUM HERMENEUTISCHEN ANTEIL DER COMPUTERGESTÜTZTEN PROGNOSTISCHEN SIMULATION UND MODELLIERUNG

Der gesamte Prozess der *agentenbasierten Simulation und Modellierung dynamischer Systeme* hängt unverzichtbar mit den von den Forscherinnen und Forschern getroffenen Annahmen über die Strukturen und Funktionen des jeweiligen Forschungsgegenstandes zusammen. Auch bei der Systemsimulation und Datenmodellierung ist also die enge Verknüpfung von Empirie und Hermeneutik unverzichtbar! (> Methodik der zukunftsbezogenen Forschung, > Empirische Sozialforschung, > Qualitative bzw. variablenkonfigurative Sozialforschung, > Quantitative bzw. variablenmanipulative Sozialforschung) Es geht dabei keineswegs nur um das *richtige Rechnen*, sondern vor allem um ein *theoriegeleitetes Denken*. Eine wichtige Herausforderung der zukünftigen prospektiven Forschung besteht deshalb darin, die Leistungsfähigkeit derartiger Verfahren weiter zu erhöhen, ohne jedoch die unverzichtbare theoriegeleitete Deutungshoheit der Wissenschaftler an die Maschinen abzugeben. Zur Computersimulation als „Kulturtechnik" siehe Vehlken u. a (2016).

05

DIGITALER WANDEL UND PROSPEKTIVE FORSCHUNG

Zwischen der prospektiven Forschung und dem digitalen Wandel (bzw. der digitalen Transformation) gibt es viele Bezüge. So schufen und schaffen etwa die Forschungsergebnisse aus mehreren naturwissenschaftlichen Disziplinen die theoretischen Grundlagen für die Entwicklung vieler Anwendungen der digitalen Technologie durch die Ingenieurwissenschaften. Die > Innovationsforschung lotet neue und zukünftige Einsatzmöglichkeiten für digitale Technologien aus. Der interdisziplinäre Blick der > Technikfolgenforschung richtet sich auf die vielfältigen Chancen und Gefahren dieser neuen Technologien für die Gesellschaft, die Wirtschaft und die Politik. Auch die Forschungsmethodik bedient sich immer öfter digitaler Techniken, etwa in Form von Data-Mining im Kontext der > kompilatorischen Querschnittsanalyse, der > Computersimulation oder der unterschiedlichen Verfahren der elektronischen Auswertung von Forschungsergebnissen.
Als Teil des komplexen Wissenschaftssystems ist die prospektive Forschung nicht nur an der Produktion von Wissen im Zusammenhang mit dem digitalen Wandel beteiligt, sondern nutzt auch viele digitale Technologien, etwa Datenbanken, Softwarebibliotheken, E-Books und Open-Access-Journals. Außerdem sorgt die Wissenschaft durch die Lehre an Universitäten und Hochschulen sowie durch Wissenschaftskommunikation in den Massenmedien für die Verbreitung der Ergebnisse der prospektiven Forschung und für die Bildung des wissenschaftlichen Nachwuchses. (Vertiefend dazu: Dolata/Schrape 2018, Geiselberger/Moorstedt 2013, Ramge/Mayer-Schönberger 2017, Rid 2016, Stalder 2016.)

DIGITALISIERUNG

Der Begriff „Digitalisierung" wurde von dem lateinischen Wort „digitus" (Finger) abgeleitet. Da im klassischen Altertum häufig mit den Fingern gezählt wurde, bedeutete dieses Wort auch „Zähleinheit". Mit „Digitalisierung" ist die Vielzahl jener Prozesse gemeint, die Daten (Texte, Bilder, Töne ...) auf elektronische Medien (Festplatte, CD, DVD ...) übertragen, um diese Daten – mit Hilfe von mathematisch definierten Handlungsanleitungen (Algorithmen) – zu speichern, zu bearbeiten und zu verknüpfen. Als wichtigster Wegbereiter der Digitalisierung gilt der britische Mathematiker und Informatiker Alan Turing (1912–1954), der u. a. den ersten Schachcomputer entwickelte und im Zweiten Weltkrieg für den britischen Abwehrdienst einen sehr komplizierten Geheimcode des deutschen Militärs („Enigma-Code“) entschlüsselte (Turing 1950).

DIGITALISIERUNG – MEHR CHANCEN ALS GEFAHREN

Mit der Digitalisierung aller Lebensbereiche – auch der Wissenschaft und Forschung – sind sowohl viele Chancen als auch manche Gefahren verbunden. Deshalb empfiehlt sich eine kritisch-differenzierende, wissenschaftlich fundierte und interdisziplinäre Analyse möglicher Technikfolgen – im Spannungsfeld zwischen Datenschatz und Datenschutz. Dies gilt sinngemäß auch für die Robotik. So ist etwa der Einsatz von Robotern bei schweren, monotonen oder gefährlichen Arbeiten seit Jahren eine sinnvolle Selbstverständlichkeit, die in der Zukunft zu noch produktiverer, sicherer und ressourcenschonenderer Arbeit führen wird. Andererseits gibt es Einsatzfelder (z. B. das weite Spektrum der Human-Enhancement-Techniken), für die sowohl eine fachliche als auch eine ethische Technikfolgenanalyse unverzichtbar sind.

DIGITALER WANDEL: DEMOKRATISCHE EVOLUTION STATT TECHNODIKTATORISCHER REVOLUTION

Angesagte Revolutionen finden bekanntlich selten statt. Auch der digitale Wandel bzw. die sogenannte digitale Transformation) ist kein radikaler Umsturz, sondern ein bereits seit mehreren Jahrzehnten laufender Prozess. Im Bereich der Digitalisierung, Technisierung und Automatisierung unserer Arbeitswelt spricht also nichts für eine zukünftige digitale *Re*volution, jedoch vieles für eine sehr dynamische Fortsetzung der bisherigen Entwicklungen, also für die digitale *E*volution. Der Begriff „digitale *Re*volution“ ist missverständlich und fördert die Zukunftsangst. Dies gilt sinngemäß auch für die Verwendung des Begriffs „digitale Disruption“.
Die Zukunft – auch die technische Zukunft – kommt *nicht schicksalhaft* auf uns zu. Vielmehr lassen sich viele zukünftige Entwicklungen vorausdenken und vorbereiten. Zukunft ist also planbar und gestaltbar! Dabei sollten freilich möglichst

viele Menschen mitdenken und mitreden. Denn es gibt einen größeren Handlungsspielraum, als viele Menschen glauben. Bei der Gestaltung der zukünftigen Digitalisierung gibt es selbstverständlich eine Vielzahl von Interessen und Bedürfnissen. Der produktive und sozial verträgliche Umgang mit dieser Vielfalt kann nur mit Hilfe demokratischer Diskurse und rechtsstaatlicher Verfahren gelingen.

DIGITALER TOTALITARISMUS – DIGITALER TRANSHUMANISMUS – DIGITALER HUMANISMUS

Die zukünftige Ausgestaltung der Beziehung zwischen Mensch und Maschine wirft jedenfalls eine Reihe von ethischen und politischen Zukunftsfragen auf. Grob betrachtet können sich in diesem Zusammenhang die Menschen und Mächte für drei Pfade der Entwicklung entscheiden:

- Den derzeit vor allem in China erprobten *digitalen Totalitarismus,* also den Einsatz digitalisierter Technologien zum Zweck der totalen Kontrolle und Steuerung von Individuen und Institutionen.
- Den *digitalen (und biotechnischen)* > Transhumanismus, bei dem – ausgehend von der Forschung und Entwicklung im Silicon Valley – durch die radikale technische Optimierung des Menschen und durch die perfekt ausgestaltete Verbindung von Mensch und Maschine eine neue Spezies von extrem intelligenten, sich permanent selbst reproduzierenden und reparierenden Hightech-Menschen und letztendlich sogar ewig lebenden Übermenschen geschaffen werden sollen.
- Einen *digitalen Humanismus,* bei dem der Mensch im Mittelpunkt bleibt.

Digitaler Humanismus: Die Zukunft der Digitalisierung wird vom Menschen gestaltet

Digitalisierte Maschinen werden zukünftig technisch immer besser sowie in der Arbeits- und Lebenswelt immer wichtiger, bleiben jedoch *Werkzeuge* der Menschen. (Vertiefend: Anderson/Volkens 2018, Weissenberger-Eibl 2018, Popp 2019a und 2019b.) Wie sich das Verhältnis zwischen den Menschen und den digitalisierten Maschinen entwickelt, bestimmt der Mensch durch gesellschaftliche Klärungsprozesse und demokratische Entscheidungen (> Künstliche Intelligenz – menschliche Intelligenz). Denn die meisten großen Herausforderungen der Ar-

beits- und Lebenswelt lassen sich nicht von Robotern mit Bits und Bytes, sondern – wie bisher – nur von Menschen aus Fleisch und Blut bewältigen. So werden auch in der Arbeitswelt von morgen und übermorgen nicht die mathematische Rationalität von Robotern, sondern die kommunikative Kompetenz, die Kompromissbereitschaft, die Kreativität und die kollegiale Kooperation von Menschen für motivierende Arbeitsqualität und leistungsfördernde Arbeitszufriedenheit sorgen. Sinngemäß gilt dies auch für die Verbesserung der Vereinbarkeit zwischen dem Beruf, der Familie und dem großen Rest der weiteren wichtigen Lebensbereiche, für die Gestaltung einer alter(n)sgerechten Arbeitswelt, für die Gleichstellung von Frauen oder ebenso für die großen Herausforderungen der Flexibilisierung.
Auch zukünftig werden die Zuständigkeit sowie die rechtliche und moralische Verantwortung für wichtige Entscheidungen dem Menschen bzw. den aus Menschen bestehenden Entscheidungsgremien vorbehalten bleiben. So gesehen ist es in mehrfacher Hinsicht fragwürdig, warum das in Hongkong ansässige Investmentunternehmen „Deep Knowledge Ventures" bereits 2014 einen Roboter in seinen Vorstand berief und dieser Maschine ein Mitbestimmungsrecht bei allen wichtigen Entscheidungen gab.
Digitalisierung und Humanisierung sind keine Gegner! Vielmehr besteht die große Herausforderung der Zukunft in der Entwicklung eines „digitalen Humanismus" (Nida-Rümelin/Weidenfeld 2018).

ZUKÜNFTIGE ARBEITSLOSIGKEIT DURCH DIGITALISIERUNG?

Die vielfältigen Ausprägungsformen der Digitalisierung, u. a. im Bereich der *Industrie 4.0*, des *Internets der Dinge* oder des *3-D-Drucks*, schaffen also einerseits viele zusätzliche Arbeitsplätze in der Entwicklung und der Produktion der Informations- und Kommunikationstechnologien sowie im Bereich der damit verbundenen vielfältigen Servicedienstleistungen. Andererseits führen die zukünftig rasant vorangetriebene Automatisierung und Digitalisierung an einigen Stellen der Arbeitswelt zu erheblichen Jobverlusten. Dies erzeugt bei vielen Menschen beachtliche Zukunftsängste. (Vertiefend: Popp 2019b, S. 21 ff.)

DIGITALE BILDUNG

Die digitale Evolution wird die Arbeits- und Lebenswelt zukünftig noch stärker prägen als bereits heute. Während E-Working, E-Banking, E-Commerce und E-Government boomen, hält sich jedoch die Entwicklungsdynamik beim *E-Learning* noch in engen Grenzen. (> Zukunft – Bildung – Arbeitswelt)

Zukünftig wächst die pädagogische Potenz elektronischer Medien

Dennoch ist es für die digitale Bildung in Schulen nicht zielführend, ein eigenes Unterrichtsfach zu schaffen. Vielmehr muss der *technisch* kompetente und *inhaltlich* kritisch-differenzierende Umgang mit digitalisierten Maschinen und Medien *alle* Bereiche der schulischen Bildung durchdringen.
Zukünftig wird das Lernen – sowohl in den Bildungsprozessen des Kindes- und Jugendalters als auch beim lebenslangen Lernen – immer öfter ohne Lehrer und Lehrerinnen funktionieren. Erste Ansätze finden wir bereits heute bei Plattformen (z. B. „Skillshare"), die jedem bzw. jeder ermöglichen, Onlinekurse sowohl anzubieten als auch zu nutzen. Dennoch werden Pädagoginnen und Pädagogen zukünftig immer wichtiger werden. Allerdings wird sich ein Teil dieser Berufsgruppe auf die Produktion von qualitätsvollen und *interaktiven* Lehr- und Lernprogrammen (multimedialen Informationen, Strategiespielen, Serious Games ...) für alle Altersgruppen spezialisieren. Diese digitalisierten Angebote machen Bildung – zumindest teilweise – unabhängig von vorgegebenen Orten und Zeiten.
Die Bildungsprozesse in der Kinder- und Jugendphase müssen auf die zukünftigen Formen des lebenslangen Lernens im Erwachsenenalter vorbereiten. Dabei geht es um die ausgewogene Kombination von *individualisierten* Lernprozessen mit *kommunikativen* Sozialphasen.
Bei der Nutzung der neuen Medien besteht ein nicht zu unterschätzendes generationenspezifisches Zukunftsproblem in der *digitalen Spaltung* zwischen Jung und Alt. Dies ist eine durchaus schwerwiegende Herausforderung. Denn zukünftig wird es immer schwieriger, *off*line zu leben! Hier kann und muss zukunftsfähige Erwachsenenbildung wertvolle Lebenshilfe leisten.

Digitalisierte Maschinen als Bildungswerkzeuge des Menschen

Mit Hilfe der neuen Medien haben sich bereits heute die Möglichkeiten des Zugriffs auf das weltweit verfügbare Wissen vervielfacht. In diesem Prozess der Glo-

balisierung des Wissens stehen wir allerdings erst am Anfang. Zukünftig wird es bei den Bildungsprozessen immer weniger um die *Speicherung* von Wissen gehen. Das können digitalisierte Maschinen viel besser. Denn das menschliche Gehirn ist keine Festplatte. Deutlich besser als der beste Computer ist unser Gehirn jedoch beim Verstehen, Planen und Gestalten von komplexen Zusammenhängen – im Zusammenspiel zwischen *rationaler Analyse, sozialer Empathie, kreativer Innovation, kooperativem Handeln* und *ethisch fundierten Werturteilen*.
In der zukünftigen Wissensgesellschaft brauchen wir eine Arbeitsteilung zwischen dem *gebildeten* Menschen einerseits und seinen Bildungs*werkzeugen*, den *wissensspeichernden* und *datenverknüpfenden* Maschinen, andererseits. (Dazu u. a.: Müller 2010.)

06

DISZIPLINARITÄT – TRANSDISZIPLINARITÄT – PROSPEKTIVE FORSCHUNG

MÖGLICHKEITEN UND GRENZEN DER DISZIPLINÄREN FORSCHUNG ÜBER ZUKUNFTSFRAGEN

Das Interesse an Zukunftsfragen ist meist mit konkreten inhaltlichen Bezügen verknüpft, also mit der Zukunft jeweils spezifischer Entwicklungen in der Wirtschaft, der Umwelt, der Bildung, der Mobilität, der Medien oder der Politik. In der heutigen stark ausdifferenzierten Forschungslandschaft gibt es für nahezu jede Zukunftsfrage eine passende wissenschaftliche Disziplin bzw. Teildisziplin. Auf den ersten Blick liegt es nahe, die Zuständigkeit für die jeweilige Fragestellung bei der entsprechenden Disziplin zu vermuten. Dies ist durchaus zielführend, wenn es sich um eine weniger komplexe Zukunftsfrage handelt, die sich innerhalb der theoretischen und methodischen Grenzen dieser Disziplin klären lässt. In diesem Zusammenhang gibt es etwa in der Psychologie, Soziologie, der Politikwissenschaft, der Kommunikationswissenschaft, der Bevölkerungswissenschaft, der Wirtschaftswissenschaft (z. B. Wirtschaftsprognostik) oder der Bildungswissenschaft eine Reihe von impliziten und expliziten Zukunftsstudien.

Solange diese Studien im Leistungsspektrum der jeweiligen Disziplingrenzen verbleiben, sind die Ergebnisse üblicherweise durchaus plausibel, jedoch im Hinblick auf die Lösung von (meist disziplinübergreifenden) Praxisfragen nur eingeschränkt relevant. Denn die Bewältigung der Herausforderungen des individuellen Alltagslebens im Beruf, in der Familie und der Freizeit sowie des institutionellen Lebens in der Zivilgesellschaft, der Politik und der Wirtschaft orientiert sich nur selten an den Grenzen der wissenschaftlichen Disziplinen. Sofern *mono*-disziplinär angelegte Studien jedoch die Grenzen der jeweiligen Disziplin überschreiten, zeigen sie häufig fachliche Schwächen. Dazu kommt noch, dass sich die bereits etablierten wissenschaftlichen Disziplinen im Innenverhältnis immer stärker in hoch spezialisierte Teildisziplinen aufsplittern.
Jene Forscherinnen und Forscher, die sich im Rahmen ihrer jeweiligen Wissenschaftsdisziplinen mit Zukunfts- und Innovationsfragen befassen, definieren sich selbst meist *nicht* als *Zukunftsforscherinnen bzw. -forscher* (> Anfänge der prospektiven Forschung, > Krise der Zukunftsforschung und Phase der Vielfalt ...) oder als *Innovationsforscherinnen bzw. -forscher* (> Innovationsforschung).

TRANSDISZIPLINARITÄT

Der Begriff „*Trans*disziplinarität" (Bogner/Kastenhofer/Torgersen 2010, Defila/Di Giulio/Scheuermann 2006, Dienel 2015, Hamberger/Luger 2008, Mittelstraß 2003) wird zwar sowohl in der (zukunftsbezogenen) Unternehmens- und Politikberatung als auch in der wissenschaftlichen Literatur häufig verwendet, aber eine nachvollziehbar trennscharfe Abgrenzung zum Begriff der > Interdisziplinarität fehlt bislang. Im Bereich der Nachhaltigkeitsforschung wird mit diesem Begriff meist die Überschreitung der Grenzen der disziplinären Forschung im Zusammenhang mit der Kooperation von Wissenschaft und Praxis bezeichnet (Brand 2000). Im vorliegenden Buch wird für die Bezeichnung derartiger Kooperationsprozesse der Begriff > „partizipative Forschung" bevorzugt.

07

EMPIRISCHE SOZIALFORSCHUNG – MIT ZUKUNFTSBEZUG

In der mehr als vierhundertjährigen Geschichte des *Empirismus* (> Empiristischer Erkenntnisweg) wurden die – auch im Alltag sehr häufig angewandten – empirischen Verfahren (z. B. Beobachtung, Befragung ...) verfeinert und weiterentwickelt. (> Methodik der zukunftsbezogenen Forschung/Anmerkung 2)

EMPIRIE IST NICHT GLEICH EMPIRISMUS!

Die enge Verbindung zwischen dem > empiristischen Erkenntnisweg und der > empirischen Sozialforschung ermöglichte vor allem in den Naturwissenschaften und der Technik ungeahnte Fortschritte. Dadurch entstand jedoch in der öffentlichen (und veröffentlichten) Meinung der falsche Eindruck, dass *empirische* Forschung ausschließlich im Kontext des *empiristischen* Wissenschaftsverständnisses realisierbar sei. Richtig ist vielmehr, dass empirische Forschungsmethoden selbstverständlich ebenso in allen anderen Wissenschaftskonzepten eingesetzt werden können (und sollen).

Allerdings gibt es im Fall der *nicht* empiristisch begründeten Empirie wesentliche Unterschiede im Hinblick auf den Stellenwert des Methodeneinsatzes! In den *nicht empiristisch* orientierten Wissenschaftskonzepten gilt die empirische Methodik als eine wichtige, jedoch keineswegs als einzige Möglichkeit des Erkenntnisgewinns. In diesem Sinne ist Empirie *nicht besser*, sondern nur *anders* als etwa die Hermeneutik.

In der *nicht empiristisch* orientierten Forschung dienen empirische Methoden einer gewissen Präzisierung und Konkretisierung sowie der Verdichtung von Aspekten des jeweiligen Forschungsgegenstands. Im Kontext der nicht empiristischen Forschungslogiken sind die Ergebnisse dieser *empirischen* Untersuchungen also erst der Ausgangspunkt für die *eigentliche* wissenschaftliche Leistung, nämlich die *theoriegeleitete (kritisch-)hermeneutische Interpretation* (> Herme-

neutischer Erkenntnisweg). (Eine gut lesbare Einführung in die *nicht empiristisch reduzierte empirische* Forschungsmethodik bietet u. a. das Buch von Hug/ Poscheschnig 2010.)

EMPIRISCHE SOZIALFORSCHUNG ZWISCHEN VARIABLENMANIPULATIVEN UND VARIABLENKONFIGURATIVEN FORSCHUNGSSTRATEGIEN

In der empirischen Sozialforschung im Allgemeinen und der *zukunfts*bezogenen empirischen Sozialforschung im Besonderen wird häufig zwischen > **quantitativer ... Sozialforschung** und > **qualitativer ... Sozialforschung** (z. B.: Mayring 2002, Przyborski/Wohlrab-Sahr 2014) unterschieden. Diese Unterscheidung ist jedoch missverständlich und nicht trennscharf. Deshalb wird hier (angelehnt an Schaffer 2002) eine alternative Differenzierung vorgeschlagen, nämlich zwischen *variablenmanipulativen* und *variablenkonfigurativen* Forschungsstrategien und Forschungsverfahren:

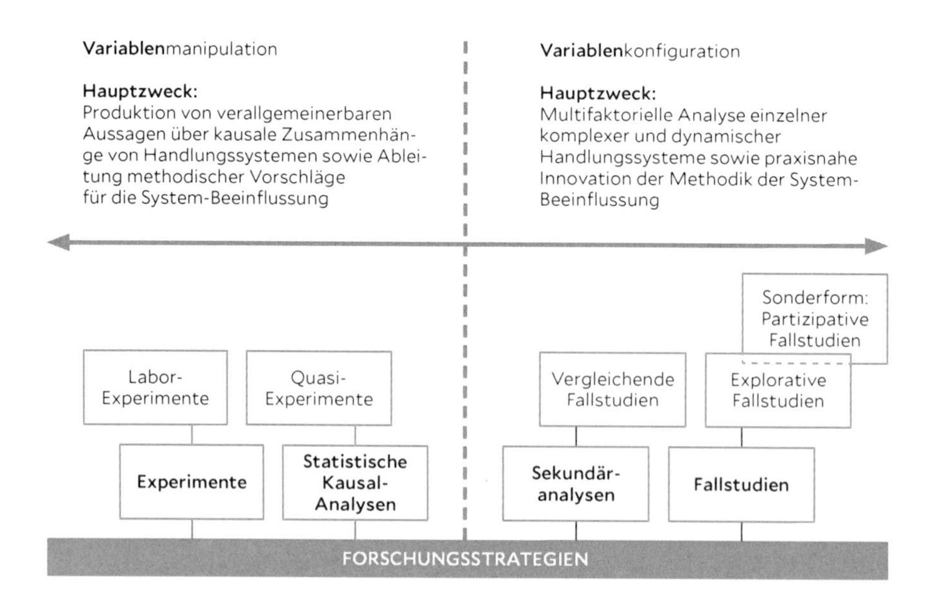

08

EMPIRISTISCHER ERKENNTNISWEG – DER WUNSCH NACH OBJEKTIVEM WISSEN ÜBER DIE WIRKLICHKEIT

WISSENSCHAFTLICHE VORAUSSCHAU MIT HILFE DES EMPIRISTISCHEN ERKENNTNISWEGES

Zu Beginn der Neuzeit (> Geschichte des Zukunftsdenkens: Neuzeit) war der englische Philosoph, Jurist und Politiker Francis Bacon (1561–1626) einer der schärfsten Kritiker der alten mittelalterlich-scholastischen „Trugbilder" (idola). Mit seiner Forderung nach einer *empirisch* fundierten Wissenschaft gilt Bacon als Vordenker des einflussreichsten erkenntnistheoretischen Konzepts der vergangenen vier Jahrhunderte, nämlich des *empiristischen Erkenntniswegs* (ausführlicher dazu siehe Schülein/Reitze 2012, S. 67 ff.). Für Bacon war die empirische Erforschung jedoch keineswegs Selbstzweck, sondern diente – nach seinem Motto „Wissen ist Macht" – der Beherrschung sowohl der Natur als auch der Gesellschaft (ebd.). Von Francis Bacon stammt übrigens auch das (unvollendete) utopische Werk „Nova Atlantis" (1627), in dem er seine Zukunftsvisionen einer auf wissenschaftlicher Basis rational geordneten schönen neuen Welt *literarisch* skizzierte. In der Nachfolge Bacons wurde die erkenntnistheoretische Forderung nach einer konsequenten Orientierung des Wissens an der empirischen Erfassung der *Wirklichkeit* von vielen Wissenschaftlern methodisch konkretisiert. Am Beginn dieser forschungsmethodischen Bemühungen stand die Verfeinerung der Alltagsoperation *Beobachtung*. (Zur Verfeinerung von Alltagsoperationen für Zwecke der Forschung: > Methodik der zukunftsbezogenen Forschung/Anmerkung 2.)

In weiterer Folge ging es um die methodische Verfeinerung und Verbesserung des *Experiments*. Dabei stand die Überprüfung der aus systematischen Beobachtungen abgeleiteten Annahmen über die Funktionszusammenhänge der jeweiligen Forschungsgegenstände – mit besonderer Berücksichtigung der Zusammenhänge zwischen Ursache und Wirkung – im Vordergrund. (Ausführlicher dazu siehe Schülein/Reitze 2012, S. 74 ff.)

Zukunftsträchtig war auch die Verfeinerung und Verbesserung der Alltagsoperationen *Zählen, Messen* und *Berechnen*.
Die rasch wachsende Fähigkeit zur Quantifizierung und Metrisierung der aus Beobachtungen und Experimenten gewonnenen Daten steigerte auch die Bedeutung von Mathematik, Statistik und formaler Logik (ebd., S. 73 f.). Im Gegensatz zur *Deduktion*, also der Ableitung konkreter Aussagen aus allgemeinen Theorien (oder Glaubenssätzen), wurde nun die *Induktion*, also der Schluss von den Ergebnissen einzelner Beobachtungen bzw. Experimente auf allgemeine Theorien, zur wichtigsten Prozedur des wissenschaftlichen Erkenntnisgewinns (ebd., S. 80). In diesem Zusammenhang wurde dem Informationsaustausch in der Gemeinschaft der Wissenschaftler eine wichtige Rolle im fortschreitenden Prozess des Wissensaufbaus zugeschrieben.
Eine herausragende Bedeutung für die Konkretisierung des von Francis Bacon konzipierten Programms des Empirismus erlangte der englische Naturwissenschaftler, Arzt und Philosoph John Locke (1632–1704). Die *Induktions*konzepte von Bacon und Locke wurden von den sogenannten *Positivisten*, u. a. von Auguste Comte (1798–1857) und John Stuart Mill (1806–1873), weiterentwickelt.

KRITISCHE WEITERENTWICKLUNG DES EMPIRISTISCHEN ERKENNTNISWEGS

Im ausklingenden 19. und zu Beginn des 20. Jahrhunderts wurden die empiristischen Überlegungen von Bacon, Locke, Comte, Mill u. a. – vor allem die Annahme einer umstandslosen Erkenntnis der „Wirklichkeit" durch die Zusammenfügung empirisch erhobener Einzeltatsachen zu neuen Theorien (= Induktion) – nicht nur von *Gegnern* des Empirismuskonzepts, sondern auch *innerhalb* des Empirismusdiskurses zunehmend als *naiv* kritisiert. Als wichtige Repräsentanten dieser Gruppe der Kritiker gelten die *Neopositivisten* des sogenannten *Wiener Kreises* (u. a. Moritz Schlick und Rudolf Carnap). In diesem Zusammenhang wurde vor allem die Ergänzung der – weiterhin für unverzichtbar gehaltenen – präzisen empirischen Methodik durch die an der Mathematik und der formalen Logik orientierte sprachliche Formalisierung der wissenschaftlichen Erkenntnisse auf dem Weg von der Empirie zur Theoriebildung eingemahnt.
Eine interessante Variante der von Vertretern der empiristischen Logik vorgebrachten Positivismuskritik stammt von Wissenschaftlern aus der Denkschule

der sogenannten *analytischen Philosophie*, u. a. von Bertrand Russell und Ludwig Wittgenstein, die sich mit der logischen Sprachanalyse und der Idee einer wahrheitsfähigen wissenschaftlichen Einheitssprache beschäftigten. (Ausführlicher dazu siehe Schülein/Reitze 2012, S. 142 ff.) Manche Entwicklungen im Bereich der analytischen Philosophie, z. B. das „Sprachspiel-" Konzept im Spätwerk von Wittgenstein, stehen allerdings dem > konstruktivistischen Erkenntnisweg näher als dem *empiristischen* Erkenntnisweg. Für die bis heute einflussreichste *kritische* Weiterentwicklung empiristischer Konzepte sorgte Karl Popper mit der Entwicklung des > Kritischen Rationalismus.

MACHT UND METHODE: DER AUFSTIEG DES EMPIRISMUS ZUM WELTWEIT DOMINIERENDEN WISSENSCHAFTSKONZEPT MIT ALLEINVERTRETUNGSANSPRUCH

In der Wissensgesellschaft ist die Wissenschaft selbstverständlich ein immer wichtiger werdendes Subsystem der Gesellschaft. Dies verführt manche Repräsentanten einflussreicher wissenschaftlicher Denkschulen zur Ausprägung eines grandiosen Selbstbilds. In den Sozialwissenschaften konnten bis weit in die 1970er Jahre hinein viele Vertreter der damals dominierenden *Geisteswissenschaften* (> Hermeneutischer Erkenntnisweg) der Verführung des Alleinvertretungsanspruchs nicht widerstehen.

In den vergangenen vier Jahrzehnten wurde diese Rolle bekanntlich von den Vertretern der *empiristischen* Forschungslogik übernommen. Die große historische Bedeutung der (zum Teil sehr unterschiedlichen) Ausprägungsformen des *empiristischen Erkenntniswegs* (einschließlich des > Kritischen Rationalismus) lag und liegt in der Ermöglichung der Fortschritte der *Naturwissenschaften* und der *Technik*. Die empiristische Forschungslogik erweist sich offensichtlich dann als wertvoll, wenn es um jenen Anspruch geht, den Jürgen Habermas als *technisches* Erkenntnisinteresse bezeichnet; also um das Interesse an der *technisch-instrumentellen* Verwertung von Erkenntnissen über die natürliche und materielle Umwelt. (Dazu kurz und allgemein verständlich zusammengefasst in de Haan/Rülcker 2002, S. 301 und 314.)

Die umstandslose Übertragung der empiristischen Logik des Erkenntnisgewinns auf Fragestellungen der psychischen Dynamik der Individuen und des gesellschaftlichen und sozialen Zusammenlebens von Menschen führt jedoch zu einer

Vielzahl von Problemen. Dennoch wird zunehmend auch von den *Human- und Sozial*wissenschaften die Übernahme des empiristischen Forschungskonzepts erwartet. Dafür sorgt nicht zuletzt das in weiten Teilen der Bevölkerung, der Politik und der Wirtschaft nicht ernsthaft hinterfragte Image der empiristisch orientierten Forschung, in *allen* Bereichen der Wissenschaft „objektives" Wissen produzieren zu können. Dieses Image wird durch die in den Wissenschaftsberichten der Zeitungen und Zeitschriften sowie in den Wissenschaftssendungen von Hörfunk und Fernsehen dominierende mediale Präsentation der erfolgreichen Anwendung empiristischer Forschungskonzepte in den Naturwissenschaften, in der Technik sowie in (den naturwissenschaftlichen Bereichen) der Medizin, der Psychologie und der Neurowissenschaften verstärkt. Dazu kommt noch, dass die empiristisch orientierte Forschung als *werturteilsfrei* – und somit als *neutral* gegenüber den unterschiedlichen politischen Richtungen und den vielfältigen wirtschaftlichen Interessenlagen – gilt. Diese Vermeidung von Werturteilen bezieht sich zwar in erster Linie auf die Durchführung des Forschungsprozesses im engeren Sinne, aber auch im Hinblick auf den sogenannten *Verwertungszusammenhang* herrscht die *statische* Variante der bloßen Übermittlung der Forschungsergebnisse an die Praxis vor. Denn nach empiristischer Auffassung ist es nicht mehr die Aufgabe der Forschung bzw. der Wissenschaft, die Nutzung der Ergebnisse in der Gesellschaft, der Wirtschaft oder der Politik zu beeinflussen. (Dies könnte ein Forscher bzw. eine Forscherin allenfalls – jenseits der Rolle als Wissenschaftlerin bzw. Wissenschaftler – nur in der Rolle eines Beraters bzw. einer Beraterin oder als Privatperson tun. Diese „Rollenteilung" wird sehr häufig praktiziert.)

Auch an den Hochschulen und Universitäten dominiert die Vermittlung der *empiristischen* Forschungslogik, sodass offensichtlich der überwiegende Teil der Absolventinnen und Absolventen vieler Studien die durchaus fundierten *Alternativen* zu diesem Konzept (u. a. den > hermeneutischen Erkenntnisweg oder den > konstruktivistischen Erkenntnisweg) gar nicht kennt. Eine Auseinandersetzung mit der Wissenschaftsgeschichte und mit wissenschaftstheoretischen Grundsatzfragen ist im allergrößten Teil der universitären und (fach-)hochschulischen Studienpläne nicht vorgesehen. Die Dominanz der empiristischen Forschungslogik in den Naturwissenschaften, den Technikwissenschaften, den Medizin- und Pharmawissenschaften sowie – seit einigen Jahrzehnten – auch in vielen Human- und Sozialwissenschaften (u. a. in den Wirtschaftswissenschaften, der Psychologie oder der Soziologie) animierte manche Repräsentantinnen und Repräsentanten dieses äußerst erfolgreichen Wissenschaftskonzepts zur grandiosen Deklaration einer auf *alle* wissenschaftlichen Disziplinen bezogenen Einheitswissenschaft.

WIDERSTÄNDE GEGEN DEN ALLEINVERTRETUNGSANSPRUCH DES EMPIRISMUS UND ALTERNATIVEN ZUM EMPIRISMUS

Seit den Anfängen des Empirismus gab es auch Einwände gegen dieses einflussreiche erkenntnis- und wissenschaftstheoretische Konzept. Naturgemäß wehrten sich die Repräsentanten der ausklingenden Scholastik gegen den Bedeutungsverlust ihrer traditionsreichen metaphysischen Erklärungen (> Geschichte des Zukunftsdenkens: Mittelalter). Abgesehen von diesem philosophischen Verdrängungswettbewerb, der eindeutig zu Gunsten der empiristischen Erfolgsstory entschieden wurde, wurden plausible Argumente vorgebracht, die zur Ausformulierung ernsthafter erkenntnistheoretischer Alternativen führten. Parallel zur Weiterentwicklung des Empirismus, die sich vorerst vor allem in den – eng mit der rasanten Industrialisierung und Technisierung verbundenen – Naturwissenschaften abspielte, stellte eine Vielzahl von Wissenschaftlern sehr unterschiedliche Konzepte sowohl für die neue Lösung der alten erkenntnistheoretischen Probleme als auch für die Bewältigung großer gesellschaftlicher Herausforderungen zur Diskussion.
In allen wissenschaftstheoretischen Denkschulen ging und geht es übrigens nicht nur um das Spannungsfeld zwischen *Wissen* und *Wirklichkeit*, sondern auch um die Schnitt- und Nahtstellen zwischen *Forschung* und *Praxis*.
Das *empiristische* Konzept ist also ein wichtiger wissenschaftlicher Erkenntnisweg, aber nur einer von mehreren! Ohne Anspruch auf Vollständigkeit und in der gebotenen Kürze werden an anderen Stellen des vorliegenden Buches *mehrere Alternativen zur empiristischen Logik* des wissenschaftlichen Erkenntnisgewinns – mit besonderer Berücksichtigung des Zukunftsdenkens – skizziert: > Hermeneutischer Erkenntnisweg, > Kritische Theorie, > Konstruktivistischer Erkenntnisweg, > Pragmatismus, > Psychoanalytische Sozialforschung ...

DER NUTZEN DES EMPIRISTISCHEN ERKENNTNISWEGS FÜR DIE PROSPEKTIVE FORSCHUNG

Aus der Sicht anderer wissenschaftstheoretischer Konzepte – am deutlichsten im > konstruktivistischen Erkenntnisweg – wird die spannende Grundsatzfrage gestellt, ob ein *objektives Wissen* über die *Wirklichkeit* überhaupt möglich ist. Der Empirismus geht jedoch davon aus, dass der Mensch prinzipiell imstande ist, mit Hilfe seiner Sinneswahrnehmungen die *Wirklichkeit* zu erkennen. Diese Annahme wird in einigen Ausprägungsformen (vor allem im traditionellen Positivismus) *umstandslos* vertreten, in jüngeren Ausprägungsformen (vor allem im > Kritischen Rationalismus) *mit gewissen Einschränkungen.*

Zur Verfeinerung der menschlichen Sinneswahrnehmungen wurden *Forschungsmethoden* entwickelt, die es der Wissenschaft – aus empiristischer Sicht – ermöglichen, (zumindest vorläufig nicht falsifizierte) *objektive* Aussagen über die Wirklichkeit zu machen. Im Hinblick auf dieses Erkenntnisziel muss der Empirismus konsequenterweise die Vielzahl der im weiten Feld der Wissenschaft möglichen Fragen auf jene einschränken,

- die sich (vorerst) auf die präzise und objektive empirische Erfassung und Beschreibung sowie letztlich auf die experimentelle Analyse der *Ursache-Wirkungs-Zusammenhänge* des jeweiligen Forschungsgegenstands beziehen,
- die mit Hilfe von standardisierten, streng kontrollierten und intersubjektiv nachvollziehbaren empirischen Verfahren sowie
- unter Vermeidung aller normativen Wertungen zu erforschen sind. (Ausführlicher dazu u. a.: Atteslander 2008, Mayntz 2009.)

09

FINALITÄT – TELEOLOGIE

Die explizit zukunftsbezogenen Begriffe „Finalität" und „Teleologie" sind inhaltlich eng verwandt. (Vertiefend dazu: Balmer 2017, Hartmann 1966. Siehe auch > X: Der Tag X.)

Finalität bezeichnet die Orientierung der Handlungen bzw. Prozesse von Individuen oder Institutionen an Zielen bzw. Zwecken.

Teleologie bezieht sich auf Theorien, die davon ausgehen, dass die Handlungen bzw. Prozesse von Individuen oder Institutionen grundsätzlich auf Ziele bzw. Zwecke ausgerichtet sind. (Vertiefend dazu: Schiemann 1998.)

09

Konzepte der *Finalität* bzw. der *Teleologie* spielen in mehreren wissenschaftlichen Diskursen eine wichtige Rolle, z. B.:

- In *theologischen* Teleologiekonzepten ist die Ziel- und Zwecksetzung mit dem göttlichen Willen bzw. der göttlichen Vorsehung verknüpft. Im Fall der Missachtung der gottgegebenen Ordnung müssen Menschen mit negativen Folgen rechnen. Das teleologische Denken ist auch im Mittelalter vorrangig. „Aus christlicher Sicht gilt die Welt als Geschöpf Gottes und somit als Verwirklichung eines weisen, gütigen Plans, sodass in allen Dingen und hinter allen Dingen ein tieferer Sinn vermutet, mit allen Dingen eine göttliche Absicht verbunden wird" (Gloy 2008, S. 117). „Das statische Element zeigt sich auch in einem anderen Bereich der mittelalterlichen Vorstellungswelt, im Ordo-Gedanken. Danach bestimmt eine fest gefügte, hierarchische Ordnung nicht nur den Kosmos, sondern beherrscht das gesamte Leben und Denken des Mittelalters." (Rieken – in: Popp/Rieken/Sindelar 2017, S. 185) Es zeige sich „im Feudalismus des Staates wie in der Hierarchie der Kirche, in der Ständeordnung der Handwerker wie in der Gliederung der Familie" (Gloy 2008, S. 150). Die Ordnung ist von Gott gemacht und von Gott gewollt. Sich in sie einzufügen, ist Aufgabe eines Christenmenschen, sich ihr zu widersetzen ein teuflisches Ansinnen. Diese

Vorstellungen halten sich bis weit in die Neuzeit, bis hinein ins 17. Jahrhundert, in die Barockzeit (Rieken – in: Popp/Rieken/Sindelar 2017, S. 185).

- Vor allem bei *ökologischen* Diskursen werden derartige theologische Interpretationen der teleologischen Wirkzusammenhänge gelegentlich auf „die Natur" übertragen, wenn etwa suggeriert wird, dass „die Erde" wegen der mangelnden Erfüllung der Klimaziele „zurückschlägt" (Hutter/Goris 2009).
- In *soziologischen* Teleologiekonzepten wird – mit unterschiedlichen Ausprägungsformen – davon ausgegangen, dass die Ziel- und Zweckorientierung in der gesellschaftlichen Dynamik immanent angelegt ist. Dies gilt etwa für die Geschichtsphilosophie Hegels oder auch für die Marx'sche Verheißung, dass die Klassenkämpfe letztlich auf das Ziel des „Kommunismus" zustreben. Derartige sozial-teleologische Annahmen kritisierte Popper (1957) als *„Historizismus"* (> Utopie – Dystopie).
- Auch in manchen *universalhistorischen* Darstellungen der Menschheitsgeschichte liest sich die Entwicklung des Homo sapiens wie eine teleologische Erfolgsstory, ansatzweise etwa in den Büchern des israelischen Universal- und Globalhistorikers und Bestsellerautors Yuval Noah Harari (2015 und 2017). Teleologische Vorstellungen drücken sich ebenso in der weit verbreiteten Einteilung der Länder in „Erste Welt", „Zweite Welt", „Dritte Welt" aus, wodurch eine immanente aufsteigende Entwicklungsdynamik unterstellt wird. Dazu passen auch Vorstellungen von einer kontinuierlich besser werdenden Welt (z. B.: Mingels 2017).
- In der *Psychologie* spielt die (z. T. unbewusste) *teleologische* bzw. *finale* Orientierung an *Lebenszielen* und *Lebensplänen* vor allem in der von Alfred Adler geprägten *individualpsychologischen* Psychoanalyse eine sehr wichtige Rolle. (Mit dem Begriff *Individual*psychologie meinte Adler nicht eine auf einzelne Menschen bezogene Psychologie, sondern – abgeleitet vom lateinischen Begriff „individuus" = unteilbar – eine *Psychologie der einheitlichen, ganzen und zielgerichteten Persönlichkeit.*)

Der ursprünglich mit der Individualpsychologie verbundene Viktor Frankl spitzte die Teleologiethematik in seiner *Logotherapie* auf die *Sinn*frage zu.

- Genauer betrachtet beinhalten auch viele alltagstheoretische Lebenskonzepte (Duttweiler 2011) *teleologische* Annahmen, z. B. der *Hedonismus*, der von einem in der menschlichen Psyche immanent wirkenden Glücksstreben ausgeht (Fellmann 2011, Horn 2011b), oder der *Perfektionismus*, der die permanente Optimierung des menschlichen Denkens und Handels für ein quasi naturgegebenes Streben hält (Mieth 2011, Gerhard/Nida-Rümelin 2010). Vertiefend dazu: > Lebensqualitätsforschung.

Ein latent teleologischer Sinn ist übrigens auch mit dem Begriff „Zukunft" verbunden, der ja – wörtlich genommen – unterstellt, dass die *Zukunft* (Zukunft) schicksalhaft auf uns zukommt.

STÄRKEN UND SCHWÄCHEN TELEOLOGISCHER KONZEPTE

- Die *Stärke* von Konzepten der Finalität bzw. der Teleologie liegen darin, dass sie das Erkennen der *normativen* Orientierung einer Theorie bzw. einer Idee erleichtern. In Konzepten, die *explizite* teleologische Ansätze vermeiden, fließen *normative* Ansprüche häufig *implizit* und *unreflektiert* ein.
- Die *Schwäche* teleologischer Konzepte besteht allerdings in der Gefahr der *Dogmatisierung* normativer Zielsetzungen. Dieser Gefahr der Dogmatisierung kann eine Denkschule nur dann entkommen, wenn sie ihr Konzept *objektivismuskritisch* reflektiert.

Vertiefend zu *philosophischen* Aspekten der Teleologie siehe u. a. Balmer (2017), Borgards (2016), Hartmann (1966).

10

FRÜHERKENNUNG – MONITORING – SCHWACHE SIGNALE

STRATEGISCHE FRÜHERKENNUNG IN WIRTSCHAFTLICHEN ORGANISATIONEN

Das Konzept der „schwachen Signale" stammt ursprünglich vom US-amerikanischen Mathematiker und Management-Theoretiker Igor Ansoff (1976; dazu vertiefend: Liebl 1996 und 2005). Derartige schwache Signale können der Früherkennung von Gefahren – aber auch von Chancen – in Organisationen dienen, werden jedoch im institutionellen Alltag meist nicht beachtet. Zur Nutzung des Konzepts der schwachen Signale im Hinblick auf die Früherkennung im Bereich der strategischen Planung im Verteidigungsbereich: Grüne (2013).

MONITORING UND SCANNING

Auch ein Verfahren wie das *Monitoring* – u. a. im Rahmen von Controlling-Prozessen – kann durchaus die Früherkennung von betrieblichen Problemen ermöglichen, weil sich die erkannten „Signale" im Kontext geeigneter *betriebswirtschaftlicher Theorien* interpretieren lassen. „Monitoring" ist ein in mehreren wissenschaftlichen Disziplinen verwendeter Fachbegriff, der die *ständige* oder zumindest *in regelmäßigen Abständen* wiederholte Beobachtung ausgewählter Informationsquellen bezeichnet. Diese systematische Beobachtung zielt auf das Erkennen von Veränderungen in wirtschaftlichen, technischen oder gesellschaftlichen Prozessen ab. Im Unterschied zum *Monitoring* wird beim *Scanning* die jeweilige Informationsquelle nur einmal durchsucht.

SCHWACHE SIGNALE (WEAK SIGNALS) IN GESELLSCHAFTLICHEN WANDLUNGSPROZESSEN

Im Hinblick auf die Früherkennung schwacher Signale im Bereich der gesellschaftlichen bzw. politischen Entwicklung wird meist durch *bibliometrische Verfahren* und sonstige *Data-Mining-Methoden* (> Kompilatorische Querschnittsanalysen) in einem breiten Spektrum von Datenquellen (z. B. Publikationen, Patenten, Forschungsprogrammen, Internet, sozialen Medien) versucht, Muster für innovative Entwicklungen zu identifizieren. Um diese Muster als „weak signals" für zukunftsrelevante Trends interpretieren zu können, sind freilich komplexe Theorien des Wandels (> Sozialer Wandel) erforderlich. Die Bewältigung dieser Erhebungs- und Interpretationsaktivitäten erfordert beachtliche personelle und technische Ressourcen und ausgeprägte wissenschaftliche Kompetenzen.

SCHWACHE SIGNALE IN ÄRZTLICHEN VORSORGEUNTERSUCHUNGEN

Ebenso können die im Rahmen einer ärztlichen Vorsorgeuntersuchung erhobenen Labordaten *schwache Signale* für eine gesundheitliche Problematik sein und – auf der Basis von weiteren Untersuchungen – der Früherkennung einer möglichen Erkrankung dienen; allerdings nur dann, wenn der Zusammenhang zwischen diesen Daten und den komplexen physiologischen Vorgängen im menschlichen Organismus theoretisch sehr genau geklärt ist. (Siehe dazu auch: > Vorsorge ...)

SCHWACHE SIGNALE IN PSYCHODYNAMISCHEN THEORIEN DES UNBEWUSSTEN

Für eine wissenschaftliche Auseinandersetzung mit *schwachen Signalen* sind auch *psychodynamische* Theorien sehr produktiv. Denn das *Verlieren* wichtiger Gegenstände, das *Vergessen* von Namen oder die berühmt-berüchtigten *Freud'schen Versprecher* können – unter bestimmten Umständen – Signale für einen psychodynamischen Konflikt sein. Im Lichte der Psychodynamiktheorie der Psychoanalyse sind dies durchaus *starke* Signale. Für jene, die derartige Theorien nicht kennen oder nicht anerkennen, sind es jedoch zufällige Ereignisse. (Vertiefend zur unbewussten psychischen Dynamik: Bohleber 2013. Zu unbewussten Prozessen in Organisationen: Sievers 2008. Zu körperlichen Aspekten unbewusster Prozesse: Geißler/Heisterkamp 2007.)

SCHWACHE SIGNALE ALS „ZEICHEN DER ZEIT"

Zur theologisch-philosophischen Sicht auf das Thema „schwache Signale" bzw. „Zeichen der Zeit" siehe u. a. Schmidinger (1998). Zum Glauben an Prodigien – also an Vorzeichen für zukünftige Entwicklungen – siehe Bergengruen (2016). (> X: Der Tag X)

PROBLEMATISCHE VERKÜRZUNG VON KONZEPTEN DER FRÜHERKENNUNG DURCH WISSENSCHAFTSFERNE ZUKUNFTSGURUS

Von manchen > **Zukunftsgurus** werden die seriösen Konzepte der Früherkennung und der *„schwachen Signale"* stark verkürzt interpretiert. In diesem Zusammenhang wird in den Vorträgen und Beratungskontexten dieser Trendexperten der Mythos kultiviert, dass sie bereits in der Gegenwart sogenannte „schwache Signale" für zukünftige Entwicklungen *erspüren* und so die Chancen und Gefahren für Wirtschaft und Politik *frühzeitig erkennen* könnten. Zur Problematik der reduktionistischen Interpretation der sogenannten „weak signals" siehe Rust (2008, S. 75 ff. und 156 ff.). Von jenen Trendforschern, die ihren vertrauensseligen Auftraggebern beachtliche Wettbewerbsvorteile durch die Entdeckung von *schwachen Signalen* für die Wirtschaftswelt von übermorgen versprechen, wird zu wenig beachtet, dass sowohl das Erkennen als auch die prognostische Interpretation eines sogenannten schwachen Signals nur auf der Basis eines entsprechenden theoretischen Interpretationsrahmens möglich ist, wie dies oben an mehreren Beispielen dargestellt wurde. Übrigens zwingen auch die Ergebnisse der *Komplexitätsforschung* (u. a. Füllsack 2011, Kappelhoff 2002) zur Relativierung allzu großer Hoffnungen auf praktisch brauchbare Erfolge bei der Suche nach schwachen Signalen, jedenfalls im Hinblick auf komplexere *sozial*wissenschaftlich relevante Forschungsgegenstände.

11

FUTURES RESEARCH – INTERNATIONAL

Einige Meilensteine der historischen Entwicklung der zukunftsbezogenen Forschung werden im vorliegenden Buch unter den *folgenden Stichworten* skizziert:

- > Vorgeschichte der zukunftsbezogenen Forschung,
- > RAND Corporation …,
- > Anfänge der prospektiven Forschung in Europa – 1940er bis 1980er Jahre,
- > Krise der Zukunftsforschung und Phase der Vielfalt: 1980er Jahre bis heute.

INTERNATIONALE ENTWICKLUNGEN VON FUTURES RESEARCH

1967 fand in Oslo der erste *International Future Research Congress* statt. Obwohl sich die Anzahl der Kongressteilnehmer (rund 30!) in überschaubaren Grenzen hielt, wurde in Oslo die im Jahr 1973 realisierte Gründung der *World Futures Studies Federation (WFSF)* geplant.

11

Ebenso 1967 entstand in Japan die *Futurology Association*. 1970 wurde der zweite internationale Kongress für Futures Research (mit bereits 250 Teilnehmerinnen und Teilnehmern) in Japan (Kyoto) abgehalten.

1970: Der Journalist und Schriftsteller Alvin Toffler (> Zukunftsgurus) veröffentlichte sein Buch „Future Shock" (1970).

1972 erschien der von einem Team des renommierten Massachusetts Institute of Technology – MIT (Dennis Meadows, Donella Meadows, Peter Milling, Erich Zahn) – in Kooperation mit 70 Expertinnen und Experten aus 25 Ländern – erstellte erste Bericht an den Club of Rome, der unter dem Titel „The Limits to Growth" (dt.: „Die Grenzen des Wachstums") publiziert wurde. (Ausführlicher dazu: > Computersimulation.)

1973: An der University of Southern California (School of Business Administration) wurde die weltweit erste offizielle *Professur für Zukunftswissenschaft* („Professor of Futuristics") eingerichtet und mit Olaf Helmer besetzt (> RAND Corporation).

Ebenso 1973 wurde – wie bereits 1967 in Oslo geplant – die *World Future Studies Federation (WFSF)* unter dem Vorsitz von *Bertrand de Jouvenel* gegründet.

In den 1970er Jahren legten wichtige internationale Organisationen wie die UNESCO, die OECD oder die FAO große zukunftswissenschaftliche Programme auf.

1976 veröffentlichte der US-amerikanische Mathematiker und Management-Theoretiker Igor Ansoff sein durchaus theoriegeleitetes Konzept der „weak signals". Zur *reduktionistischen* Verwendung von Ansoffs Konzept in manchen Szenen der zukunftsbezogenen Unternehmensberatung: > Früherkennung ...

1980 fand in Toronto der bislang größte internationale Kongress für Futures Research mit mehr als 5.500 Teilnehmern statt.

1982 erschien John Naisbitts Buch „Megatrends" (> Zukunftsgurus).

Auf das gesteigerte Interesse an vorausschauender Forschung deutet auch die Einrichtung großer ausdrücklich zukunftsbezogener EU-Forschungsprogramme hin (siehe dazu u. a. die *European Foresight Platform*, Giesecke u. a. 2012).

ÜBERBLICK: INTERNATIONAL VERBREITETE ZEITSCHRIFTEN FÜR PROSPEKTIVE FORSCHUNG

Derzeit sind mehrere Zeitschriften für prospektive Forschung international verbreitet (Popp 2016c, S. 32; Stagl – in: Popp/Fischer u. a. 2016, S. 175 f.; Tiberius 2011c, S. 24 ff.). Die folgende Auflistung erfolgt ohne Anspruch auf Vollständigkeit:

- *World Futures. The Journal of General Evolution* (Großbritannien)
- *Technological Forecasting and Social Change. An International Journal* (Großbritannien)
- *World Future Review. A Journal of Strategic Foresight* (USA: Verbandszeitschrift der World Future Society)

- *Futures. The Journal of Policy, Planning and Futures Studies* (Großbritannien)
- *International Journal of Forecasting* (Großbritannien)
- *International Journal of Applied Forecasting* (Großbritannien)
- *International Journal of Foresight and Innovation Policy* (Großbritannien)
- *Journal of Forecasting* (Großbritannien)
- *Futuribles* (Frankreich)
- *Futura* (Finnland)
- *Journal of Futures Studies. Epistemology, Methods, Applied and Alternative Futures* (Taiwan)
- *Foresight. The Journal of Futures Studies, Strategic Thinking and Policy* (Großbritannien)
- *Long Range Planning. International Journal of Strategic Management* (Niederlande)
- *Futures & Foresight Science* (Großbritannien)
- *European Journal of Futures Research* (Deutschland): Das seit 2013 von Christine Ahrend, Gerhard de Haan, Erik Øverland, Reinhold Popp und Ulrich Reinhardt bei SpringerOpen (ein Teil von Springer Nature: www.springer.com/40309) herausgegebene European Journal of Futures Research, ist die einzige englischsprachige Fachzeitschrift für prospektive Forschung, die vom deutschen Sprachraum aus *international* verbreitet wird. (Redaktionsstandort: Freie Universität Berlin)

(In der obigen Auflistung sind in den Klammern nach jedem Zeitschriftentitel jene Länder angegeben, in denen die jeweiligen Journals erscheinen. Um allfällige Missverständnisse zu vermeiden, soll hier klargestellt werden, dass der *Standort des Verlags* nichts über die Verbreitung von Foresight, Futures Research u. Ä. im jeweiligen Land aussagt.)

ÜBERBLICK: UNIVERSITÄTEN MIT STUDIENANGEBOTEN IM WEITEN SPEKTRUM DER PROSPEKTIVEN FORSCHUNG

Lehrangebote und Forschungsprojekte zum weiten Themenspektrum der prospektiven Forschung gibt es heute weltweit an einer Vielzahl von Universitäten und Hochschulen. An mehreren Universitäten werden auch entsprechende Studiengänge angeboten (Stagl – in: Popp/Fischer u. a. 2016, S. 175 f. und Tiberius 2011c,

S. 24 ff. sowie Ergänzungen nach eigenen Recherchen des Autors des vorliegenden Buches). Die folgende Auflistung erfolgt ohne Anspruch auf Vollständigkeit:

- *Argentinien:* Universidad Nacional de La Plata, La Plata/Buenos Aires (Nationaluniversität, La Plata): Master in Nationaler Verteidigung (Juridische und Sozialwissenschaftliche Fakultät)
- *Australien:* Swinburne University of Technology, Hawthorn, Victoria (Australian Graduate School of Entrepreneurship): Graduate Certificate of Management (Strategic Foresight); Graduate Diploma of Management (Strategic Foresight); Master of Management (Strategic Foresight)
- *Dänemark:* Aarhus University: PhD in Organizational Future Orientation or Corporate Foresight
- *Deutschland:* Freie Universität Berlin: Masterstudiengang für Zukunftsforschung
- *Finnland:* Turku School of Economics, Turku (Finland Futures Research Center): Master und PhD in Futures Studies
- *Frankreich:* Conservatoire National des Arts et Métiers – CNAM, Paris (Nationalkonservatorium der Künste und des Handwerks, Paris): Master (of Management Science or Economics), PhD (LIPSOR, Laboratorium für Innovation, strategische Vorausschau und Organisation)
- *Indien:* University of Kerala: Master and PhD of Philosophy in Futures Studies
- *Iran:*
  - Imam Khomeini International University, Qazvin: PhD in Futurology
  - University of Tehran, Teheran: PhD in Futures Study
- *Italien:* Università Telematica Leonardo da Vinci, Torreveccia Teatina/Chieti (Fernuniversität Leonardo da Vinci): Postgradualer Master in Szenariomanagement (Fakultät für Managementwissenschaft)
- *Kanada:* Ontario Collage of Art and Design, Toronto: BA, Graduate Diploma, MA, MDes and MFA in Digital Futures
- *Kolumbien:* Universidad Externado de Colombia, Bogotá (Externado Universität, Kolumbien): Spezialist (Especialista) in Strategie und Vorausschau (Zentrum für Strategie und Vorausschau)
- *Malta:* University of Malta, Malta (in Kooperation mit der Universität Potsdam, Deutschland, und der University of Turku, Finnland): MSc in Strategic Innovation and Future Creation

- *Mexiko:* Instituto Tecnológico y de Estudios Superiores de Monterrey (Technisches Institut und Hochschule, Monterrey): Master in strategischer Vorausschau (Zentrum für Investigation und Strategische Intelligenz)
- *Portugal:* Universidade Técnica de Lisboa, Lissabon (Technische Universität Lissabon): Postgraduales Diplom in Vorausschau, Strategie und Innovation (Wirtschaftswissenschaftliches Institut)
- *Südafrika:* Stellenbosch University, Stellenbosch/Belleville (Institute for Futures Research): Post-Graduate Diploma and M. phil. in Futures Studies; PhD in Futures Studies
- *Taiwan:*
  - Fo Guang University, Jiaoxi Township/Yilan County: BA und MA in Futures Studies
  - Tamkang University, Taipeh (Graduate Institute of Futures Studies): Futures Certificate Program with undergraduate and graduate courses
- *Ungarn:* Budapesti Corvinus Egyetem (Corvinus-Universität, Budapest): Studiengänge und postgraduale Studien an mehreren Instituten
- *USA:*
  - Regent University, Virginia Beach, Virginia (School of Global Leadership & Entrepreneurship): Certificate of Graduate Studies in Strategic Foresight; MA in Strategic Foresight
  - University of Advancing Technology, Tempe, Arizona: MSc in Emerging Technologies
  - University of Hawai'i at Manoa, Honolulu, Hawaii (Department of Political Science): Master of Arts in Alternative Futures (Hawaii Research Center for Futures Studies)
  - University of Houston, Houston, Texas (College of Technology): Master of Technology in Futures Studies in Commerce

12

GESCHICHTE DES ZUKUNFTSDENKENS

ZUKUNFTSDENKEN – EIN MENSCHHEITSGESCHICHTLICHES LANGZEITPROJEKT MIT OFFENEM AUSGANG

Allem Anschein nach spielt seit den Anfängen der Menschheit die Suche nach Möglichkeiten und Methoden der Selbsterkenntnis sowie nach begründeten Erkenntnissen über die menschliche Existenz, den Kosmos, die belebte und unbelebte Umwelt und die Beziehungen zur sozialen Mitwelt eine wichtige Rolle.
In enger Verbindung mit den Versuchen, die Geschichte und die Gegenwart zu verstehen und zu erklären, suchen also die Menschen seit Jahrtausenden nach verlässlichen Methoden für die *Vorhersage der Zukunft*. (Ausführlich zur Geschichte der Vorhersage und des Zukunftsdenkens: Hölscher 1999, Koselleck 1989, Minois 1998, Radkau 2017.) In diesem Zusammenhang war (und ist) die Zukunft eine Projektionsfläche für die Ängste, Hoffnungen und Pläne der Menschen. Zur Reduktion der Ängste, zur Bekräftigung der Hoffnungen und zur Optimierung der Planungskompetenz wurde in der Menschheitsgeschichte eine beachtliche Menge von Ideen, Konzepten, Strategien, Ritualen und Methoden entwickelt.

Wenn hier von Vergangenheit, Gegenwart und Zukunft die Rede ist, sollte hinreichend beachtet werden, dass in der Frühgeschichte, im antiken Griechenland, im Römischen Reich sowie im Mittelalter andere Zeitvorstellungen dominierten als seit Beginn der Neuzeit. (Allerdings sollte die Annahme einer allzu strikten Trennung zwischen historischen Epochen – z. B. Mittelalter und Neuzeit – vermieden werden. Denn die Übergänge zwischen diesen Phasen der Menschheitsgeschichte verliefen fließend und mit erheblichen regionalen Unterschieden.)

Die Beschäftigung mit der langen Geschichte des Zukunftsdenkens ist ein höchst anregendes, ja sogar abenteuerliches Projekt. Besonders spannend ist es, die jeweiligen Zukunftsbilder vor dem Hintergrund der in der Epoche ihrer Entstehung vorherrschenden gesellschaftlichen Rahmenbedingungen und in Verbindung mit parallelen Entwicklungen in den Bereichen der Kunst, der Literatur und der Architektur zu betrachten. Dies kann freilich hier allein schon aus Platzgründen nicht geleistet werden.

HISTORISCHE TYPEN DES ZUKUNFTSDENKENS

Vom klassischen Altertum bis in unsere heutige Zeit manifestierten sich die unten kurz skizzierten unterschiedlichen Zugänge zur Zukunft in immer wieder neuen Ausprägungsformen. Seit Beginn der Neuzeit traten sowohl die *Versuche der Zukunftsberechnung* als auch die *strategisch-planerischen* Zugänge in den Vordergrund.

Orakel und Mantik

Im antiken Griechenland konkurrierten mehrere Standorte um das Image der größten Treffsicherheit am Orakelmarkt. (> Geschichte des Zukunftsdenkens: Antike)

Prophetie

In vielen Kulturen profilierten sich *Propheten* mit ihren Warnungen vor den Folgen der Missachtung der göttlichen Vorsehung. (> X: Der Tag X)

Strategie und Planung

Strategen und Planer spielen seit Jahrtausenden zukünftige Bedrohungen und Gefahren sowie militärische und wirtschaftliche Chancen durch. (> Geschichte des Zukunftsdenkens: Antike, > Organisationsentwicklung – Planung ...)

Utopie

Parallel zu diesen *esoterischen, prophetischen* und *strategischen* Ansätzen ist auch das Konzept der *Utopie* – seit ihren Anfängen im antiken Griechenland – eine beliebte Variante des Zukunftsdenkens. (> Utopie, > Science Fiction)

Berechnung der Zukunft

Seit der Antike gab es auch ein beachtliches Interesse an der *Berechnung der Zukunft*. Dieses Interesse wurde bis weit in die Neuzeit vor allem durch die *Astrologie* befriedigt. (> Geschichte des Zukunftsdenkens: Antike)

VERTIEFENDE ÜBERLEGUNGEN ZUR HISTORISCHEN ENTWICKLUNG DES ZUKUNFTSDENKENS

Weitere kurze und überblicksartige Informationen zur Geschichte des Zukunftsdenkens finden sich im vorliegenden Buch unter folgenden Stichworten:

- > Geschichte des Zukunftsdenkens: Antike
- > Geschichte des Zukunftsdenkens: Mittelalter
- > Geschichte des Zukunftsdenkens: Neuzeit
- > X: Der Tag X
- > Vorgeschichte der zukunftsbezogenen Forschung
- > Anfänge der prospektiven Forschung in Europa: 1940er bis 1980er Jahre
- > RAND Corporation – (sozial-)technologische Zukunftsforschung in den USA
- > Krise der Zukunftsforschung und Phase der Vielfalt: 1980er Jahre bis heute
- > Futures Research – international

13

GESCHICHTE DES ZUKUNFTSDENKENS: ANTIKE

Einführende Überlegungen finden sich unter dem vorhergehenden Stichwort > Geschichte des Zukunftsdenkens.

FRÜHGESCHICHTLICHE KONZEPTE DES ZUKUNFTSDENKENS

Im allergrößten Teil der Menschheitsentwicklung sorgten mündlich überlieferte *Mythen* für die überlebenssichernden Antworten auf die Fragen nach dem richtigen Verhalten in der Gegenwart und nach der Planung für die Zukunft.

Animistische Erkenntniskonzepte: Vergangenheit, Gegenwart und Zukunft in einer von Ahnen, Geistern und einer beseelten Natur geordneten Welt

Bei der mythischen Begründung der Annahmen zur eigenen Herkunft und Zukunft sowie zu den Beziehungen der Individuen zu ihren Mitmenschen und zur beseelten Natur spielten Ahnen und Geister eine wesentliche Rolle. Magisch begabte Menschen (Schamanen u. Ä.) sorgten für die (deduktive) Interpretation der generalisierten mythischen Vorstellungen von der Ordnung des Lebens *sowohl* im Hinblick auf die Lösung individueller Probleme in der Gegenwart *als auch* hinsichtlich der Vorbereitung zukunftsrelevanter Entscheidungen. (Ausführlicher dazu: Schülein/Reitze 2012, S. 31 ff.) Wesentliche Elemente dieses animistischen Erkenntniskonzepts finden sich bis heute in manchen esoterischen Weltbildern.

Frühgeschichtliche theologisch-dogmatische Zukunftsbilder: Zukunft als von den allmächtigen und allwissenden Göttern gestaltetes Schicksal

In jener Phase der Menschheitsgeschichte, in der sich kleinere Stammesgemeinschaften (mehr oder weniger freiwillig) zu größeren, hierarchisch strukturierten Gesellschaften zusammenschlossen, mutierte das oben kurz skizzierte *animistische* Begründungswissen in Richtung *theologisch-dogmatischer* Erkenntniskonzepte (Schülein/Reitze 2012, S. 34 ff.). Statt der Vorstellung einer von allgegenwärtigen geistigen Wesen beseelten und gestalteten Welt vermutete man nun die für die Ordnung der irdischen Verhältnisse zuständigen Mächte in einer *überirdischen,* von Göttern bevölkerten Parallelwelt. Diese Götter, die als allmächtige Wesen vom Jenseits aus die diesseitige Welt steuerten, unterschieden sich von den Menschen u. a. dadurch, dass sie als allwissende Wesen sowohl die Vergangenheit und die Gegenwart als auch *die Zukunft* kannten. Durch dieses modifizierte Weltbild war sowohl eine gewisse Vereinheitlichung der Welterklärung als auch eine deduktiv-dogmatische Ableitung der Macht des stammesübergreifenden Herrschers vom Gestaltungswillen der Götterwelt möglich. In diesen frühgeschichtlichen Gesellschaften etablierte sich die einflussreiche Berufsgruppe der priesterlichen Experten, der – insbesondere auch im Hinblick auf die *Vorhersage der Zukunft* – eine Brückenfunktion zwischen den Menschen und der Götterwelt zugeschrieben wurde. Diese Partizipation am göttlichen Zukunftswissen erfolgte mit Hilfe von Orakeln, der Deutung von Naturphänomenen (z. B. des Vogelflugs) oder der prognostischen Interpretation von Vorgängen am Sternenhimmel (Astrologie).

EXKURS: ASTROLOGISCHE BERECHNUNG DER ZUKUNFT

Offensichtlich gab es bereits in der Frühgeschichte ein beachtliches Interesse an der Berechnung der Zukunft. Dieses Interesse wurde vor allem durch die Astrologie befriedigt. (Siebenpfeiffer 2016a) Die Berechnung der Vorgänge am Sternenhimmel war in vielen Kulturen eine von Priestern ausgeübte Wissenschaft. „Unter der freilich irrationalen Voraussetzung, dass es einen Zusammenhang zwischen den Bewegungen und Konstellationen der Gestirne und den Schicksalen der Menschen gibt, erscheinen letztere rational entschlüsselbar, da erstere mathematisch berechenbar sind." (Liessmann 2007, S. 31) Im Gegensatz zu Sterndeutungen in der Antike und in der Frühen Neuzeit, „die wie selbstverständlich Gültigkeit für die Zukunft der gesamten Welt beanspruchten, ist die astrologische Prognostik heute in das Private verlagert und begnügt sich mit mehr oder minder optimistischen Vorhersagen über die individuelle Zukunft. Ihre massive Präsenz auf dem Büchermarkt und in den Zeitungen zeigt allerdings, dass die Attraktivität des Versprechens mittels der Deutung der Sterne die Herrschaft über die eigene Zukunft zu erhalten, nach wie vor ungebrochen ist." (Siebenpfeiffer 2016a, S. 390)

Die Priesterschaft war auch für die Produktion und Formulierung von Erklärungswissen für den damaligen gesellschaftlichen, wirtschaftlichen und politischen Bedarf zuständig. (Zum politischen Zukunftsdenken im Altertum: Demandt 1972.) Da diese Konzepte als gottgegeben galten und von den jeweiligen Herrschaftssystemen rechtlich und politisch abgesichert wurden, waren sie allerdings einer kritischen Diskussion nicht zugänglich. (Ausführlicher dazu: Schülein/Reitze 2012, S. 34 ff.) Viele Elemente dieses frühgeschichtlichen Zukunftsdenkens begegnen uns in dem unter dem Stichwort > Geschichte des Zukunftsdenkens: Mittelalter kurz skizzierten Programm der Scholastik wieder.

PHILOSOPHIEENTWICKLUNG IN DER GRIECHISCHEN ANTIKE
Konkurrierende und kritisierbare Zukunftsbilder diesseits der Götterwelt

Der theologisch-dogmatische Umgang mit Weltbildern änderte sich vor rund 2.500 Jahren unter den Rahmenbedingungen der kleinen Stadtstaaten des antiken Griechenlands. In diesen ersten „bürgerlichen" Gesellschaften mit einem ökonomischen Mix aus Handwerk, Handel, Dienstleistung und Landwirtschaft sowie mit einer gewissen wirtschaftlichen und politischen Unabhängigkeit von absolutistischen Herrschaftssystemen entwickelte sich – aus dem Fundus der bisherigen theologischen Erkenntniskonzepte – ein *neuer Typus* der Welterklärung und der Begründung der menschlichen Erkenntnisse, der öffentlich zur Diskussion gestellt wurde und kritisierbar war. (Ausführlicher dazu: Schülein/Reitze 2012, S. 36. Einschränkend muss freilich daran erinnert werden, dass die Teilnahme an diesen Diskursen nur den freien männlichen Bürgern zustand. Frauen, Sklaven und Leibeigene waren ausgeschlossen.) In diesem Zusammenhang wurde auch darüber reflektiert und diskutiert, wie menschliche Erkenntnis im Allgemeinen und Erkenntnisse über die Zukunft im Besonderen *unabhängig von der Götterwelt* prinzipiell möglich seien und mit welchen Methoden die Erkenntnisqualität verbessert werden könne. Manche dieser frühen Philosophen zogen wie Wanderprediger durch die Lande, andere waren als Lehrer reicher Bürger und Adeliger beschäftigt, einige stammten selbst aus reichem Hause und agierten als wirtschaftlich unabhängige Privatgelehrte (ebd., S. 38). Besonders erfolgreiche Intellektuelle gründeten eigene Schulen – sowohl im institutionellen Sinn (z. B. Akademien) als auch im konzeptionellen Sinn (= Denkschulen). Je besser der Ruf eines Philosophen, desto größer der Zulauf von bildungswilligen und diskussionsfreudigen Kunden. Denn im Hinblick auf die Herausforderungen der gesellschaftlichen, wirtschaftlichen und politischen Selbststeuerung des kommunalen Gemeinwesens des alten Griechenlands gab es einen florierenden Markt für die philosophische und rhetorische Qualifizierung und für die Übung des kritischen Diskurses. Auf eine ausführliche Darstellung der vom fünften bis zum dritten Jahrhundert v. Chr. entstandenen vielfältigen philosophisch fundierten Konzepte vom Leben in der Gegenwart und in der Zukunft muss hier aus Rücksicht auf die gebotene Kürze verzichtet werden. Einige Namen der damals einflussreichen Denker sind bis heute bekannt, allen voran Aristoteles (384–322 v. Chr.), der (u. a.

als Begründer der Logik als eigenständiger Wissenschaft) die philosophischen Diskurse bis weit in die Neuzeit hinein maßgeblich beeinflusste, aber auch sein Lehrer Platon sowie dessen Lehrer Sokrates. Weitere wichtige altgriechische Philosophen wie etwa Demokrit, Epikur, Gorgias, Heraklit, Parmenides, Zenon u. a. sind jedoch heute nur mehr wissenschaftshistorischen Insidern bekannt. (Ausführlicher dazu: Schülein/Reitze 2012, S. 38 ff.) In dieser äußerst produktiven Phase der antiken Philosophieentwicklung wurde – freilich auf der Basis des damaligen Zeitgeists und der damaligen *Zeit*konzepte – auch über *Zukunftsfragen* nachgedacht. Besonders beliebt war die Methode, den Unzulänglichkeiten der real existierenden Gegenwart das Ideal einer besseren Zukunft gegenüberzustellen. Ein historisch sehr frühes Beispiel für eine derartige quasi utopische Zukunftsstudie ist das Buch „Politeia", in dem der berühmte griechische Denker Platon (427–347 v. Chr.) das Modell eines zukunftsfähigen Gemeinwesens skizziert. (> Utopie)

Orakel und Mantik

Parallel zur Philosophieentwicklung existierte im antiken Griechenland die Prognostik durch Priesterinnen und Priester weiter. In diesem Kontext ist bis heute die Methode des Orakels bekannt. (Zum Zusammenhang zwischen der Mantik, also der Weissagung, und dem Zukunftsdenken siehe u. a. Theisohn 2016. Zur Mantik: Fidora 2013, Sturlese 2011.) Hinter den Showbühnen der orakelnden Priesterinnen (z. B. im Apollo-Tempel von Delphi) agierte allerdings – im Falle von politisch wichtigen Zukunftsfragen – ein gut organisierter Apparat von Informanten und Experten, der mit Hilfe von anscheinend göttlich eingegebenen Vorhersagen Entscheidungen und Entwicklungen bewusst beeinflusste. Der Historiker George Minois (1998, S. 35) spricht in diesem Zusammenhang von „Futurokratie". Der Philosoph Konrad Paul Liessmann (2007, S. 30) sieht hier wohl nicht ganz zufällig „Ähnlichkeiten zu herrschenden Praktiken internationaler Agenturen zur Politik- und Unternehmensberatung". Denn Orakel waren keine „generalisierten Aussagen über die Zukunft", sondern „Erfolgs- und Risikoabschätzungen für konkrete Unternehmungen" (ebd., S. 29).

Strategie und Planung

Parallel zur Philosophieentwicklung entwickelte sich im antiken Griechenland auch die Methodik der strategischen Zukunftsplanung weiter. Diese für Politiker, Kaufleute und Generäle wichtige Logik der strategischen Planung brachte der altgriechische Feldherr Perikles (490–429 v. Chr.) auf den Punkt: *„Es kommt nicht darauf an, die Zukunft vorherzusagen, sondern darauf, auf die Zukunft vorbereitet zu sein."* Dieses strategisch-planerische Erkenntnisinteresse führte seit jeher zur gezielten Nutzung des in der jeweiligen historischen Epoche bekannten Wissens für die plausible Einschätzung zukünftiger Chancen und Gefahren sowie für die gedankliche Strukturierung unterschiedlicher Handlungsoptionen. (Dazu vertiefend: Willer 2016b.) Auf dieser Wissensbasis wurde – und wird – versucht, die optimale Strategie für zukünftige Erfolge im Krieg, in der Wirtschaft und in der Politik abzuleiten. Dieses im antiken Griechenland weiterentwickelte und später im Römischen Reich perfektionierte zukunftsorientierte „Denkwerkzeug" firmiert bekanntlich seit der Modernisierung durch den US-amerikanischen Zukunftsforscher Herman Kahn (in den 1960er Jahren) unter dem zeitgeistigen Titel „Szenario-Technik". (Siehe dazu auch > RAND Corporation, > Szenario ..., > Organisationsentwicklung – Planung ...)

ZUKUNFTSDENKEN IM RÖMISCHEN REICH

Strategische Zukunftsplanung – griechische Philosophie – vielfältige Götterwelt

Kurz nach den drei Jahrhunderten der Entstehung und Weiterentwicklung wichtiger philosophischer und erkenntnistheoretischer Denkschulen erfolgte im zweiten Jahrhundert v. Chr. die Eingliederung Griechenlands in das Römische Reich. Die größten Leistungen erbrachte dieses antike Weltreich weniger in der Philosophie, sondern in der technischen, militärischen, rechtlichen und politisch-administrativen Praxis. (Vertiefend zum politischen Zukunftsdenken in der Antike: Demandt 1972.)

In diesem Zusammenhang wurde u. a. die oben kurz skizzierte Methodik der *strategischen Zukunftsplanung* perfektioniert. Der *philosophische Erklärungsbedarf* wurde vor allem durch die Übernahme der griechischen Denktraditionen gedeckt. Zu diesem Zweck wurden häufig einschlägig gebildete *griechische* Sklaven als Hauslehrer beschäftigt (Schülein/Reitze 2012, S. 56.). Ähnlich wie im antiken

Griechenland existierten auch im Römischen Reich parallel zu den wirtschaftlich, politisch und militärisch angewandten *planerisch-strategischen* sowie zu den *philosophischen* Erkenntniskonzepten die *theologisch-dogmatischen* Weltbilder weiter. Im Unterschied zur relativ überschaubaren griechischen Lebenswelt gab es jedoch im großen römischen Imperium eine Vielzahl von heterogenen Ausprägungsformen dieses *theologisch-dogmatischen* Denkens. So lange sich die in den eroberten Provinzen vorherrschenden theologischen Programme mit der römischen Götterwelt als wenigstens halbwegs kompatibel erwiesen und so lange vor allem die Macht der römischen Kaiser nicht bedroht wurde, zeigten sich die jeweiligen Herrscher relativ großzügig und duldeten eine Vielzahl von Göttinnen und Göttern. Dies änderte sich erst im vierten Jahrhundert n. Chr. zu Gunsten des monotheistischen Konzepts des Christentums.

Philosophische Tugendlehren für eine zukunftsfähige Lebensqualität

Während im antiken Römischen Reich der *erkenntnistheoretische* Teil der griechischen Philosophie relativ unverändert tradiert wurde, entwickelte man die *moralphilosophischen* Aspekte zu Tugend- und Sittenlehren weiter. In der damaligen Ratgeberliteratur ging es – wie heute – um die Frage nach den besten Empfehlungen für die lebenslange Lebensqualität sowie für die damit verbundenen gegenwärtigen Verhaltensweisen und zukunftsrelevanten Entscheidungen. In diesem Sinne stießen etwa die von Aristoteles präsentierten Empfehlungen für ein gutes Leben auf ein beachtliches Interesse (Horn 2011a). Darüber hinaus spielten die Lehren des griechischen Philosophen Epikur oder die Lehren der Stoiker eine wichtige Rolle. (> Lebensqualitätsforschung ...)

14

GESCHICHTE DES ZUKUNFTSDENKENS: MITTELALTER

ZUKUNFTSDENKEN IN DER MITTELALTERLICHEN SCHOLASTIK: ZUKUNFT ALS ERWARTUNG DER ANKUNFT IM JENSEITS

Die in der griechischen und römischen Philosophie weit verbreiteten Konzepte der *weltlichen* Suche nach Erkenntnis, Lebenssinn und Lebensqualität wurden relativ rasch verdrängt, nachdem unter dem römischen Kaiser Konstantin das Christentum mit der staatlichen Macht verknüpft wurde und unter Konstantins Nachfolgern sogar zur Staatsreligion aufstieg. Von nun an lag das Monopol für die Definition von Sinn und Unsinn des menschlichen Lebens einzig und allein beim allmächtigen und allwissenden Gott, tatkräftig unterstützt vom kirchlichen Klerus und der irdischen Realpolitik.

14

CHRISTLICH-MONOTHEISTISCH ORIENTIERTER THEOLOGISCHER UMBAU DER WELTLICH ORIENTIERTEN GRIECHISCH-RÖMISCHEN PHILOSOPHIEN

Nach dem Untergang des Römischen Reiches entwickelte sich im ehemaligen mitteleuropäischen Herrschaftsgebiet eine machtpolitische Doppelstruktur, die den erkenntnistheoretischen Diskurs bis zum Ende des Mittelalters dominierte: einerseits das *weltliche* Feudalsystem und andererseits die *christliche* Kirche. In der Dynamik zwischen diesen beiden Polen entstand in den christlichen Klöstern und später auch in den ebenso kirchlich geführten ersten Universitäten das philosophisch-theologische Konzept der sogenannten *Scholastik*. (Schülein/ Reitze 2012, S. 57) Dabei wurden wichtige Elemente der griechisch-römischen Philosophietradition aufgegriffen und an die offizielle kirchliche Lehrmeinung angepasst. Die Philosophie wurde so immer stärker zur „ancilla theologiae", also zur Magd der Theologie. Der scholastischen Erkenntnistheorie ging es um die Erklärung der Vorgänge in der Natur und im Kosmos sowie im menschlichen Leben im Lichte des Wirkens des allmächtigen und allwissenden Gottes. Thomas von Aquin (1225–1274), einer der wichtigsten scholastischen Philosophen, definierte

das menschliche Leben und Denken im diesseitigen Jammertal im Hinblick auf die zukünftige ewige Glückseligkeit im Jenseits (ausführlicher dazu siehe Thomas von Aquin 2005, hrsg. von M. Hackemann). Sofern *Zu*kunft überhaupt – wie im heutigen Sinne – als zukünftige Gegenwart gedacht wurde, handelte es sich dabei vor allem um die apokalyptische Erwartung der *An*kunft des Erlösers. Zukunft war also Ankunft, sowohl im Sinne der individuellen Ankunft im Himmel als auch im Sinne der Erfüllung der Erlösungsgeschichte der gesamten Menschheit. Ausführlicher dazu siehe Hölscher (1999, S. 36). Zu dem im Mittelalter dominierenden Denken in Kreisläufen der Natur und des Lebens (= zyklisches Denken) siehe Rieken (in: Popp/Rieken/Sindelar 2017, S. 181 ff.). Zum Verständnis des Individuums im Mittelalter: Gurjewitsch (1994).
Zu den im Mittelalter weit verbreiteten apokalyptischen bzw. chiliastischen Vorstellungen der Zukunftsentwicklung siehe unter > X: Der Tag X.

KURZE ANMERKUNG ZUM EUROZENTRISMUS IM GEISTESWISSENSCHAFTLICHEN DISKURS

Auf die philosophischen Entwicklungen im Süden und Osten des römischen Herrschaftsgebietes – u. a. auch auf den bedeutsamen Einfluss der philosophischen Diskurse und Schriften aus der Frühzeit des Islam auf die christlich-scholastische Philosophie – kann hier aus Platzgründen ebenso wenig eingegangen werden wie auf die im asiatischen Raum entwickelten philosophischen und erkenntnistheoretischen Konzepte. Das „Internationale Kolleg für Geisteswissenschaftliche Entwicklung“ an der Universität Erlangen-Nürnberg widmet sich in besonderer Weise Fragen der Zukunftsbewältigung und der „Prognostik“ im asiatischen Denken und wirkt so dem *Eurozentrismus* im geisteswissenschaftlichen Diskurs entgegen.

15

GESCHICHTE DES ZUKUNFTSDENKENS: NEUZEIT

Der Historiker Lucian Hölscher zeigt in seinem lesenswerten Buch „Die Entdeckung der Zukunft“ (1999) nachvollziehbar auf, dass das heutige Verständnis von *Zukunft* sehr stark mit den gesellschaftlichen, wirtschaftlichen, technischen und politischen Wandlungsprozessen der vergangenen fünf Jahrhunderte – und den damit verbundenen mentalen Konstruktionsprozessen der Individuen – zusammenhängt. Dies gilt übrigens nicht nur für unser Verständnis von *Zukunft*, sondern sinngemäß auch für unser Verständnis von *Vergangenheit* und *Gegenwart*.

ZUKUNFTSDENKEN IN EINER WISSENSCHAFTLICH GEORDNETEN SCHÖNEN NEUEN WELT

Im ausklingenden 15. und beginnenden 16. Jahrhundert führten mehrere tiefgreifende gesellschaftliche Umbrüche zu einer relativ raschen Veränderung des gesamten mittelalterlichen Weltbilds und somit auch des zyklischen Zukunftsdenkens. Zukunft wurde nun zunehmend als bevorstehende Zeit der Verbesserung der gesellschaftlichen Verhältnisse und des menschlichen Verhaltens durch die Entwicklung einer rational-wissenschaftlich geordneten schönen neuen Welt verstanden. (Siehe dazu u. a. Vietta 2016.)

GESELLSCHAFTLICHE UMBRÜCHE SORGEN FÜR EINE NEUORIENTIERUNG DES ZUKUNFTSDENKENS

Parallel zu der nach wie vor dominanten agrarwirtschaftlich geprägten Kultur im ländlichen Raum kam es zur dynamischen Entwicklung einer auf Handel und Handwerk basierenden Ökonomie und einer von den damaligen Feudalherren relativ unabhängigen bürgerlichen Lebensform in den aufstrebenden Städten (Schülein/Reitze 2012, S. 58). Diese Entwicklung ermöglichte u. a. – stärker als in der bäuerlichen und dörflichen Arbeits- und Lebenswelt – gestaltungsorientierte Zukunftsbilder. Die Entdeckungsfahrten von Vasco da Gama und Christoph Kolumbus erweiterten den geografischen und kulturellen Horizont der damaligen

Menschen. Gleichzeitig sorgten die astronomischen Studien von Nikolaus Kopernikus, die später von Johannes Kepler und Galileo Galilei weiterentwickelt wurden, für die Veränderung der althergebrachten Überzeugung, dass die Erde das Zentrum des Universums sei. Schließlich stärkten technische Erfindungen und neue medizinische Erkenntnisse die selbstbewusste Gestaltungskraft der Menschen. Außerdem eröffnete die Entwicklung des Buchdrucks neue Möglichkeiten der Information und Kommunikation.

Ab dem Beginn der Neuzeit machten mehrere protestantische Bewegungen dem päpstlich-katholischen Alleinvertretungsanspruch Konkurrenz. Der neben Martin Luther bedeutendste Reformator Johannes Calvin lehrte, dass das menschliche Leben durch Gott vorbestimmt sei. Wer Reichtum und hohen sozialen Status erlangte, galt als Freund des Himmels. Der betende Bettler hatte somit weit weniger Aussicht auf die Gnade Gottes als der erfolgreiche Kaufmann. Statt der Vorbereitung auf die ewige Glückseligkeit im Jenseits wurde der wirtschaftliche Erfolg im Diesseits zum wichtigsten Kriterium für ein sinnvolles Leben. Der berühmte Soziologe Max Weber (1934) vermutete in dieser neuen Sichtweise bekanntlich eine der Wurzeln des modernen Kapitalismus.

ZUKUNFTSDENKEN IN DEN KONKURRIERENDEN WISSENSCHAFTSKONZEPTEN DER NEUZEIT

Durch die oben kurz zusammengefasste Kombination von wirtschaftlichen, technischen, politischen, religiösen und mentalen Wandlungsprozessen löste sich die für die mittelalterliche Scholastik maßgebliche Machtbalance zwischen Kirche und Staat auf (> Geschichte des Zukunftsdenkens: Mittelalter). Das *metaphysische* Konzept der Scholastik galt zunehmend als altmodisch und die kirchlichen Universitäten verloren an Bedeutung.

Die neuen wissenschaftlichen Diskurse fanden in selbst organisierten Zirkeln, in Salons und „Akademien" statt. Zunehmend löste der neue Typus des *bürgerlichen Privatgelehrten* den alten Typus des mittelalterlichen Wissenschaftlers, also den von kirchlichen Hierarchien abhängigen scholastischen „Ritter des Geistes" (Schülein/Reitze 2012, S. 57) ab. Unter diesen neuen Rahmenbedingungen der relativen Unabhängigkeit von kontrollierenden und zensurierenden geistlichen und weltlichen Herrschaftsstrukturen kam es nun zu einer Renaissance der alten griechisch-römischen Tradition des freien Philosophierens. Dabei wurden die

Theologie einerseits und die *Philosophie bzw. Erkenntnistheorie* andererseits konsequent getrennt. In diesem Prozess der „Enttheologisierung" des Denkens kristallisierte sich sukzessive eine wachsende Zahl von Disziplinen aus der alten theologisch-dogmatischen Einheitswissenschaft heraus. Außerdem wurden unterschiedliche erkenntnis- bzw. wissenschaftstheoretische Konzepte formuliert und weiterentwickelt, z. B.: > Empiristischer Erkenntnisweg, > Hermeneutischer Erkenntnisweg, > Konstruktivistischer Erkenntnisweg. Die Wurzeln dieser Konzepte reichen übrigens bis zu den philosophischen Denkschulen des klassischen griechischen und römischen Altertums zurück.

LANGZEITENTWICKLUNGEN SEIT BEGINN DER NEUZEIT – UND DIE FOLGEN FÜR DAS ZUKUNFTSDENKEN

Der Historiker Oliver Radkau weist in seinem 2017 erschienenen Buch „Geschichte der Zukunft" plausibel nach, dass die Ursachen für viele falsche Zukunftsprognosen in der mangelnden Berücksichtigung langfristig wirksamer historischer Entwicklungsprozesse liegen. Vertiefende Überlegungen zur geschichtswissenschaftlichen Begründung der für die Produktion plausibler Prognosen unverzichtbaren Analyse *langfristig* wirksamer historischer Prozesse („*Longue durée*") finden sich in einem interessanten Beitrag von Ferdinand Braudel (1977). In diesem Zusammenhang kritisiert Braudel (ebd., S. 61), dass viele Wissenschaftlerinnen und Wissenschaftler „... Gefangene der kurzfristigen Gegenwart sind, eines Zeitraums, der einerseits kaum hinter 1945 zurückreicht und sich andererseits in Plänen und Prognosen für die nahe Zukunft auf einige Monate, höchstens auf einige Jahre über das heute hinaus erstreckt".

Liberalisierung und Individualisierung

„Jeder soll nach seiner Façon selig werden."
(Friedrich II., König von Preußen, 1740)

Der im 15. Jahrhundert begonnene Umbau der philosophischen Sichtweisen des Mittelalters wurde in den folgenden Jahrhunderten weitergeführt – freilich nicht linear, sondern phasenweise auf Umwegen. Im Zusammenhang mit der sogenannten *Aufklärung* verstärkte sich bei immer mehr Menschen die Sehnsucht nach dem Recht jedes Individuums auf die autonome Gestaltung des Lebens, verbunden mit der Unabhängigkeit von weltlichen und kirchlichen Mächten. Die von den Ideen der Aufklärung getragene *Französische Revolution* (1789) führte schließlich – mit einigen Rückfällen in Phasen des vorrevolutionären Absolutismus – zur Durchsetzung dieser liberalen Logik und zur staatlich garantierten Freiheit der Meinungsäußerung, von der auch die dynamische und kreative Entwicklung der Wissenschaften maßgeblich beeinflusst wurde. (Zur *Individualisierung* siehe u. a. Krings 2016, zur Entwicklung sozialstaatlicher Institutionen als Gegentrend zur Individualisierung: > Trend – Trendforschung.)

Demokratisierung, Flexibilisierung, Internationalisierung, Mechanisierung, Technisierung, Automatisierung, Mediatisierung

Im 19. und 20. Jahrhundert setzte sich der oben kurz skizzierte Prozess der *Liberalisierung* und *Individualisierung* fort (Popp – in: Popp/Rieken/Sindelar 2017, S. 178–180). Gleichzeitig mussten die *psychosozialen* und *soziokulturellen* Folgen einer Vielzahl von schwerwiegenden Veränderungen bewältigt werden, u. a.:

- der Zusammenbruch des Kolonialismus und die damit verbundene Relativierung der Verklärung der abendländischen Wertewelt,
- die Auseinandersetzung mit anderen Kulturen im Zusammenhang mit der internationalen Mobilität, dem Welthandel und der Globalisierung,
- gleichzeitig aber auch der Gegentrend der Renationalisierung,
- die Schwächung und schließlich der Zusammenbruch der großen monarchistischen Reiche Europas (einschließlich der russischen Monarchie) sowie des Osmanischen Reiches und der asiatischen Monarchien,
- die diesen Umbrüchen folgenden Entwicklungen von Nationalismus, Faschismus, Nationalsozialismus, Stalinismus und Maoismus,
- zwei mörderische Weltkriege, der anschließende „Kalte Krieg" und die Bedrohung durch Atomwaffen,
- der Abschied von den „großen Erzählungen" (Lyotard 1986), also von den in früheren Zeiten von vielen Menschen geglaubten und akzeptierten großen religiösen und politischen Programmen,
- der Auf- und Ausbau der Europäischen Union, die – trotz vieler Krisen – seit der Mitte des 20. Jahrhunderts im europäischen Raum eine vorher nie erreichte friedliche Nachbarschaft der Mitgliedsländer absichern konnte,

- der Versuch, ein weltweit gültiges Gerechtigkeitskonzept wenigstens in Form des Minimalkonsenses der „UNO-Menschenrechtskonvention" zu etablieren,
- die kontinuierliche Verbreitung demokratischer Staatsformen,
- die Durchsetzung unterschiedlicher Modelle der sozialen Marktwirtschaft und der damit verbundenen sozialstaatlichen Modelle,
- die Etablierung moderner Gesundheitssysteme,
- die damit eng zusammenhängende kontinuierliche Verlängerung der Lebenserwartung,
- die rasante Technisierung und Digitalisierung aller Lebensbereiche,
- die Automatisierung vieler Prozesse in der Produktion und der Dienstleistung,
- die damit zusammenhängende Verkürzung der Tages-, Wochen-, Jahres- und Lebens*arbeits*zeit sowie
- die ebenfalls damit verbundene immer stärker differenzierte Ausprägung von vielfältigen lebensstiltypischen Varianten des Konsums und der Freizeitgestaltung,
- der Wandel vom Versorgungskonsum zum modernen Erlebniskonsum (Trentmann 2017),
- die mit der Modernisierung kapitalistischer Wirtschaftsformen verbundene kontinuierliche Auflösung der früher sehr starren *ständischen* Organisationsprinzipien der Arbeitswelt,
- die damit zusammenhängenden modifizierten Vorstellungen von sozialer Mobilität durch individuelle Leistungsfähigkeit und durch den permanenten Auf- und Ausbau von verwertbaren Wissensbeständen und Kompetenzen,
- der damit verbundene Bedeutungszuwachs von „Bildung" (im Sinn von institutionalisierter und zertifizierter Aus- und Weiterbildung),
- die Ausdifferenzierung der Wissenschaft(en) in eine weiter wachsende Menge an neuen Disziplinen („*Wissenschafts*gesellschaft", Kreibich 1986)
- und die damit verbundene geradezu explosionsartige Vermehrung des Wissens („*Wissens*gesellschaft"),
- die Auflösung der alten Lebensform des „Ganzen Hauses" (= Wohnen und Arbeiten unter einem Dach) sowie die Trennung von Arbeitsort und Wohnort,
- die Durchsetzung von Konzepten der Gleichberechtigung, der „Liebesheirat" und neuer genderbezogener Rollenbilder,
- die Durchsetzung der (vielfältig ausgeprägten) Kleinfamilie als dominante Beziehungsform,

- der rasante Bedeutungszuwachs vielfältiger Medien sowie der medialen Kommunikation und Information
- u. v. a. m.

Die Relativierung des grandiosen Selbstbilds des Menschen

Nicht zu unterschätzen sind auch die vielfältigen Konsequenzen der folgenden drei „Kränkungen" für das Selbstbild des modernen Menschen:

- Die erste Kränkung verursachte Nikolaus Kopernikus (1473–1543) mit seiner Erkenntnis, dass sich die Erde und ihre Bewohner nicht im Zentrum des Kosmos befinden.
- Für die nächste Kränkung sorgte Charles Darwin (1809–1882), der das Selbstbild des Homo sapiens als „Krone der Schöpfung" zerstörte und unsere Existenz als Produkt der Evolution der Säugetiere entlarvte.
- Die dritte Kränkung stammt von Sigmund Freud (1856–1939), der den Glauben an die vom freien Willen gesteuerte Rolle des menschlichen Bewusstseins dekonstruierte. Die psychoanalytischen Vorstellungen von der Wirkung der unbewussten psychischen Dynamik (> Psychoanalytische Sozialforschung, > Subjektiver Faktor) wurden in jüngster Zeit durch die Ergebnisse der neurowissenschaftlichen Forschung noch plausibler begründet.

Zu diesen – von Sigmund Freud analysierten – drei tiefgreifenden Irritationen der bisherigen Vorstellungen von der „Wirklichkeit" des Kosmos, der Natur, der Gesellschaft und des Menschen gesellte sich in weiterer Folge noch die *Relativierung* grundlegender naturwissenschaftlicher Konzepte sowie eine neue Sicht auf die Phänomene *Raum* und *Zeit*:

- durch die Relativitätstheorie Albert Einsteins und
- durch die Quantenphysik von Werner Heisenberg u. a.

Die oben – selbstverständlich ohne Anspruch auf Vollständigkeit – überblicksartig aufgelisteten vielfältigen (und zum Teil widersprüchlichen) gesellschaftlichen, wirtschaftlichen und politischen Veränderungen sowie die damit verbundenen mentalen Konstruktionen führten auch in der Wissenschaft zur Entwicklung neuer bzw. modifizierter Theorien.

16

HERMENEUTISCHER ERKENNTNISWEG – ZUKUNFT BRAUCHT HERKUNFT

„Zukunft braucht Herkunft" ist ein von Odo Marquard (2003) gewählter Buchtitel, der den zukunftsbezogenen kritisch-hermeneutischen Erkenntnisweg in der plakativen Sprache der Werbung auf den Punkt bringt.

Vorausschau als kritisch-hermeneutische Zusammenhangbetrachtung

Das nach dem griechischen Götterboten *Hermes* benannte Verfahren der *Hermeneutik* dient dem mehrperspektivischen Verstehen von komplexen Zusammenhängen, wobei das Spektrum des *Verstehens*

- von der Interpretation der Sinnzusammenhänge unterschiedlicher Arten von Texten, Bildern und Musik
- über die Analyse der historisch entwickelten Strukturen und Funktionen gesellschaftlicher Systeme
- bis hin zum historisch (einschließlich lebensgeschichtlich) fundierten Durchschauen der Zusammenhänge zwischen gesellschaftlichen Verhältnissen und individuellem Verhalten
- sowie bis zu der daraus abgeleiteten plausiblen Vorausschau auf zukünftige Entwicklungen reicht (> Plausibilität).

Geisteswissenschaften: Die Gegenwart und die gegenwärtigen Zukunftsbilder durch die Analyse der Geschichte verstehen

„Das Leben wird rückwärts verstanden, aber vorwärts gelebt."
(Søren Kierkegaard)

Wilhelm Dilthey (1833–1911) stellte die Wissenschaften, die sich mit den *geistigen* Leistungen des Menschen beschäftigen, also die *Geistes*wissenschaften, den *Natur*wissenschaften gegenüber. Nach Schülein/Reitze (2012, S. 116) werden von Dilthey folgende Disziplinen als „Geisteswissenschaften" betrachtet: die Geschichtswissenschaft, die Nationalökonomie, die Rechts- und Staatswissenschaft, die Literaturwissenschaft, die Architektur, die Musikwissenschaft, die Philosophie und die Psychologie.

Als wichtigstes Verfahren der Erkenntnis gilt in den Geisteswissenschaften die *Hermeneutik*. Während laut Dilthey die Aufgabe der Naturwissenschaften darin besteht, natürliche Phänomene zu *erklären*, bezieht sich die geisteswissenschaftliche Erkenntnis auf des „*Verstehen* der *eigenen* Wirklichkeit" des Menschen. Aus der Sicht der *Geisteswissenschaften* wird also die große Leistung des Empirismus (> **empiristischer Erkenntnisweg**) für die *Natur*wissenschaften (einschließlich der Humanbiologie und der Medizin) und für die Technikentwicklung durchaus anerkannt. Wenn es jedoch in der Wissenschaft um die Erforschung jener Aspekte des menschlichen Lebens geht, die sich auf Reflexion (einschließlich Selbstreflexion), historischen Rückblick, zukunftsorientierten Vorausblick, Planung, Bildung, Innovation, künstlerische Aktivitäten u. Ä. beziehen, also auf die *sinnverstehende* Auseinandersetzung mit der natürlichen Umwelt und der sozialen Mitwelt, überschätzt der Empirismus seine Leistungsfähigkeit erheblich.

Im Sinne der geisteswissenschaftlichen Erkenntnistheorie ist das Verstehen, also das gekonnte *systematische Nachdenken und philosophische Argumentieren* ein wichtiger Weg („Methode") zur Entwicklung von Erkenntnissen. Im Hinblick auf *individuelle Akteure* spielt dabei – vor allem in der geisteswissenschaftlichen Pädagogik und Psychologie – das „Einfühlen" in deren Lebens- und Motivationslagen eine wichtige Rolle.

Viele Repräsentanten der Geisteswissenschaften suchen bei ihrer historischen Analyse nach der absoluten „Wahrheit" bzw. nach dem aus der hermeneutischen Analyse der Geschichte erschließbaren „objektiven Geist" (Dilthey 1910/1968). Aus diesen – als allgemeingültig deklarierten – normativen (und zum Teil ideologischen) Setzungen leiteten manche prominente Geisteswissenschaftler (z. B. Eduard Spranger, 1951) konkrete Lösungsvorschläge für gesellschaftliche Herausforderungen ab. (Zur Neigung der Geisteswissenschaften, ein „metaphysisches" Wahrheitsverständnis zu vertreten, siehe in de Haan/Rülcker 2009, S. 102.) Derartig spekulative Argumentationsversuche bescherten den Geisteswissenschaften und der Hermeneutik aus der Sicht der Kritiker im Lager der Empiristen das Image mangelnder wissenschaftlicher Redlichkeit. Aus konstruktivistischer bzw. sozialkonstruktionistischer Sicht (> **Konstruktivistischer Erkennt-**

nisweg) ist allerdings auch der > empiristische Erkenntnisweg mit seinem objektivistischen Wahrheitsbegriff von der Metaphysik keinesfalls so weit entfernt wie vielfach angenommen. (Dazu vertiefend: de Haan/Rülcker 2009, S. 102.)

MODERNISIERUNG UND „REALISTISCHE WENDE" DER GEISTESWISSENSCHAFTEN

Seit den 1960er Jahren kam es innerhalb der geisteswissenschaftlich hermeneutisch orientierten Community – nicht zuletzt durch Auseinandersetzungen einerseits mit Vertretern des Kritischen Rationalismus und andererseits mit Repräsentanten der Kritischen Theorie – zu einer dynamischen Modernisierung. Eine wichtige Rolle spielte dabei u. a. Hans-Georg Gadamer (1900–2002) (ausführlicher siehe Gadamer 1960, 1963). Ab den 1970er Jahren begannen immer mehr Vertreter des geisteswissenschaftlichen Denkens, *empirische* Verfahren mit ihren (modernisierten) *hermeneutischen* Reflexionen zu verknüpfen. (Diese Entwicklung wird gelegentlich als „realistische Wende" bezeichnet.) Am Beispiel der Pädagogik lassen sich die Entwicklungen der Geisteswissenschaften (mit besonderer Berücksichtigung des deutschsprachigen Raums) in de Haan/Rülcker (2002) gut nachvollziehen. (Vertiefend: Gessmann 2012, Grunwald 2014, Lueger 2010, Soeffner 2004, Wernert 2006.)

Die hermeneutische Erkenntnis bleibt jedoch letztlich – auch in ihren modernen Varianten – immer eine *individuelle* Möglichkeit der Interpretation von Phänomenen. Wichtige Repräsentanten des geisteswissenschaftlichen Diskurses sehen jedoch in diesem kreativen Individualismus keinen Nachteil, sofern die (unvermeidbar irrtumsanfälligen) Interpretationsversuche der einzelnen Wissenschaftlerinnen und Wissenschaftler in einen – niemals endenden – kritischen Diskurs der Wissenschaft eingebunden sind (Gadamer 1960, S. 494).

Mehrere für die prospektive Forschung interessante geistes- und kulturwissenschaftliche Beiträge finden sich in Bühler/Willer 2016 und Weidner/Willer 2013; in diesem Zusammenhang ist auch ein Zeitschriftenbeitrag von Hübner (1971) lesenswert.

SOZIALPHÄNOMENOLOGISCHES ZUKUNFTSDENKEN: DAS INTERPRETATIV-HERMENEUTISCHE PARADIGMA ALS GRUNDLAGE EINER SUBJEKTBEZOGENEN SOZIALFORSCHUNG

Dieses von Alfred Schütz (1899–1959) begründete Konzept der „Verstehenden Soziologie" geht von den für jedes Individuum spezifischen Formen der Lebensbewältigung aus. Aus diesen Bewältigungsstrategien entsteht – in Verbindung mit den Prägungen durch die gesellschaftlich vermittelten Deutungsmuster – bei jedem Menschen ein jeweils konkretes Alltagsbewusstsein. Aus der Sicht des *Interpretativen Paradigmas* geht es um die Entwicklung einer Form von Empirie, die dieses Alltagsbewusstsein in einer (im doppelten Sinn des Wortes) *„verdichteten"* Form sichtbar macht. Die Ergebnisse dieses *empirischen* Erhebungsprozesses sind der Ausgangspunkt für die *hermeneutisch-verstehende Interpretation* (ausführlicher siehe Engelbrecht 2005, Lueger 2010, Schütz 1972 und 1974; Prisching 2003a und b, Schütz/Luckmann 1979 und 1984, Soeffner 2004). Dieses Konzept unterstreicht die bereits weiter oben getroffene Klarstellung, dass *Empirie* keineswegs identisch ist mit *Empirismus*. (> Methodik der zukunftsbezogenen Forschung, > Empirische Sozialforschung, > Qualitative bzw. variablenkonfigurative Sozialforschung, > Quantitative bzw. variablenmanipulative Sozialforschung) Aus der Sicht der prospektiven Forschung ist in diesem Zusammenhang der Sammelband „Gegenwärtige Zukünfte" von Hitzler und Pfadenhauer (2005) sehr interessant (siehe auch Friedrichs/Lepsius/Mayer 1998).

ZUKUNFTSETHIK

Für die zukunftsbezogene Forschung können auch die im Kontext der Geisteswissenschaften geführten Ethikdiskurse sehr ergiebig sein. Zu explizit auf *Zukunftsfragen* bezogenen ethischen Diskursen („Zukunftsethik") siehe u. a. Birnbacher (1979) und (1980), Birnbacher/Brudermüller (2001), Jonas (1979), Mackenthun (2012), Meyer/Miller (1986), Nida-Rümelin/Weidenfeld (2018), Rorty (2000). Zum Zusammenhang zwischen Geschichtsphilosophie und Zukunftsethik siehe Rohbeck (2013).

Der Nutzen des kritisch-hermeneutischen Erkenntnisweges für die wissenschaftliche Vorausschau

„Je moderner die moderne Welt wird, desto unvermeidlicher werden die Geisteswissenschaften." Mit diesem Werbeslogan bringt der renommierte Philosoph Odo Marquard (2003, S. 169) die durchaus zukunftsweisende Bedeutung der Hermeneutik als geschichtsbewusste, traditionsreiche und sinnverstehende Orientierungshilfe auf den Punkt. Seit dem *Wissenschaftsjahr 2007* wird wieder verstärkt über die geisteswissenschaftlich-hermeneutische Interpretationskompetenz nachgedacht. Einige wichtige Meinungen zu dieser Thematik finden sich in dem von Gauger/Rüther (2007) herausgegebenen Sammelband. Auch Arnswald (2005), Gessmann (2012) sowie Keisinger/Seischab (2003) glauben an die Zukunft der Hermeneutik. Mit ihren modernen Ausprägungsformen kann die reiche Tradition der historisch-hermeneutischen Argumentation auch in der zukunftsbezogenen Forschung eine wichtige Rolle spielen.

- Dies gilt in besonderer Weise für die Verbindung der *Hermeneutik* mit der *Dialektik* (> Kritische Theorie), weil dadurch komplexe, nichtlineare und von Widersprüchen beeinflusste Entwicklungen *auch im Hinblick auf ihre zukunftsrelevante Dynamik* hinreichend berücksichtigt werden können. Diese Kombination weist den Weg zu einer *kritischen* und *gesellschaftstheoretisch* fundierten Hermeneutik.
- Im Hinblick auf die Analyse der für jedes Individuum spezifischen Formen der Lebensbewältigung ist die Verbindung mit dem *interpretativ-hermeneutischen* Konzept der *Sozialphänomenologie* bzw. der *verstehenden Soziologie* zu empfehlen.
- Zukunftsweisend ist auch die Verknüpfung von *Empirie* und *Hermeneutik* (> Qualitative bzw. variablenkonfigurative Sozialforschung).
- Dem US-amerikanischen Konzept des > Pragmatismus verdankt die – zum Rückzug in akademische Elfenbeintürme neigende europäische (und insbesondere die deutschsprachige) – Hermeneutik die *Animation zur Partizipation* (> Partizipative Sozialforschung) in vielfältigen Praxisfeldern.
- Für die Reflexion der vielfältigen Einflüsse der Dynamik unbewusster Ängste und Konflikte auf den (zukunftsbezogenen) Forschungsprozess ist das *„tiefenhermeneutische" Interpretationsprogramm der Psychoanalyse* (> Psychoanalytische Sozialforschung ...) sehr hilfreich.
- Zu geisteswissenschaftlich-hermeneutischen Diskursen im Bereich der zukunftsbezogenen Forschung siehe u. a. Fischer (2016), Grunwald (2014), Willer (2016a).

- Im Zusammenhang mit vielen Zukunftsfragen ist auch eine *ethische* Reflexion unverzichtbar. Kritisch-hermeneutisch fundierte *zukunftsethische* Diskurse (z. B. zu Fragen der Nachhaltigkeit, der Generationengerechtigkeit, der internationalen Solidarität u. Ä.) bieten sich als seriöse wissenschaftliche Alternative zum weit verbreiteten undifferenzierten und moralisierenden Umgang mit wichtigen zukunftsbezogenen Themen an.

17

HISTORISCHE ANALOGIEBILDUNG – KONDRATJEW-ZYKLEN

HISTORISCHE ANALOGIEBILDUNG

Die historische Analogiebildung ist eine in der prospektiven Forschung sehr weit verbreitete Methode (Hofstadter/Sander 2014). Dabei werden historische Phänomene bzw. Geschichtsverläufe mit angenommenen bzw. erwarteten zukünftigen Entwicklungen verglichen. In der wissenschaftlich fundierten *prospektiven Forschung* wird jedoch nicht davon ausgegangen, dass sich die Geschichte wiederholt. Auch die im Folgenden vorgestellten Kondratjew-Zyklen stellen eine spezifische Ausprägungsform der historischen Analogiebildung dar.

KONDRATJEW-ZYKLEN ALS HISTORISCHE ANALOGIEBILDUNG

Häufig wird die Annahme, dass sich historische Prozesse in Form von Wellenbewegungen vollziehen, als „Zyklus" bezeichnet. Dieses erweiterte Zyklenkonzept ist auch in den Alltagstheorien vieler Menschen weit verbreitet ist. Man denke etwa an die Idee des quasi natürlichen Auf- und Abstiegs großer Mächte (Kennedy 2000) oder an die bereits aus biblischer Zeit überlieferte Vorstellung von der wellenförmigen Abfolge jeweils sieben fetter und sieben magerer Jahre, an die auch manche heutige Börsenprofis glauben. (Zum *zyklischen Denken* im engeren Sinne, also der Annahme einer Wiederkehr des immer Gleichen: > X: Der Tag X.) Auch das vom russischen Wirtschaftshistoriker Nikolai Kondratjew (1926) entwickelte Konzept der Wirtschaftsdynamik geht nicht von „Zyklen" im Sinne der

Wiederholung immer gleicher Vorgänge, sondern von Wellenbewegungen aus. Genauer betrachtet handelt es sich dabei um den Versuch der *historischen Analogiebildung*. International bekannt wurden die Überlegungen Kondratjews erst durch den österreichischen Ökonomen und späteren Harvard-Professor Joseph Schumpeter. Er nutzte die sogenannten *Kondratjew-Zyklen* für die Beschreibung der Entwicklung von finanziellen Investitionen in innovative Technologien. Kondratjew, der 1938 in der Sowjetunion in einem stalinistischen Straflager starb, glaubte an die Entwicklung der Weltwirtschaft in einer wellenförmigen Dynamik, wobei – seiner Ansicht nach – jede Welle mehrere Jahrzehnte andauert und mit einer jeweils neuen Schlüsseltechnologie eng verbunden ist, z. B.

- *Dampfmaschinen-Zyklus* (1780–1840): Frühmechanisierung, Industrialisierung
- *Eisenbahn-Zyklus* (1840–1890): Industrielle „Revolution"
- *3. Zyklus* (1890–1940): Elektrotechnik, Schwermaschinen, Chemie
- *4. Zyklus* (1940–1990): Automatisierung, Computer, Kernkraft, Automobil
- *5. Zyklus* (ab etwa 1990): Informations- und Kommunikationstechnologie

Ab dem 3. Zyklus zeigt sich das zentrale Problem dieses Konzepts, nämlich die Komplexität. Denn bereits beim dritten Zyklus (1890–1940) spielten gleichzeitig *mehrere* unterschiedliche technische Entwicklungen wichtige Rollen.
In jüngerer Zeit wurde von Leo Nefiodow (1999) versucht, die Kondratjew-Zyklen weiterzuentwickeln. Ab Mitte der 2010er Jahre hat anscheinend der sechste Zyklus begonnen, der wieder durch zwei Technologien (*Nanotechnologie* und *Biotechnologie*) sowie erstmals durch eine *nicht-technische* Entwicklungsdynamik, nämlich die Sehnsucht nach *bio-psycho-sozialer Gesundheit*, geprägt wird. Mit den neueren Kondratjew-Zyklen wurde der Beliebigkeit von zukunftserklärenden Wirkfaktoren Tür und Tor geöffnet. Bei einigen > **Zukunftsgurus** und bei manchen Unternehmens- und Politikberatern ist die Voraussage der Zukunft mit Hilfe der prospektiven Fortschreibung der Kondratjew-Zyklen jedenfalls sehr beliebt. Darauf beruht auch das Erfolgsrezept des Journalisten und Schriftstellers Erik Händeler (2011). In der wissenschaftlich fundierten zukunftsbezogenen Forschung spielen die Konzepte von Kondratjew keine nenneswerte Rolle. Bei der wissenschaftlich fundierten Betrachtung von Wandlungsprozessen (> **Sozialer Wandel**) sollte jedenfalls ein allzu stark vereinfachtes *mono*kausales Verständnis gesellschaftlicher Entwicklungen vermieden werden.

18

IDEENMANAGEMENT

Auf das kreative Potenzial, das in den Köpfen von vielen Millionen Mitarbeiterinnen und Mitarbeitern in den deutschen und österreichischen Unternehmen schlummert, kann zukünftig kein innovationsorientierter Betrieb verzichten (> Innovationsforschung – Innovationsmanagement). Denn rund um die eigenen Arbeitsplätze gibt es keine besseren Expertinnen und Experten für Innovationen als die jeweiligen Mitarbeiter. So gesehen braucht ein zukunftsfähiger Betrieb Ideenmanager bzw. -managerinnen, also Spezialisten für das Suchen und Heben dieser Schätze. Kreativität ist die wesentliche Voraussetzung für ein gelingendes Ideenmanagement. Jeder Mensch kommt mit einer Fülle an kreativem Potenzial auf die Welt (> Phantasie – Kreativität ...). Wenn dieser kreative Schatz in der Familienerziehung und in der Schule (> Zukunft – Bildung – Arbeitswelt) nicht verschüttet wurde, hat es ein Ideenmanager bzw. eine Ideenmanagerin relativ leicht. Wenn aber Familie und Schule bei der Kreativitätsförderung versagt haben, wird das Ideenmanagement mühsam. Denn Kreativität lässt sich nicht durch Aufträge verordnen. Die Bereitschaft, Ideen zur Verbesserung betrieblicher Prozesse beizusteuern, lebt von einer prinzipiell wertschätzenden, vertrauensvollen und partizipativen Unternehmenskultur. In einer angstgesteuerten Kontrollkultur wächst der Wille zum „Dienst nach Vorschrift“. Wenn jedoch der Mensch im Mittelpunkt steht, fördert dies die Entwicklung und Kommunikation von kleinen, aber feinen Ideen. Dabei geht es nicht nur um finanzielle Belohnungen. Häufig ist der Stolz auf die im Unternehmen offiziell anerkannte Idee mindestens so wichtig wie die Prämie. Ideal ist also ein gut ausbalancierter Mix aus Geld und Anerkennung.

In Diskursen über Innovationsmanagement wird gelegentlich der englische Begriff „Empowerment“ verwendet. Dieser Begriff klingt etwas sperrig. Besser beschreibt der aus der emotionaleren romanischen Sprachwelt stammende Begriff „Animation“, worum es beim Ideenmanagement geht. Denn Animation bedeutet Beseelen, Beleben bzw. Aktivieren. Und genau das ist entscheidend: Weg vom reinen Verwalten von Vorschlägen – hin zum lebendigen Interesse der

Führungskräfte sowie der Kolleginnen und Kollegen an den Ideen jedes und jeder Einzelnen.

DER „SEMMELWEIS-EFFEKT“: WIDERSTAND GEGEN INNOVATIVE IDEEN
Manchmal können auch unspektakuläre Ideen weltbewegende Konsequenzen haben. Man denke etwa an den österreichischen Arzt Ignaz Philipp Semmelweis (1818–1865), der seine ärztlichen Kollegen animierte, sich vor dem Kontakt mit den Patientinnen und Patienten die Hände zu waschen. Mit dieser – aus heutiger Sicht – sehr simplen Innovation konnten Millionen von Menschenleben gerettet werden. Die von Semmelweis in seinem engeren Wirkungsbereich eingeführte und evaluierte Innovation wurde jedoch vom größten Teil seiner Kollegen belächelt und in der damaligen Medizin vorerst nicht umgesetzt. Leider führt auch heutzutage in allzu vielen Unternehmen und Institutionen ein Verbesserungsvorschlag nicht zu einer höheren Anerkennung des Ideengebers bzw. der Ideengeberin, sondern häufig nur zu einem milden Lächeln und manchmal sogar zur sozialen Ausgrenzung. Dieser Widerstand gegen neue Ideen wird in der sozialwissenschaftlichen Innovationsforschung – durchaus treffend – als „Semmelweis-Effekt“ bezeichnet.

19

INNOVATIONSFORSCHUNG – INNOVATIONSMANAGEMENT

19

INNOVATIONSBEZOGENE EXPERTISE

Im Zusammenhang mit der dynamischen Modernisierung der Wirtschaft, der Liberalisierung der Gesellschaft und der Veränderung der politischen Kultur entwickelte sich ab der Mitte der 1960er Jahre auch im deutschsprachigen Raum in größeren Wirtschaftsunternehmen, in wichtigen gesellschaftlichen Institutionen, in Ministerien und in der Stadt- bzw. Regionalplanung ein verstärkter Bedarf an zukunfts- und innovationsbezogenem Wissen. Im Hinblick auf diese Interessenlage kam es zu einer Verknüpfung von Zukunftsforschung und Innovationsforschung sowie zur Entwicklung entsprechender Beratungsangebote (> Krise der Zukunftsforschung und Phase der Vielfalt ...). Zur Beteiligung von Bürgerinnen und Bürgern an wissenschaftlich begleiteten Innovationsprozessen siehe > Partizipative Forschung.

WIE KOMMT DAS NEUE IN DIE WELT?

In der Innovationsforschung lautet die Forschungsfrage häufig: „Wie kommt das Neue in die Welt?" Interessant wäre auch die Frage: „Ist das Neue schon da? Falls ja: Wo ist es und wie lässt es sich finden?" Selten wird im Bereich der prospektiven Forschung die außerordentlich wichtige, aber leider etwas langweilig klingende Frage gestellt: „Wie funktioniert die Tradierung des Althergebrachten?" Etwas spannender klingt die Zusatzfrage: „Wie gelingt die Innovation der Tradition?" Offensichtlich bildet die *Tradition* eine dichte *„Lähm*schicht" gegen die *Irritation durch Innovation.* (> Sozialer Wandel)

Zukunftsbezogene Entwicklungen sind geprägt von der permanent wirkenden Dynamik zwischen beharrenden und innovativen Kräften. Innovation erzeugt indessen oft Unsicherheit, Angst (> Zukunftsangst) und Widerstände, sodass sich Neues in der Regel nur sehr langsam durchsetzt. In einigen Fällen ist das vielleicht gar nicht so schlecht. Denn das Neue ist nicht immer das Bessere. Manchmal bringt das Neue zwar viele erfreuliche Vorteile, aber nur für einen Teil der Bevölkerung – für andere Mitbürgerinnen und Mitbürger jedoch überwiegend Nachteile. Gelegentlich ist das Neue nur kurzfristig das Bessere und bereits mittelfristig überwiegen die negativen Nebenwirkungen die positive Kurzfristwirkung. In vielen Fällen verbessern nachhaltig konzipierte Innovationen jedoch auch in längerfristiger Perspektive und für große Teile der Bevölkerung die Qualität des Lebens (> Lebensqualitätsforschung).

INNOVATIONSFORSCHUNG: DOMINANZ VON TECHNIK UND WIRTSCHAFT

Der überwiegende Teil der Innovationsforschung beschäftigt sich mit *technischen* und *wirtschaftlichen* Innovationen. Dabei geht es vorrangig um die zukunftsbezogenen Fragen, unter welchen gesellschaftlichen, wirtschaftlichen und politischen Bedingungen Innovationen zustande kommen, wie Innovationsprozesse verlaufen und welche Faktoren innovative Entwicklungen fördern bzw. behindern. In diesen thematischen Zusammenhängen werden historische und gegenwärtige Innovationsprozesse empirisch und hermeneutisch untersucht. Daraus lassen sich Erkenntnisse über die zukünftige Verbesserung des Innovationsklimas, der Innovationspolitik und des Innovationsmanagements gewinnen. Ausführliche Informationen zum Stand der Innovationsforschung m. b. B. des deutschsprachigen Raums siehe u. a. in: Beyer/Schieck/Weissenberger-Eibl (2019); Biedermann/Dreher/Scheel (2016); Blättel-Mink (2006); Blättel-Mink/Menez (2015); Braun-Thürmann (2005); Burr (2004); Hof/Wengenroth (2010); Müller-Prothmann/Dörr (2014); Peine (2006); Pillkahn (2013b); Schultz/Hölzle (2014); Weissenberger-Eibl (2004), (2017), (2018) und (2019); Zweck (2014).

Innovation und Pfadabhängigkeit

In den vergangenen drei Jahrzehnten spielten vor allem in der *wirtschafts*wissenschaftlichen Innovationsforschung Theorien zur Pfadabhängigkeit eine wichtige Rolle, wobei die engführende Sichtweise einer umstandslosen Pfad*abhängigkeit* um das Konzept der Pfad*kreation* erweitert werden müsste. Ausführlicher dazu: Ackermann (2001), Dievernich (2012), Schäcke (2006), Schreyögg/Sydow (2003), Schreyögg/Sydow/Koch (2003), Tiberius (2012c, S. 263 ff.).

SOZIALE INNOVATION

„Eine soziale Innovation ist eine von bestimmten Akteuren bzw. Akteurskonstellationen ausgehende intentionale, zielgerichtete *Neukonfiguration sozialer Praktiken* in bestimmten Handlungsfeldern bzw. sozialen Kontexten, mit dem Ziel, Probleme oder Bedürfnisse besser zu lösen bzw. zu befriedigen, als dies auf der Grundlage etablierter Praktiken möglich ist. (...) Es handelt sich dann und insoweit um eine soziale Innovation, wenn sie – marktvermittelt oder ‚non- bzw. without-profit' – sozial akzeptiert wird und breit in die Gesellschaft bzw. bestimmte gesellschaftliche Teilbereiche diffundiert, dabei kontextabhängig transformiert und schließlich als neue soziale Praktiken institutionalisiert bzw. zur Routine wird." (Howaldt/Schwarz 2010, S. 89 f.)
Während es sowohl in der Wissenschaft als auch in der medialen Öffentlichkeit ein großes Interesse für *technische* und *wirtschaftliche* Innovationen gibt, kons-

tatiert Aderhold (2010, S. 109) für *soziale* Innovationen das Problem der „Unscheinbarkeit". (Vertiefend zur Thematik „soziale Innovation": Aderhold 2010, Aderhold/John 2005, Bormann 2011, Howaldt/Jacobsen 2010, Howaldt/Schwarz 2010, Kehrbaum 2009, Pausch 2018, Zapf 1989.)

20

INTERDISZIPLINARITÄT UND PROSPEKTIVE FORSCHUNG

INTERDISZIPLINARITÄT IN DER ZUKUNFTSBEZOGENEN FORSCHUNG

Offensichtlich erfordert die professionelle Bearbeitung vieler Forschungsfragen – nicht nur in der prospektiven Forschung – die bescheidene Anerkennung der Grenzen der eigenen Disziplin (> Disziplinarität – Transdisziplinarität). Diese Erkenntnis kann entweder zum Verbleiben in den disziplinären Grenzen animieren oder die Lust an der Überschreitung der jeweiligen disziplinären Grenzen (= *Trans*disziplinarität) steigern. Das kreative Überschreiten von Disziplinengrenzen kann durchaus spannend und produktiv sein, weil die Berücksichtigung mehrerer disziplinärer Perspektiven (= *Multi*disziplinarität) den Horizont über die Sichtweisen und Sichtweiten des eigenen Fachbereichs hinaus erweitert.
Im Fall von komplexeren Forschungsgegenständen steigt jedenfalls der Grad der Plausibilität von wissenschaftlichen Aussagen, wenn sich Expertinnen und Experten aus unterschiedlichen wissenschaftlichen Disziplinen an der kooperativen Produktion des Wissens beteiligen. Sofern diese mehrperspektivische Grenzüberschreitung in Form der Zusammenarbeit von Vertreterinnen und Vertretern unterschiedlicher Wissenschaftsdisziplinen realisiert wird, spricht man von *Inter*disziplinarität.
Viele interdisziplinäre Forschungsprojekte basieren auf einer *Leitdisziplin*, deren Wissensbestände um die Forschungsergebnisse anderer Disziplinen ergänzt werden. Ein gutes Beispiel für diesen Zugang ist das von Vollmar (2014) dokumentierte und von der *medizinischen* Wissenschaft ausgehende, jedoch um die Sichtweisen und Sichtweiten anderer Fachgebiete ergänzte Szenarioprojekt zum

Thema „Demenz". Ein interessantes Beispiel für die – von der *wirtschaftswissenschaftlichen* Forschungslogik ausgehenden – forschungs*methodischen* Herausforderungen in interdisziplinären Verbundprojekten findet sich im Beitrag von Biedermann, Dreher und Scheel (2016).

INTERDISZIPLINARITÄT: LEICHTER GESAGT ALS GETAN

„Interdisziplinarität" klingt gut! Deshalb zählt die Forderung nach Interdisziplinarität zum Standardrepertoire vieler wissenschaftspolitischer Sonntagsreden. Die ernsthafte Realisierung von Interdisziplinarität, also die systematische Zusammenführung von Wissensbeständen aus unterschiedlichen wissenschaftlichen Disziplinen im Rahmen eines Forschungsprojekts, ist zwar äußerst produktiv, aber aufwendig und anstrengend! Denn in den meisten Disziplinen gibt es zum Teil sehr unterschiedliche Forschungstraditionen und es dominieren unterschiedliche Forschungslogiken. Außerdem existieren in den meisten Disziplinen spezifische Fachsprachen. In diesem Zusammenhang kommt es gar nicht so selten vor, dass Begriffe, die in der zukunftsbezogenen Forschung eine wichtige Rolle spielen (z. B. Innovation, Krise, Nachhaltigkeit, Resilienz, Risiko ...), auch in kooperierenden Disziplinen verwendet werden, jedoch mit einer modifizierten Bedeutung.
In interdisziplinären Forschungsprojekten realisiert sich die Klärung dieser Unterschiede meist nicht nur auf der rationalen Ebene wissenschaftlicher Diskurse, sondern auch auf der – von irrationalen Motiven geprägten – psychosozialen Ebene individueller Eitelkeiten, persönlicher Interessen und allzu menschlicher Machtspiele. (Dieser Hinweis resultiert auch aus den Erfahrungen, die der Autor des vorliegenden Buches in den vergangenen vier Jahrzehnten als Leiter mehrerer interdisziplinärer Forschungsprojekte sammeln konnte.) Koordinatorinnen bzw. Koordinatoren interdisziplinärer Projekte sollten demnach nicht nur über mehrperspektivisches wissenschaftliches Wissen, sondern auch über hinreichende gruppendynamische Kompetenzen verfügen. (Ausführlich zur interdisziplinären bzw. transdisziplinären Forschung siehe Bergmann u. a. 2010, Defila/Di Giulio/Scheuermann 2006, Defila/Di Giulio 1989, Dietz 2016, Olbertz 1989.)

INTERDISZIPLINARITÄT BASIERT AUF GEDIEGENER DISZIPLINARITÄT

Interdisziplinarität entsteht also nur durch den kritisch-konstruktiven Diskurs von *disziplinär sozialisierten Expertinnen und Experten*. In einem interdisziplinären Diskurs kann und soll es nicht nur um die oberflächliche und beliebige Übermittlung einzelner Versatzstücke aus dem Fundus der kooperierenden Disziplinen gehen. Vielmehr ist zu beachten, dass das jeweilige disziplinäre Fachwissen selten widerspruchsfrei ist. Denn in jeder Disziplin existieren mehrere Denkschulen, die an die gleiche Frage mit unterschiedlichen Prämissen und Logiken herangehen und zu unterschiedlichen Ergebnissen gelangen. Nur wer diese (erkenntnis- bzw. wissenschaftstheoretischen und gegenstandstheoretischen) Kontroversen kennt, kann die einschlägige Fachliteratur mit dem nötigen Tiefgang sinnverstehend lesen. Diese Vielfalt der Ansätze und die permanent wachsende Menge der Wissensbestände erfordern

- ein mehrjähriges fachwissenschaftliches Studium,
- anschließend eine mehrjährige facheinschlägige Forschungspraxis sowie
- die Einbindung in wissenschaftliche „Szenen".

Dieser zeitlich sehr aufwendige Prozess des Wissensauf- und -ausbaus resultiert

- nicht nur aus dem Anhören von Vorlesungen und der Lektüre von Fachbüchern,
- sondern auch aus dem kritischen Diskurs mit anderen Fachwissenschaftlerinnen und Fachwissenschaftlern,
- aus der Konkretisierung des Fach- und Methodenwissens in themenspezifischen Forschungsprojekten sowie
- aus der erfolgreichen Bewährung in den Initiationsriten und Ritualen des Wissenschaftsbetriebs (z. B. BA, MA, PhD, Habilitation, Vorträge bei Fachkongressen, Publikationen in Fachzeitschriften ...).

Gerade im Bereich der *zukunftsbezogenen Forschung* wird zwar der Anspruch der *Interdisziplinarität* lautstark deklariert, jedoch – mangels Erfüllung der oben aufgelisteten fachlichen Voraussetzungen sowie in Anbetracht der oben kurz skizzierten Probleme – nur selten realisiert!

21

INTUITION – HEURISTIK – ZUKUNFTSBEZOGENE ENTSCHEIDUNGEN

ENTSCHEIDUNGEN IM SPANNUNGSFELD ZWISCHEN INTUITION UND LOGIK

Die Planung zukünftiger Entwicklungen ist eng mit vorausschauenden Entscheidungen verbunden. In diesem Zusammenhang geht es um das Spannungsfeld zwischen *Logik* und *Intuition*.

Als der weltweit bekannteste Exponent der Forschung über die intuitiven Elemente zukunftsbezogener Entscheidungen gilt der US-amerikanische Psychologe und Nobelpreisträger für Wirtschaft, Daniel Kahneman (2015). Im deutschsprachigen Raum plädiert der Psychologe und frühere Leiter des *Max-Planck-Instituts für Bildungsforschung* in Berlin, Gerd Gigerenzer, für die stärkere Nutzung der Intuition im alltäglichen Leben, in der Arbeits- und Wirtschaftswelt sowie in der Wissenschaft. In seinem lesenswerten Buch „Risiko – Wie man die richtigen Entscheidungen trifft" (2013) singt er zu Recht ein Loblied auf die Nutzung der Intuition im alltäglichen Leben, in der Arbeits- und Wirtschaftswelt sowie in der Wissenschaft. Er betrachtet die Intuition als eine – auf möglichst viel Fachwissen und Erfahrung, aber auch auf vereinfachenden Faustregeln beruhende – Form der Intelligenz. In seiner eigenen Forschungstätigkeit vertritt Gigerenzer (2013, S. 147) folgende Auffassung:

„1. Intuition ist weder eine Laune noch die Quelle aller schlechten Entscheidungen. Sie ist unbewusste Intelligenz, welche die meisten Regionen unseres Gehirns nutzt.

2. Intuition ist dem logischen Denken nicht unterlegen. Meistens sind beide erforderlich. Intuition ist unentbehrlich in einer komplexen, ungewissen Welt, während Logik in einer Welt ausreichen kann, in der alle Risiken mit Gewissheit bekannt sind.

3. Intuition beruht nicht auf mangelhafter mentaler Software, sondern auf intelligenten Faustregeln und viel Erfahrung, die im Unbewussten verborgen liegt."

Die Problemlösungskompetenz der Intuition ist der Leistungsfähigkeit der Logik keineswegs unterlegen. Logik und Intuition sind keine Gegner, sondern eignen sich für die Bewältigung jeweils unterschiedlicher Herausforderungen.

- Die *Intuition* ist vor allem dann gefragt, wenn Entscheidungen getroffen werden müssen, obwohl viele Einflussfaktoren der komplexen Rahmenbedingungen ungewiss sind. Diese Ausgangslage ist der Normalfall der Zukunftsplanung sowohl im Alltag der meisten Menschen als auch in der Wirtschaft und der Politik.
- Das *logische Denken* ist dagegen ein Sonderfall. Es erweist sich nämlich nur dann als bester Weg, wenn alle zukunftsgestaltenden Faktoren ausreichend bekannt sind.

INTUITION – HEURISTIK – IMPROVISATION

In unserer modernen Welt, die der Rationalität einen extrem hohen Stellenwert einräumt, gilt die Intuition häufig als äußerst fragwürdige Grundlage für zukunftsrelevante Entscheidungen. Deshalb wird die Intuition in unseren Schulen und Hochschulen nur selten als Zukunftskompetenz betrachtet, sondern als irrationales „Bauchgefühl" abgewertet. Für eine Aufwertung der – freilich *erfahrungs- und wissensbasierten* – Intuition plädierte dagegen Albert Einstein mit der folgenden weisen Wortspende: „Der intuitive Geist ist ein Geschenk und der rationale Geist ein treuer Diener. Wir haben eine Gesellschaft geschaffen, die den Diener ehrt und das Geschenk vergessen hat."

Im Zusammenhang mit Intuition spielt auch das Konzept der *Heuristik* eine wichtige Rolle: „Eine Faustregel oder Heuristik ist eine bewusste oder unbewusste Strategie, die Teile der Information ausklammert, um bessere Urteile zu fällen. Sie ermöglicht uns, ohne langes Suchen nach Information, aber doch mit großer Genauigkeit eine rasche Entscheidung zu fällen" (Gigerenzer 2013, S. 380; dazu auch: Bachhiesl/Bachhiesl/Köchel 2018. Ausführlicher zum Konzept der Heuristik siehe Gigerenzer 2013, Kleining 2010.).

Intuition ist übrigens sehr eng mit der Fähigkeit zur *Improvisation* verbunden.

Zur Nutzung der Intuition in explizit *zukunftsbezogenen Forschungsprozessen* siehe Markley (2015a) und (2015b) sowie Sinclair (2011a) und (2011b).

INTUITION IN PROZESSEN DER SOZIALWISSENSCHAFTLICHEN FORSCHUNG MIT ZUKUNFTSBEZUG – AUS PSYCHOANALYTISCHER SICHT

In der > psychoanalytischen Sozialforschung wurde seit vielen Jahrzehnten – lange vor Kahneman und Gigerenzer – über die Möglichkeiten und Grenzen der Nutzung der *Intuition* im Rahmen von Interpretationsprozessen theoriegeleitet reflektiert. In diesem Sinne wird der *Intuition* eine wichtige und produktive Rolle sowohl in der therapeutischen und pädagogischen Arbeit als auch in Forschungsprozessen zugeschrieben. (Ausführlicher dazu: Popp/Rieken/Sindelar 2017, S. 58–60.)

Allerdings sollte beachtet werden, dass jede Intuition unvermeidlich mit den *lebensstiltypisch eingeschränkten* Wahrnehmungs- und Bewertungsmustern eines Forschers bzw. einer Forscherin verbunden ist. Deshalb empfiehlt es sich, diese sozialisationsbedingten Muster in einem professionell begleiteten Selbstreflexionsprozess zu analysieren. Dieser selbstreflexive Hintergrund ist eine notwendige, jedoch keinesfalls hinreichende Voraussetzung für eine professionelle Nutzung von intuitiven Elementen in der empirisch-hermeneutischen Forschung. Die erkenntnisgenerierende Wirkung der – selbstreflexiv kontrollierten – Intuition entfaltet sich *im Bereich der Forschung* nur in enger Verbindung mit der professionellen Anwendung empirischer und hermeneutischer Methoden sowie durch das *Verstehen* von konkreten Inhalten bzw. sozialen Prozessen *im Kontext komplexerer Theorien*. Ohne komplexe (*psycho*-logische) Theorien der *psychischen* Dynamik sowie ohne (*sozio*-logische) Theorien der Dynamik der *sozialen Mitwelt* machen also weder empirische Daten und hermeneutische Deutungen noch intuitive Ideen Sinn. In diesem thematischen Zusammenhang wurde in der psychoanalytischen Sozialforschung der Begriff *szenisches Verstehen* entwickelt. (Vertiefend dazu siehe kurz und überblicksartig Hug/Poscheschnik 2010, S. 156 ff.; sowie ausführlicher: Leithäuser/Volmerg 1979, 1988; Leithäuser 2001; Leithäuser/Meyerhuber/Schottmayer 2009.) Diese komplexe und komplizierte forschungsmethodische Nutzung der *Intuition* unterscheidet sich fundamental von den wissenschaftlich fragwürdigen intuitiven Versuchen der Identifikation „schwacher Signale“ (> Früherkennung ...) durch die kommerziellen > Zukunftsgurus.

INTUITION UND KREATIVITÄT

Für die Forschung im Allgemeinen und die zukunftsbezogene Forschung im Besonderen ist der Zusammenhang zwischen *Intuition* und *Kreativität* ein zukunftsweisendes Thema (Heinze u. a. 2013). Denn Kreativität fördert die Entdeckung von neuen Fragen und die innovative Lösung von Problemen. (> Methodik der zukunftsbezogenen Kreativitätsförderung, > Phantasie – Kreativität ...) Zur Förderung kreativer Entscheidungen siehe Burow (2015), Greiner/Jandl (2015).

22

JUNGK – „ZUKUNFTSFORSCHUNG" ALS ZUKUNFTSPOLITIK

Der Wissenschaftsjournalist und politische Aktivist Robert Jungk (1913–1994) präsentierte sich im Jahr 1952 erstmals als Experte für Zukunftsfragen, als er – nach einer Studienreise in die Vereinigten Staaten von Amerika – ein Buch mit dem Titel *„Die Zukunft hat schon begonnen. Amerikas Allmacht und Ohnmacht"* veröffentlichte. (> Anfänge der prospektiven Forschung in Europa ...)

1964 gründete Robert Jungk in Wien das „Institut für Zukunftsfragen" sowie beim Wiener Desch-Verlag (gemeinsam mit dessen Lektor Hans Josef Mundt) die Buchreihe „Modelle für eine neue Welt".

1967 baute Jungk (gemeinsam mit den Wissenschaftlern Karl Steinbuch, Helmut Klages und Ossip K. Flechtheim) – nach dem o. g. österreichischen Vorbild – in Duisburg die deutsche „Gesellschaft für Zukunftsfragen" auf, die sich für die Entwicklung einer stark praxisorientierten, gesellschaftskritischen und sozialökologischen Zukunfts*forschung* engagierte (Uerz 2006, S. 280). Die zentralen Begriffe dieser Ausprägungsform der Zukunftsforschung lauteten *„nachhaltige* Entwicklung" bzw. synonym *„zukunfts*fähige Entwicklung". Der Begriff *Zukunftsforschung* wurde meist in enger Verknüpfung mit dem Begriff *Zukunftsgestaltung* verwendet, und vor allem als *Zukunftspolitik* verstanden.

1968 war Robert Jungk an der Gründung des ersten eigenständigen *Forschungs*instituts für Zukunftsfragen in Deutschland, des *Zentrums Berlin für Zukunfts-*

forschung (ZBZ) beteiligt. Während die meisten Akteure dieses Instituts (u. a. der Staatswissenschaftler an der FU Berlin, Ossip K. Flechtheim, und der Direktor des Instituts für Raumfahrttechnik an der TU Berlin, Heinz Hermann Koelle) eher an der Weiterentwicklung einer *gesellschaftskritischen Futurologie* bzw. *zukunftsbezogenen Forschung* interessiert waren, arbeitete Robert Jungk überwiegend an der *Demokratisierung* der Zukunftsvorbereitung und -planung, wozu er eine Vielzahl von populärwissenschaftlichen Büchern und Artikeln veröffentlichte. Laut Steinmüller (2012b, S. 15) produzierte dieses Zentrum bis zu seiner Auflösung (Anfang der 1980er Jahre) mehr als einhundert Zukunftsstudien zu vielfältigen Themen sowie die zweimonatlich erscheinende Zeitschrift „Analysen und Prognosen – über die Welt von morgen".

In den 1960er und 1970er Jahren entwickelte Robert Jungk – gemeinsam mit dem Berliner Sozialwissenschaftler Norbert R. Müllert (Jungk/Müllert 1995) – die aktivierende Moderationsmethode „Zukunftswerkstatt" (> **Methodik der zukunftsbezogenen Kreativitätsförderung**).

1970 wurde Robert Jungk an der Technischen Universität Berlin der Ehrentitel *Honorarprofessor* verliehen. („Honorar ..." bezieht sich *nicht* auf finanzielle Honorierung, sondern – abgeleitet vom lateinischen Begriff „honor" – auf *Ehre*, also: *Professor ehrenhalber*.)

Ende der 1960er Jahre eskalierte der bereits seit einigen Jahren schwelende Konflikt

- zwischen dem gesellschaftskritischen, stark praxisorientierten sowie sozial-ökologisch und *zukunftspolitisch* engagierten Lager (mit Robert Jungk an der Spitze) einerseits und
- dem eher wirtschafts- und industrienahen sowie technologie- und planungsorientierten Lager der zukunftsbezogenen *Forschung* (u. a. mit dem Informatiker Karl Steinbuch, dem Physiker Wilhelm Fucks, dem Wirtschaftswissenschaftler Horst Wagenführ, dem Politikwissenschaftler Rainer Waterkamp sowie – im Hintergrund – mit dem auch in Deutschland aktiven US-amerikanischen *Battelle-Institut*, einigen deutschen *Instituten für Wirtschaftsprognostik* (wie etwa DIW Berlin, ifo Institut) sowie der Deutschland-Abteilung der Schweizer *Prognos AG*, die 1965 den ersten Deutschland-Report herausgab) andererseits.

Zur Rolle von Robert Jungk in diesem Konflikt siehe u. a. Eberspächer (2011). Als Folge dieser ideologisch begründeten Spaltung der Zukunftsforschung wurde die Etablierung dieses Forschungsansatzes an den Universitäten und in den großen außeruniversitären Forschungsinstituten des deutschsprachigen Raums um mehrere Jahrzehnte verzögert.
2015 erschien der von Rolf Kreibich gemeinsam mit Fritz Lietsch herausgegebene Sammelband (Kreibich/Lietsch 2015) zum 100. Geburtstag von Robert Jungk (Mai 2013).

23

KOMPILATORISCHE QUERSCHNITTSANALYSE – DATA-MINING

KOMPILATORISCHE QUERSCHNITTSANALYSEN

Die Herkunft des Begriffs „kompilatorisch" ist nicht sehr schmeichelhaft. Denn das lateinische Wort *compilatio* bedeutet *Plünderung*. In der sozialwissenschaftlichen Terminologie wird dieser Begriff selbstverständlich im übertragenen Sinne verwendet. So gesehen bezeichnet das Adjektiv *kompilatorisch* den Vorgang des systematischen Zusammentragens von jeweils fall- bzw. themenspezifischen Wissensbeständen.
Kompilatorische Aktivitäten sind jedenfalls in der Anfangsphase jedes wissenschaftlichen Projekts unverzichtbar. Gut gemachte kompilatorische Querschnittsanalysen stellen jedoch durchaus auch einen eigenständigen Typus der explorativen Fallstudie dar (> Empirische Sozialforschung, > Qualitative bzw. variablenkonfigurative Sozialforschung ...).
Bei *kompilatorischen Querschnittsanalysen* im Bereich der *zukunftsbezogenen Forschung* geht es vorerst um die Recherche und die systematische Zusammenstellung des aktuellen Stands der Forschung. Dabei werden selbstverständlich nicht nur die Ergebnisse aus dem Bereich der *expliziten* prospektiven Forschung, sondern auch die Forschungsergebnisse mit *implizitem* Zukunftsbezug aus allen thematisch relevanten Disziplinen und Forschungsrichtungen berücksichtigt. In

diesem Zusammenhang spielen *sekundäranalytische Forschungsdesigns* wie etwa *bibliometrische Verfahren* und sonstige Verfahren des *Data-Mining* – unter Berücksichtigung der Vielfalt der Datenquellen (z. B. E-Books, Online-Zeitschriften, Internet, soziale Medien, graue Literatur ...) eine immer wichtiger werdende Rolle. Auf der Basis der Ergebnisse der systematischen Recherche werden die erhobenen Daten nach verschiedenen Kriterien (z. B. Ähnlichkeiten, Unterschieden, Reichweite ...) geordnet und theoriegeleitet kritisch bewertet. Schließlich können auch praxisrelevante Vorschläge für den jeweiligen Anwendungszusammenhang herausgearbeitet und Empfehlungen für weiterführende Untersuchungen abgegeben werden. Kompilatorische Querschnittsanalysen sind mit vielen Forschungsmethoden und -techniken gut kombinierbar.

DATA-MINING ALS MACHTTECHNIK?

Zur kritischen Betrachtung der kompilatorischen Nutzung von *Data-Mining* siehe Reichert (2016). Im Unterschied zur analogen Datensammlung geht es „beim digitalen Data-Mining nicht mehr um die möglichst vollständige Ausbreitung der Daten, sondern um eine Operationalisierung der Datenmassen, die für prognostische Abfragen und Auswertungen effektiv in Beziehung zueinander gesetzt werden können. Es verändert nicht nur die Wissensgenerierung persönlicher Daten und Informationen, sondern auch die Prozesse sozialer Reglementierung. (...) Das futurische Wissen (bestehend aus der statistischen Erhebungsmethode des Data-Mining, der Visualisierungtechnik des Data Mapping und des systematischen Protokollierungsverfahrens des Data Monitoring) ist konstitutiv aus der Anwendungsschicht ausgeschlossen und dem Nutzer nicht zugänglich. Damit basiert das Zukunftswissen der sozialen Netzwerke auf einer Machtbeziehung, welche sich in die technische Infrastruktur und in den Aufbau des medialen Dispositivs verlagert hat.“ (Ebd., S. 179)
Deshalb müssen die auf Data-Mining basierenden „Prognosetechniken immer auch als Machttechniken angesehen werden, die sich in medialen Anordnungen und infrastrukturellen Strukturen manifestieren. Das gestiegene Interesse der Markt- und Meinungsforschung an den Trendanalysen und Prognosen der Sozialen Netzwerke verdeutlicht, dass soziale, politische und ökonomische Entscheidungsprozesse hochgradig von der Verfügung prognostischen Wissens abhängig gemacht werden.“ (Ebd., S. 180)

24

KONSTRUKTIVISTISCHER ERKENNTNISWEG – WIE WIRKLICH IST DIE WIRKLICHKEIT?

„Die Zukunft wird der Gegenwart sehr viel ähnlicher sein, als wir heute denken; aber die Gegenwart ist schon sehr viel anders, als wir sie heute wahrnehmen."
(Alfred Andersch)

Vor allem im Hinblick auf sein *Wirklichkeitsverständnis* unterscheidet sich das *konstruktivistische* Denken fundamental von der *empiristischen* Sichtweise. (Dem > empiristischen Erkenntnisweg liegt die Annahme zu Grunde, dass es *eine vom Erkennenden unabhängige Realität* gibt und dass die Erkenntnis dieser *Wirklichkeit* – wenn auch mit gewissen Einschränkungen – mit Hilfe von *empirischen Verfahren* möglich ist.) Der *Konstruktivismus* interessiert sich vor allem für die *schöpferischen Konstruktionen der Individuen* (und ihrer Gemeinschaften). Denn dieser Erkenntnisweg geht davon aus, dass die Erkenntnis der objektiven Wirklichkeit *nicht* möglich ist. Damit wird allerdings nicht behauptet, dass es eine derartige Realität nicht gibt. Vielmehr ist es für Konstruktivisten nicht relevant, ob es eine *objektiv* existierende Realität gibt oder nicht. Konstruktivisten vertreten also gegenüber der *Wirklichkeit* eine ähnliche Position wie *Agnostiker* gegenüber der Existenz eines göttlichen Wesens. Wie bei den anderen – im vorliegenden Buch skizzierten – wichtigen wissenschaftstheoretischen Konzepten (z. B. > Empiristischer Erkenntnisweg, > Hermeneutischer Erkenntnisweg, > Pragmatismus ...) gibt es auch im *Konstruktivismus* sehr unterschiedliche Ausprägungsformen. In einem wesentlichen Punkt sind sich jedoch alle Varianten des konstruktivistischen Denkens einig: Sie gehen davon aus, „dass eine Aussage darüber, wie die Welt ‚da draußen' *in Wirklichkeit* beschaffen ist, nicht zu haben ist" (de Haan/ Rülcker 2009, S. 7). Aus konstruktivistischer Sicht ist nämlich die von uns wahrgenommene Wirklichkeit nichts anderes als die *verdichtete Interpretation* unserer Umwelt und Mitwelt im Hinblick auf die Bewältigung des Alltags. Was uns wirklich und konstant erscheint, ist also das Ergebnis der Verarbeitung von Wahrnehmungen durch „einen komplexen Apparat von Rezeptoren und Instanzen der Informationsverarbeitung – und dieser wiederum ist nicht unbeeinflusst von der Umwelt, sei es das Ökosystem im Fall von Tieren oder sei es die Kultur im Fall von Menschen. Wir selbst, als spezifische biologische Organismen (als *homo sapiens*) und als Individuen, das heißt als Mitglieder einer Kultur oder Gemeinschaft, sind es, welche die Welt interpretieren oder – wie Nelson Goodman sagt – ‚erzeugen'" (de Haan/Rülcker 2009, S. 8). Diese Konstruktionslogik gilt übrigens – wie bereits angedeutet – nicht nur für den Menschen, sondern auch für Tiere. Deshalb stellt sich etwa die Wirklichkeit einer Wohnung für eine Stubenfliege völlig anders dar als für den Haushund oder die Hauskatze. Aber auch innerhalb der menschlichen Spezies gibt es – am Beispiel der Raumwahrnehmung und Raumaneignung – wesentliche Unterschiede, etwa zwischen einem krabbelnden Kleinkind, einem jungen Erwachsenen in der Phase der Ablösung vom Elternhaus oder einem mobilitätsbeeinträchtigten Rollstuhlfahrer.

IMMANUEL KANT WAR ZWAR KEIN KONSTRUKTIVIST, ENTWICKELTE ABER WICHTIGE GRUNDLAGEN DES KONSTRUKTIVISMUS

Bereits im 18. Jahrhundert hatte Immanuel Kant (1724–1804) wichtige Grundlagen des modernen Konstruktivismus formuliert. Seiner Ansicht nach stellt das menschliche Denken nämlich nur ein – von den subjektiven Vorerfahrungen und kulturellen Prägungen eines Individuums – beeinflusstes *geistiges Konstrukt* der Wirklichkeit her. Es bildet also nicht den *realen* Gegenstand ab, sondern den *reflektierten*. Theoriebildung ist also eine *Rekonstruktion* des jeweils zu erforschenden Ausschnitts der Wirklichkeit (ausführlicher Schülein/Reitze 2012, S. 93). Während Kant im Hinblick auf einige Aspekte der Wirklichkeit (etwa hinsichtlich der *A-priori*-Existenz von *Raum* und *Zeit*) noch *objektivistisch* dachte, wurde in späteren konstruktivistischen Konzepten der konsequente „Abschied von der Objektivität" (Ernst von Glasersfeld; hier zitiert aus Schülein/Reitze 2012, S. 189) gefordert.

RADIKALER KONSTRUKTIVISMUS: KEINE BEZIEHUNG ZWISCHEN WISSEN UND WIRKLICHKEIT

Das erkenntnistheoretische Modell Immanuel Kants beeinflusste eine Reihe von Wissenschaftlern, die im letzten Viertel des vergangenen Jahrhunderts das Konzept des sogenannten *Radikalen Konstruktivismus* entwickelten, u. a. Ernst von Glasersfeld, Heinz von Foerster, Humberto Maturana. Die Radikalität dieses *postmodernen* Konzepts besteht darin, dass dem menschlichen Denken die Möglichkeit abgesprochen wird, einen direkten Zugang zur *Wirklichkeit* zu erlangen. Die Vorstellungen der Menschen von der Wirklichkeit sind somit aus konstruktivistischer Sicht – wie bereits bei Kant – nicht *Abbilder*, sondern nur *konstruierte Bilder* der Wirklichkeit. Die Kritik des Radikalen Konstruktivismus am Empirismus bezieht sich vor allem auf dessen naive Vorstellungen von der Beziehung zwischen Wissen und Wirklichkeit. (Eine kurze Zusammenfassung der Positionen des Radikalen Konstruktivismus findet sich in Schülein/Reitze 2012, S. 189 ff.; ausführlicher siehe de Haan/Rülcker 2009.)

SOZIALER KONSTRUKTIONISMUS

Der soziale Konstruktionismus (nicht Konstruktivismus!) beschäftigt sich vor allem damit, wie die Fabrikation von *Narrativen* funktioniert. (Der Begriff „Narration" bezieht sich auf die in der Sprache oder in Bildern feststellbaren Werte, Normen und Vorstellungen, die in der gesamten Bevölkerung oder in Bevölkerungsgruppen gemeinsam vertreten werden.) Dieses sozialkonstruktionistische Konzept ist zwar den Positionen des Konstruktivismus sehr nahe, wurde jedoch weitgehend unabhängig von anderen Varianten des konstruktivistischen Erkenntniswegs erarbeitet. (Ausführlicher siehe de Haan/Rülcker 2009, Gergen/Gergen 2009.) Während beim *Radikalen* Konstruktivismus die *individuelle* Konstruktion von Bildern der Wirklichkeit im Vordergrund steht, geht es beim *sozialen* Konstruktionismus stärker um die Frage, wie derartige Konstruktionen der Wirklichkeit – sogenannte „Narrative" – in *sozialen und gesellschaftlichen* Kontexten entstehen und bestehen.

Sozialer Konstruktionismus als „Philosophie des Als Ob"

Hans Vaihinger, ein Vorläufer des sozialen Konstruktionismus in der Nachfolge Immanuel Kants, hat in seiner bahnbrechenden Habilitationsschrift „Die Philosophie des Als Ob" plausibel argumentiert, dass wir die Welt um uns herum zwar nicht objektiv zu erkennen vermögen, doch „so tun" müssen, „als ob" wir es könnten, weil nur auf diese Weise Sicherheit im praktischen Handeln ermöglicht wird (Vaihinger 1911, vgl. dazu Rattner 1978, Rieken 1996).

METHODISCHER KULTURALISMUS, KONSTRUKTIVER REALISMUS UND LUHMANNS SYSTEMTHEORIE

Die weitere Vertiefung des Konstruktivismus-Diskurses würde den Rahmen des vorliegenden Buches sprengen. Eine ausführliche Beschreibung der erkenntnistheoretischen Grundlagen und der Stärken sowie eine kritische Analyse der Schwächen sowohl der oben skizzierten Varianten des Konstruktivismus (Radikaler Konstruktivismus und sozialer Konstruktionismus) als auch zu einer weiteren wichtigen Ausprägungsform, nämlich zum *Methodischen Kulturalismus*, finden sich in de Haan/Rülcker (2009).

Einen sowohl wissenschaftstheoretischen als auch forschungsmethodischen Brückenschlag zwischen *konstruktivistischen* und *geisteswissenschaftlich-hermeneutischen* Konzepten versucht der *Konstruktive Realismus* (Greiner/Jandl/Wallner 2010, Greiner/Jandl 2015, Wallner 1992 und 2002).

Auch die *Systemtheorie* Niklas Luhmanns lässt sich im weiten Spektrum der konstruktivistischen Ansätze verorten. Zur Auseinandersetzung zwischen der Luhmann'schen Systemtheorie einerseits und der > Kritischen Theorie andererseits siehe Habermas/Luhmann (1971).

Zur Nutzung konstruktivistischer Konzepte in der *wirtschafts*wissenschaftlich orientierten prospektiven Forschung siehe Horster (2012), Krieg (2016) und Neuhaus (2006, 2013). Beiträge wichtiger Repräsentanten des Konstruktivismus finden sich in Watzlawick (2004).

EVOLUTIONSTHEORETISCHE UND ENTWICKLUNGSPSYCHOLOGISCHE BEITRÄGE ZUM KONSTRUKTIVISMUS-DISKURS

Wie entwickelten sich das Gehirn und seine Fähigkeit zur Wahrnehmung seiner Um- und Mitwelt sowie zur Reflexion über die Geschichte, die Gegenwart und die Zukunft in der Evolution des Menschen und wie entwickelt sich die Erkenntnisfähigkeit in den ersten Jahren eines Menschenlebens? Antworten auf diese Fragen stammen aus zwei erkenntnistheoretischen Denkschulen, die auf Konrad Lorenz und Jean Piaget zurückgehen. Diese Denkschulen lassen sich zwar nicht umstandslos dem konstruktivistischen Erkenntnisweg zurechnen, lieferten jedoch wichtige Beiträge zum konstruktivistischen Diskurs:

Konrad Lorenz: Die erkenntnistheoretische Interpretation von Darwins Evolutionstheorie als Beitrag zum Konstruktivismus-Diskurs

Als einer der Begründer der sogenannten evolutionären Erkenntnistheorie gilt Konrad Lorenz (1903–1989). „Er übertrug Darwins Prinzip der Optimierung von Anpassung an die Umwelt auf das menschliche Erkenntnisvermögen. Da der Mensch ein Produkt der Evolution ist, ist auch sein Gehirn nichts Außerirdisches, sondern Ergebnis einer langdauernden Anpassung" (Schülein/Reitze 2012, S. 192). In diesem Sinne resultiert die menschliche Reflexionsfähigkeit aus der evolutionsbedingten Gehirnentwicklung. So gesehen sind unsere Vorstellungen von der Wirklichkeit weniger Abbildungen der Realität, sondern vor allem nützliche Muster des Denkens, die uns die Bewältigung des Alltags und die Orientierung in der Umwelt ermöglichen. Die erkenntnistheoretische Argumentation von Konrad Lorenz ähnelt zwar der Logik des Radikalen Konstruktivismus (insbesondere der biologisch orientierten Argumentation von Maturana 2000), bleibt aber bei wichtigen Fragen (z. B. bei der Frage nach der „Wirklichkeit" von Raum und Zeit) objektivistischen Annahmen verhaftet. (Ausführlicher siehe Ditfurth 1981, Lorenz 1973, Riedl 1980. Zur Kritik der *evolutionären Erkenntnistheorie* am Konstruktivismus: Medicus 2003.)
Die Bedeutung, die Konrad Lorenz durch die Entwicklung der Grundlagen der evolutionären Erkenntnistheorie (Vollmer 1987) erlangte, wird allerdings durch seine aktive Mitwirkung an der scheinwissenschaftlichen und biologistischen Begründung der nationalsozialistischen Rassenideologie relativiert.

Jean Piaget: Psychogenese. Erkenntnistheoretische Aspekte der Entwicklungspsychologie als Beitrag zum Konstruktivismus-Diskurs

Leitete Konrad Lorenz (siehe oben) seine erkenntnistheoretischen Überlegungen aus der Evolution des Menschen in den vergangenen Jahrtausenden ab, so versuchte der Schweizer Biologe und Psychologe Jean Piaget (1896–1980) Ähnliches im Hinblick auf die Evolution des kindlichen Erkenntnisvermögens in den ersten Lebensjahren. Dabei gelangte er zu einer entwicklungspsychologisch fundierten Begründung einer neokonstruktivistischen Erkenntnistheorie (Arbinger/Hoffmann/Reithner 2005; Piaget 1936, 1974, 1980, 1983; Piaget/Inhelder 1977, 1999).

Eine spannende Frage: Gibt es einen Zusammenhang zwischen der Psychogenese und der Soziogenese?

Mehrere Autoren, u. a. der bekannte Zivilisationstheoretiker Norbert Elias, nehmen an, dass die Phasen der *Menschheitsgeschichte* (Soziogenese) in den von Piaget erforschten *lebensgeschichtlichen* Phasen der kindlichen Entwicklung (Psychogenese) nachvollzogen werden. Oesterdiekhoff (2012) greift Piagets Konzept auf und versucht – in einem für die zukunftsbezogene Forschung zwar interessanten, aber einigermaßen gewagten Umkehrschluss – aus der *Psychogenese* Prognosen für die *Soziogenese,* also für die zukünftige Gesellschaftsentwicklung, abzuleiten.

Der Nutzen des konstruktivistischen Erkenntnisweges für die Vorausschau: Subjektivität, Vielfalt und Phantasie in der Forschung

In den meisten wissenschaftstheoretischen Konzepten geht es – mehr oder weniger – um die Überwindung der Ungewissheit durch die Erforschung der Wahrheit bzw. der Wirklichkeit. Besonders stark ist diese Zielsetzung im *Empirismus* ausgeprägt. Aber auch in den *hermeneutischen* Konzepten spielt – trotz vielfältiger Relativierungstendenzen – die Suche nach *objektiv geltenden Wahrheiten* eine gewisse Rolle. Nur der *Konstruktivismus* (bzw. *Konstruktionismus*) beteiligt sich – in all seinen Varianten – bewusst *nicht* an der Suche nach der objektiven Wahrheit. Denn er fordert von den Menschen in der postmodernen Gesellschaft (und in diesem Zusammenhang auch von der Wissenschaft), die „Unmöglichkeit der Wahrheit als Basis ihres Denkens" (de Haan/Rülcker 2009, S. 168) zu akzeptieren. „Die Ungewissheit ist nicht etwas zu Überwindendes, sondern sie ist sozusagen das Los des Menschen aufgrund der Grenzen seiner Erkenntnis" (ebd.). Nach den Vorstellungen des Konstruktivismus (bzw. des Konstruktionismus) bleibt also auch im Bereich der Wissenschaft kein Stein auf dem anderen. Wenn es nämlich nicht mehr um *die* „Wahrheit für alle" geht, sondern nur mehr um die Vielzahl der „innerhalb einer Gemeinschaft" (Gergen/Gergen 2009, S. 73) für wahr gehaltenen *Wahrheitskonstruktionen,* dann ist auch das gesamte Wissenschaftssystem ein Verbund von „Denkkollektiven" (Fleck 1993), deren Mitglieder sich mit Hilfe von jeweils spezifischen Annahmen miteinander vernetzen und gegenüber anderen Denkkollektiven abgrenzen. Setzt man diesen Gedankengang fort, dann spiegeln auch die in einem Denkkollektiv favorisierten *Forschungsmetho-*

den „die Annahmen und Werte einer bestimmten Gemeinschaft" wider (Gergen/Gergen 2009, S. 77). Der Konstruktivismus (bzw. Konstruktionismus) tritt für die Öffnung der Grenzen zwischen den Denkkollektiven – und damit für *Interdisziplinarität* – ein und plädiert für *Methodenvielfalt* (ebd.) sowie für mehr Toleranz, > Phantasie und Kreativität (auch) in der Wissenschaft. In diesem Sinne ist dieses postmoderne wissenschaftstheoretische Konzept für die Wissenschaft im Allgemeinen und für die zukunftsbezogene Forschung im Besonderen durchaus anregend. (Zur Methodologie und Methodik der konstruktivistischen *Forschung* siehe Moser 2011, zur konstruktivistischen Didaktik: Reich 2012.) Wie bei jedem wissenschaftstheoretischen Konzept stehen auch beim Konstruktivismus (bzw. Konstruktionismus) den vielen Stärken einige Schwächen gegenüber, u. a. der Mangel an fundierter *Gesellschaftstheorie*. Diese Schwächen lassen sich bis zu einem gewissen Grad durch die Kombination mit nicht objektivistischen Anteilen anderer wissenschaftstheoretischer Konzepte ausgleichen. (Ausführlicher dazu siehe de Haan/Rülcker 2009, S. 189 ff.; Kritik am Konstruktivismus: Boghossian 2015.) Der konstruktivistische Erkenntnisweg weist einige Ähnlichkeiten mit *poststrukturalistischen* Sichtweisen auf (> „Anything goes" – ... Poststrukturalismus).

25

KONTRAFAKTISCHE GESCHICHTSFORSCHUNG – WAS WÄRE GEWESEN, WENN ...?

Spekulationen über mögliche, aber faktisch nicht realisierte historische Entwicklungen waren lange Zeit für seriöse Geschichtswissenschaftler tabu! Glücklicherweise haben einzelne Historiker die Regeln ihrer Disziplin immer wieder undiszipliniert gebrochen. Der wahrscheinlich berühmteste Regelbrecher ist der renommierte Wirtschaftshistoriker Robert Fogel. Besonders berühmt wurde seine Analyse, wie sich die US-amerikanische Wirtschaft entwickelt hätte, wenn im 19. Jahrhundert keine Eisenbahnen gebaut worden wären. Seit Fogel u. a. für den Luxus derartiger Gedankenexperimente 1993 sogar den Nobelpreis erhielten, stieg das Image der kontrafaktischen Geschichtsforschung. Auch im deutschsprachigen Raum wächst die Bedeutung der Alternativgeschichte. (Ausführlicher dazu: Demandt 2005 und 2010, Salewski 1999, Steinmüller 2009.) Selbstverständlich können auch Laienhistorikerinnen und -historiker über die Folgen anderer Verläufe der Geschichte nachdenken, z. B.: Wie wäre die Weltgeschichte verlaufen, wäre das Christentum im vierten Jahrhundert nicht zur Staatsreligion erhoben worden? Was wäre aus Europa geworden, hätte Napoleons Armee die Schlacht bei Waterloo gewonnen? Wie hätte sich Europa ohne die Gründung der EU entwickelt?

KONTRAFAKTISCHE GESCHICHTSFORSCHUNG UND ZUKUNFTSBEZOGENE FORSCHUNG

Zwischen der kontrafaktischen Geschichtsforschung und der zukunftsbezogenen Forschung gibt es durchaus Parallelen. Beide fragen „Was wäre, wenn ...?". Dabei befindet sich der Aussichtspunkt der zukunftsorientierten Forschung in der Gegenwart, während die Geschichtsforschung von einem mehr oder weniger weit zurückliegenden Zeitpunkt aus auf die Entwicklung bis in unsere Tage alternativ vorausschaut. Der Historiker bzw. die Historikerin weiß freilich, dass sich das entworfene alternative Geschichtsszenario so nicht abgespielt hat. Dem zukunftsbezogenen Forscher bzw. der Forscherin bleibt dagegen die Hoffnung, dass das eine oder andere Wunschszenario Realität werden könnte.

Für die Kooperation von Geschichtsforschung und zukunftsbezogener Forschung ist auch die Auseinandersetzung mit historischen Zukunftserwartungen interessant (z. B. im Hinblick auf die Jahre 1000 bzw. 2000). Vertiefend dazu u. a.: Bünz/Gries/Möller (1997), Radkau (2017). Siehe auch > X: Der Tag X.

„Was wäre gewesen, wenn ...?" lässt sich freilich nicht nur im alternativen Rückblick auf die Sozialgeschichte, sondern selbstverständlich auch im Zusammenhang mit dem selbstkritischen Nachdenken über die *individuelle Lebensgeschichte* fragen. (Siehe dazu auch > Mentales Zeitreisen ...)

26

KRISE DER ZUKUNFTSFORSCHUNG UND PHASE DER VIELFALT: 1980ER JAHRE BIS HEUTE

Kurze und überblicksartige Informationen zur Geschichte der zukunftsbezogenen Forschung finden sich im vorliegenden Buch unter folgenden Stichworten:

- > Vorgeschichte der zukunftsbezogenen Forschung,
- > Anfänge der prospektiven Forschung in Europa: 1940er bis 1980er Jahre,
- > RAND Corporation – (sozial-)technologische Zukunftsforschung in den USA,
- > Futures Research – international.

Vertiefende Informationen zur Geschichte der zukunftsbezogenen Forschung finden sich u. a. in: Hölscher (1999); Kreibich (1991); Popp (2016c, S. 13–35); Seefried (2015); Steinmüller (2000), (2012b), (2013), (2014); Tiberius (2011c, S. 18–24); Uerz (2006). Im Folgenden wird – ohne Anspruch auf Vollständigkeit – auf einige wichtige „Meilensteine" der Entwicklung der prospektiven Forschung ab den 1980er Jahren bis heute hingewiesen.

In den 1980er und 1990er Jahren reduzierte sich die unter dem Stichwort > Anfänge der prospektiven Forschung ... zusammengefasste Dynamik. Gleichzeitig entstanden in dieser Zeit vielfältige Initiativen und Institute, u. a.:

- eine Vielzahl von *wirtschaftsnahen* Initiativen der zukunftsbezogenen Forschung, des Zukunftsmanagements und der Zukunftsplanung im Innenverhältnis größerer Unternehmen,
- Gründung mehrerer Institute im Bereich der zukunftsbezogenen Unternehmensberatung,
- wichtige Forschungsprogramme von Ministerien und internationalen Organisationen,
- vorausschauende Forschung im Rahmen von Projekten der Regionalentwicklung und Stadtplanung,

- Ausdifferenzierung der prospektiven Forschung in mehrere Forschungsrichtungen (u. a.: > Innovationsforschung ..., > Risiko – Risikoforschung, > Technikfolgenforschung ..., Zukunftsforschung ...),
- aber auch die Szene der > Zukunftsgurus.

Ohne Anspruch auf Vollständigkeit werden im Folgenden einige dieser Entwicklungen kurz skizziert:

Ab den 1980er Jahren entwickelten sich – meist im Bereich der Abteilungen für strategische Planung – in mehreren Großkonzernen (z. B. Daimler-Benz, VW, Siemens, Hoechst, Bayer, BASF u. a.) spezifische Ausprägungsformen der vorausschauenden Forschung. Einige Beispiele für *zukunftsbezogene Konzernforschung* finden sich in Popp/Zweck (2013). Im Rahmen dieses Typus von Zukunftsforschung entstanden und entstehen zum Teil sehr gute Zukunftsstudien. Die Ergebnisse dieser Forschung dienen jedoch vor allem der unternehmensinternen Entscheidungsvorbereitung, werden in der Regel nicht veröffentlicht und sind deshalb der Scientific Community leider nur in seltenen Ausnahmefällen zugänglich (z. B. Daryan 2017).

In den 1980er Jahren entstanden auch zwei aus dem Umfeld des *US-amerikanischen Battelle-Instituts* stammende und auf Szenariotechnik spezialisierte Unternehmen für zukunftsbezogene Beratung:
- die 1982 gegründete Firma *Strategische Unternehmensberatung* (Ute H. von Reibnitz; ab 1993 in Frankreich) und
- die 1983 von Horst Geschka aufgebaute *Geschka & Partner Unternehmensberatung* (siehe dazu Geschka/Reibnitz 1981).

In den 1990er Jahren gesellten sich weitere Beratungsunternehmen dazu, u. a.:
- 1991: *FutureManagementGroup AG* (Pero Mićić),
- 1993: *Abteilung für Innovationsbegleitung und Innovationsberatung des VDI-Technologiezentrums* in Düsseldorf (siehe dazu Zweck 2013),
- 1997: *Z_punkt GmbH – The Foresight Company* (siehe dazu Burmeister/Schulz-Montag 2009, Daheim u. a. 2013),

- 1998: *ScMI – Scenario Management International* (Alexander Fink, Andreas Siebe, Oliver Schlake).
- Anfang des 21. Jahrhunderts setzte sich die Serie der Gründungen der auf Zukunftsfragen spezialisierten Unternehmen für zukunftsbezogene Beratung fort. (Siehe dazu u. a. Crespi/Raderschall 2016.)

Ende der 1980er Jahre und in den 1990er Jahren beauftragte das *deutsche* Bundesministerium für Forschung und Technologie (BMFT) das bereits 1972 gegründete *Fraunhofer-Institut für System- und Innovationsforschung (ISI)* mit mehreren großen Studien zur Technikvorausschau. In diesem Zusammenhang erreichte die – in den USA und in Japan bereits seit Jahrzehnten eingesetzte – *Delphi-Expertenbefragung* (> Befragung ...) auch in Deutschland eine beachtliche Bekanntheit.
Eine vergleichbare Initiative ging auch vom *österreichischen* Bundesministerium für Wissenschaft und Verkehr aus. Im Auftrag dieses Ministeriums wurde in den Jahren 1996 und 1997 das Forschungsprojekt *Delphi Report Austria* durchgeführt. Auftragnehmer waren das *Institut für Technikfolgenabschätzung der Österreichischen Akademie der Wissenschaften* sowie das *Institut für Trendanalysen und Krisenforschung*. Eine Querschnittsanalyse der umfassenden Projektergebnisse wurde im November 1998 von Holger Rust unter dem Titel „Österreich 2013" als Forschungsbericht des o. g. Ministeriums publiziert.

1991 kam es auch zur Gründung des *Büros für Technikfolgenabschätzung beim Deutschen Bundestag (TAB)*, einer selbstständigen wissenschaftlichen Einrichtung, die den Deutschen Bundestag und seine Ausschüsse in Fragen des wissenschaftlich-technischen Wandels berät. Das TAB wird seit 1990 vom Institut für Technikfolgenabschätzung und Systemanalyse (ITAS) des Karlsruher Instituts für Technologie (KIT) – auf Basis eines Vertrags mit dem Deutschen Bundestag – betrieben. Der Leiter des TAB, Armin Grunwald (2009, 2012a, 2012b, 2013, 2014, 2016), ist seit vielen Jahren eng mit dem Diskurs der Zukunfts- und Innovationsforschung verbunden.

Seit den 1990er Jahren spielten Elemente der zukunftsbezogenen Forschung auch im Bereich der *Regionalplanung* und *Stadtplanung* eine zunehmend wichtigere Rolle (siehe dazu auch Neumann 2005, Scherer/Walser 2009). Steinmüller (2014, S. 13 ff.) weist in diesem Zusammenhang ebenso auf mehrere „Zukunftsinitiativen" deutscher Bundesländer (z. B. in Baden-Württemberg, Rheinland-Pfalz, Bayern, Berlin, Schleswig-Holstein) hin. In diesen Initiativen kamen auch partizipative Verfahren der Planung und Begleitforschung zum Einsatz, die in den 1970er und 1980er Jahren sowohl im Zusammenhang mit Handlungsforschungsprojekten (action research) als auch in den damals boomenden Projekten der „Gemeinwesenarbeit" entwickelt wurden. (> Partizipative Forschung) In Österreich wurden in diesem thematischen Zusammenhang u. a. zwei vom Autor des vorliegenden Buches geleitete größere partizipative Forschungsprojekte zur zukunftsbezogenen Planung und Entwicklung von sozialer und freizeitkultureller Infrastruktur im kommunalen Raum – im Auftrag des Bundesministeriums für Bauten und Technik bzw. des Bundesministeriums für wirtschaftliche Angelegenheiten (Abteilung Wohnbauforschung) – durchgeführt: „Freizeitplanung als aktivierende Stadtteilarbeit" (1982–1994) sowie „Jugend – Freizeitkultur – Infrastruktur" (1995–1988).

Ebenso in den 1990er Jahren entwickelte sich – nach US-amerikanischen Vorbildern – auch im deutschsprachigen Raum Schritt für Schritt eine sehr öffentlichkeitswirksame Szene der > Zukunftsgurus, die sich selbst meist als *Trendforscher* oder als *Zukunftsforscher* bezeichnen. Einerseits besteht der schwerwiegende *Nachteil* dieser Entwicklung darin, dass durch die *schein*wissenschaftlichen Aussagen dieser Personen das Image der *wissenschaftlich* fundierten Zukunftsforschung negativ beeinflusst wird. Andererseits trugen und tragen diese Personen durch ihre starke Präsenz in den Massenmedien zur Erhöhung des medialen Interesses an Zukunftsfragen bei.

Zu Beginn des 21. Jahrhunderts differenzierten sich die unterschiedlichen Formen und Anwendungsgebiete der prospektiven Forschung weiter aus.

- In diesem Zusammenhang gelang es vor allem der *Zukunftsforschung* auch in dieser aktuellen Entwicklungsphase – abgesehen von einzelnen Modellprojekten – *nicht*, sich an Universitäten und Hochschulen im deutschsprachigen Raum zu etablieren. (Einige *praktische* Handlungsfelder der *außeruniversitären* angewandten Zukunftsforschung finden sich in Aengenheyster u. a. 2016;

Crespi/Raderschall 2016; Daryan 2017; Krieg 2016; Popp/Schüll 2009; Popp/ Zweck 2013; Tiberius 2011a, S. 123–302.)

- Deutlich erfolgreicher entwickelten sich *wissenschaftliche* Institute und Initiativen in verwandten Forschungsrichtungen (> Innovationsforschung, > Risiko – Risikoforschung, > Technikfolgenforschung ...). Außerdem verstärkte sich das Forschungsinteresse für wichtige Zukunftsfragen in mehreren wissenschaftlichen Disziplinen (> Disziplinarität ...), vor allem im Zusammenhang mit der Vorausschau im weiten Themenspektrum der *ökologischen* > Nachhaltigkeit.

Im Jahr 2000 wurde vom Erziehungswissenschaftler und Nachhaltigkeitsforscher Gerhard de Haan das *Institut Futur* an der Freien Universität Berlin gegründet. Nach der Pensionierung von G. de Haan wird dieses Institut unter seiner Leitung ab April 2020 in einer modifizierten Organisationsform weitergeführt.

2005 entstand in Salzburg das „Zentrum für Zukunftsstudien", das vom Autor des vorliegenden Buches bis 2013 geleitet wurde. Dieses Institut wurde nach der Pensionierung von R. Popp nur mehr kurze Zeit weitergeführt und zu Beginn des Studienjahres 2015/16 geschlossen.

Ebenso 2005 wurde im Rahmen des Austrian Institute of Technology (AIT) in Wien der Forschungsschwerpunkt (Research Area) *Foresight & Governance* eingerichtet. (Zu einem vom AIT maßgeblich mitgestalteten europäischen Foresight-Netzwerk siehe Giesecke/van der Gießen/Elkins 2012.)

2007 wurde in Hamburg – auf der Basis des bereits 1979 gegründeten BAT-Freizeitforschungsinstituts – die *Stiftung für Zukunftsfragen* etabliert. Diese Forschungsstiftung wurde bis 2010 vom Professor für Erziehungswissenschaft an der Universität Hamburg, Horst W. Opaschowski (1994, 1997, 2004, 2009, 2013, 2014, 2015), geleitet, der sich für die Popularität der Zukunftsforschung verdient machte. In den Studien und Büchern der Stiftung für Zukunftsfragen stehen wünschenswerte Zukunftsentwicklungen im Hinblick auf Lebensqualität und sozialen Zusammenhalt im Mittelpunkt. Seit 2011 wird die Stiftung für Zukunftsfragen vom Nachfolger Opaschowskis, Ulrich Reinhardt (2011, 2019a, 2019b), geleitet. (Ulrich Reinhardt ist darüber hinaus noch Professor für empirische Zukunftswissenschaft an der Fachhochschule Westküste in Heide, Schleswig-Holstein.) Der Autor des vorliegenden Buches kooperiert seit vielen Jahren mit der Stiftung für Zukunftsfragen (Popp/Reinhardt: 2012, 2013, 2014, 2015a, 2015b, 2019; Reinhardt/Popp: 2018, 2019.)

Ebenso 2007 wurde in Salzburg der Verein „Netzwerk Zukunftsforschung" gegründet, der ursprünglich der Vernetzung der Zukunftsforscherinnen und -forscher im deutschsprachigen Raum (Deutschland, Österreich, Schweiz) dienen sollte. Bereits nach kurzer Zeit entwickelte sich dieser Verein jedoch in Richtung einer Plattform für eine überschaubare Zahl von Expertinnen und Experten für zukunftsbezogene Unternehmens*beratung*. Gemeinsam mit einem kooperierenden Verein wird von diesem Netzwerk die deutschsprachige *Zeitschrift für Zukunftsforschung* herausgegeben. Victor Tiberius (2011c, S. 23) charakterisierte dieses Netzwerk im Jahr 2011 folgendermaßen: „Dessen Mitgliederkreis besteht jedoch noch stark aus persönlich bekannten Personen, dem sich Newcomer bislang nur verhalten anschließen." Dieser Befund trifft bis heute zu. Die Vernetzung der wenigen im deutschsprachigen Raum im Bereich der zukunftsbezogenen *Forschung* engagierten *universitären* Institute gelang diesem Verein jedenfalls bisher nicht!

2009 wurde das *Institute for Advanced Sustainability Studies e.V.* in Potsdam gegründet. Als Gründungs- und Exekutivdirektor fungierte der ehemalige deutsche Bundesumweltminister und ehemalige Exekutivdirektor des Umweltprogramms der Vereinten Nationen (UNEP), Klaus Töpfer. Die Aufgabe dieses Instituts besteht in der Realisierung von Spitzenforschung zu wichtigen zukunftsbezogenen Themen wie Folgen des Klimawandels und nachhaltiger Ökonomie. Seit 2016 leitet der mit dem Diskurs der Zukunftsforschung eng verbundene bisherige Leiter des *Zentrums für Interdisziplinäre Risiko- und Innovationsforschung (ZIRIUS)* der Universität Stuttgart, Ortwin Renn, diese wichtige Forschungseinrichtung. (> Risiko – Risikoforschung)

2010 wurde in Verbindung mit dem bereits weiter oben genannten *Institut Futur* der erste – und bisher einzige – Studiengang für Zukunftsforschung im deutschsprachigen Raum gegründet. Dieser Studiengang wird in Kooperation mit dem

Institut Futur (siehe oben) im Rahmen der Ernst-Reuter-Gesellschaft der Freien Universität (FU) Berlin – in Verbindung mit der Fakultät für Pädagogik und Psychologie dieser Exzellenzuniversität – unbefristet weitergeführt.

2011 startete an der Universität Siegen das *Forschungskolleg „Zukunft menschlich gestalten"*, das auf einer gemeinsamen Initiative der Universität Siegen, des Landes Nordrhein-Westfalen und der Stiftung Zukunft der Sparkasse Siegen basiert.

2013 wurde (auf Initiative von *Gerhard de Haan* und *Reinhold Popp*) sowie unterstützt von weiteren wichtigen Expertinnen und Experten für prospektive Forschung (*Christine Ahrend, Erik F. Øverland, Ulrich Reinhardt*) die in englischer Sprache (bei SpringerOpen – ein Teil von Springer Nature) erscheinende Zeitschrift *European Journal of Futures Research* (www.springer.com/40309) gegründet. (> Futures Research – international)

2016 wurde für den Autor des vorliegenden Buches an der Sigmund Freud PrivatUniversität Wien eine *Gastprofessur für humanwissenschaftliche Zukunfts- und Innovationsforschung* etabliert sowie 2017 das *Institute for Futures Research in Human Sciences* (Leitung: R. Popp) gegründet.

2019 wurde das „Futurium – Haus der Zukünfte" in Berlin eröffnet. (Siehe dazu im vorliegenden Buch im *Vorwort* des Direktors, Stefan Brandt.)

27

KRITISCHER RATIONALISMUS UND DAS HEMPEL-OPPENHEIM-SCHEMA

Das Konzept des *Kritischen Rationalismus* wurde im Kontext des > **empiristischen Erkenntniswegs** entwickelt und ist eng mit dem österreichisch-britischen Philosophen *Karl Popper* verbunden. Popper kritisierte sowohl den „naiven" Empirismus bzw. Positivismus als auch dessen Kritiker aus dem Bereich der analytischen Philosophie und aus dem Wiener Kreis der Neopositivisten. Poppers Kritik bezog sich vor allem darauf, dass – seiner Ansicht nach – eine *direkte* empirische Erfassung der Wirklichkeit nicht möglich ist. Vielmehr – so Popper – beruhe jede Wahrnehmung der Wirklichkeit unvermeidbar bereits auf vorurteilsbelasteten Annahmen (= Hypothesen). Deshalb bezieht sich das Popper'sche Empirismusprogramm nur mehr auf die Überprüfung dieser Annahmen bzw. Hypothesen mit Hilfe geeigneter *empirischer* (idealerweise *experimenteller*) Verfahren. Als Hypothesen sind konsequenterweise nur solche Aussagen zugelassen, die prinzipiell *empirisch* überprüfbar sind! Falls eine Hypothese durch die *empirische* (*experimentelle*) Überprüfung nicht widerlegt wird, gilt sie jedoch keinesfalls als bestätigt, sondern nur als *vorläufig nicht falsifiziert.* Denn die Wissenschaft kann – laut Popper – niemals endgültig wahre Aussagen über die Gegenwart oder über die Zukunft produzieren, sondern ist ein System von *vorläufig bewährten Hypothesen.* Trotz dieser Skepsis bleibt Popper ein *Empirist,* allerdings ein kritischer. (Siehe dazu auch Albert 1980a, Popper 1974, Popper/Niemann 2015, Topitsch 1980.)

WERTURTEILSFREIHEIT

Sein Falsifikationskonzept ergänzte Popper noch mit dem (auch für den traditionellen Empirismus und den Positivismus sehr wichtigen) Postulat der *Werturteilsfreiheit,* also mit der Forderung nach der Eliminierung jeder Art von persönlicher Wertvorstellung und Ideologie im Rahmen des Forschungsprozesses (Albert 1980b, Albert/Topitsch 1971). Diese Überlegungen spielten übrigens auch jenseits des Positivismus und Kritischen Rationalismus eine gewisse Rolle, wie

u. a. der vor mehr als einhundert Jahren geführte „Werturteilsstreit" zeigt. Ausführlichere Informationen zur damaligen Auseinandersetzung zwischen dem Soziologen Max Weber, der Wissenschaft und Werturteile trennen wollte, und seinen Gegnern finden sich in Keuth (1989).

HEMPEL-OPPENHEIM-SCHEMA: PROGNOSTIK IN DER LOGIK DES KRITISCHEN RATIONALISMUS

In der Logik des Kritischen Rationalismus geht es vor allem um wissenschaftliche Aussagen über Ursache-Wirkungs-Beziehungen (> **Quantitative bzw. variablenmanipulative Sozialforschung ...**). Diese Forschungsergebnisse ermöglichen jedoch auch prognostische Aussagen. Denn auf der Basis von experimentell überprüften Hypothesen über Ursache-Wirkungs-Zusammenhänge lassen sich im Fall der Annahme, dass diese Zusammenhänge auch zukünftig bestehen, Prognosen formulieren. *Prognostische* Aussagen (zumindest in Form von statistischen Wahrscheinlichkeitsaussagen) sind also im kritisch rationalistischen Forschungskonzept nur dann möglich, wenn im Hinblick auf die zukünftigen Entwicklungen das Vorliegen gleichbleibender Bedingungen (!) angenommen werden kann. Diese Überlegungen wurden von Carl Gustav Hempel und Paul Oppenheim (1948) präzise ausformuliert. Ausführlicher zum *Hempel-Oppenheim-Schema*: Bachleitner (2016a), Schurz (2016), Stagl J. (2016). Einschränkend muss hier freilich erwähnt werden, dass dieser für die *zukunftsbezogene* Forschung auf den ersten Blick sehr interessante *prognostische* Ansatz bei genauerer Betrachtung nur sehr begrenzt relevant ist (vgl. Schüll/Berner 2012). Denn bei den meisten *sozialwissenschaftlichen* Forschungsfragen im Allgemeinen und den diesbezüglichen *zukunfts*bezogenen Forschungsfragen im Besonderen ist die in *experimentellen* Forschungssettings erforderliche rigide Isolation und Kontrolle von Faktoren nur selten zielführend. Außerdem kann bei sozialwissenschaftlichen Forschungsgegenständen nur selten vom Vorliegen *gleichbleibender Bedingungen* ausgegangen werden.

RAFFINIERTER FALSIFIKATIONISMUS

Der ungarische Philosoph Imre Lakatos, versuchte das strenge Falsifizierungskonzept Poppers zu relativieren. Seiner Meinung nach sollte die Falsifikation einer Hypothese nicht zur vollständigen Verwerfung der experimentell geprüften

Aussage führen, da auch falsifizierte Hypothesen interessante Annahmen für den weiteren Fortschritt der Wissenschaft enthalten können. Mit Hilfe seines Modells des *raffinierten Falsifikationismus* wollte Lakatos zwischen den Positionen von Karl Popper einerseits und dem wissenschaftshistorischen Konzept von Thomas Kuhn (1981, 1992) sowie seines Freundes Paul Feyerabend (1976, 1978, 1984; > „Anything goes" ...) vermitteln. (Zum regen Diskurs zwischen Lakatos und Feyerabend siehe Motterlini 1999.)

28

KRITISCHE THEORIE – ERKENNTNIS UND INTERESSE

HERMENEUTISCH-DIALEKTISCHE ANALYSE DER KRISEN DER GEGENWÄRTIGEN GESELLSCHAFT UND IHRER ZUKÜNFTIGEN ENTWICKLUNG

Theodor W. Adorno (1963), Max Horkheimer, Erich Fromm (2014) und andere modernisierten das traditionsreiche Dialektikkonzept (siehe unten) im Rahmen der sogenannten *Kritischen Theorie* (siehe dazu ausführlich Behrens 2002, Adorno/Horkheimer 1944/1987, Fromm 1978). Der Philosoph, Psychologe und Soziologe Jürgen Habermas entwickelte auf der Basis der Analyse der in der modernen Gesellschaft wirkenden widersprüchlichen Interessenlagen ein auf *emanzipatorisches* Handeln ausgerichtetes erkenntnistheoretisches und kommunikationstheoretisches Konzept (siehe dazu u. a. Habermas 1973/1991, 1982a, 1982b, 1998). Der Erfolg dieses auf die Befreiung von gesellschaftlichen Zwängen abzielenden emanzipatorischen Handelns hängt – laut Habermas – nicht zuletzt davon ab, ob es den von sozialen Problemen betroffenen Individuen und den gesellschaftskritischen Gruppen gelingt, ihrem Leiden an den „Pathologien der Gesellschaft" die aus dem Ideenfundus der Aufklärung stammenden Hoffnungen, Phantasien und Utopien gegenüberzustellen (ausführlicher – mit ausdrücklichem Bezug zur Zukunftsforschung – siehe Müller-Doohm 2012). Habermas schreibt – in deutlicher Abweichung von der Dominanz der Produktionsverhältnisse und Produktivkräfte bei Marx – auch der Wissenschaft und der öffentlichen Kommunikation einen starken Einfluss auf die Entwicklung der Gesellschaft und des menschlichen Bewusstseins zu.

In diesem Zusammenhang ist auch die mit dem Habermas'schen Konzept zwar nicht identische, aber doch verwandte Position von Pierre Bourdieu (1983, 1993) zu nennen. Bourdieu hebt – in kritischer Distanz zum dominanten Stellenwert des *ökonomischen* Kapitals in der Philosophie von Karl Marx – die Bedeutung des *kulturellen* bzw. *sozialen* Kapitals hervor. Habermas und andere wichtige Vertreter der Kritischen Theorie setzten sich auch systematisch mit mehreren wissenschaftstheoretischen Positionen auseinander:

- Der traditionellen geisteswissenschaftlichen Hermeneutik (> Hermeneutischer Erkenntnisweg) warf die Kritische Theorie einen idealisierenden und unkritischen Bezug zu den kulturellen Traditionen vor.
- Im sogenannten „Positivismusstreit" der 1960er Jahre wurden die unterschiedlichen Sichtweisen des Empirismus (> Empiristischer Erkenntnisweg) einerseits (z. B. Albert/Topitsch 1971) und der Kritischen Theorie andererseits (z. B. Adorno/Dahrendorf/Pilot/Albert/Habermas/Popper 1969) in mehreren Büchern, auf Tagungen und in Fachzeitschriften im Stil einer scharfen wissenschaftlichen Polemik diskutiert. (Ausführlich dazu: Dahms 1998, Keuth 1989.) In diesem Zusammenhang wurde dem Empirismus (vor allem dem > Kritischen Rationalismus) vorgeworfen, dass er durch seine Engführung des wissenschaftlichen Arbeitens auf Prozeduren der empirischen (experimentellen) Hypothesenprüfung vor allem kritische Analysen komplexer gesellschaftlicher Funktionszusammenhänge als „unwissenschaftlich" betrachte und in den außerwissenschaftlichen Bereich verdrängen wolle. Deshalb – so die Kritische Theorie – seien der Empirismus und der Kritische Rationalismus implizit ideologisch.
- In einem weiteren wissenschaftstheoretischen Konflikt warf Jürgen Habermas dem Konzept der konstruktivistischen Systemtheorie (Luhmann) vor, letztlich eine strukturfunktionalistische Sozialtechnologie zu begünstigen, was Niklas Luhmann – verbunden mit einer Kritik an der Kritischen Theorie – scharf zurückwies. (Ausführlich dazu siehe Habermas/Luhmann 1971, Maciejewski 1974, > Konstruktivistischer Erkenntnisweg.)
- Eine weniger stark beachtete Auseinandersetzung bezog sich auf das US-amerikanische Konzept des > Pragmatismus (u. a. Habermas 1973/1991, S. 116 ff.).

DIALEKTIK UND VORAUSSCHAU

Die Dialektik war ursprünglich ein Regelwerk der altgriechischen Rhetorik, das auf den produktiven Umgang mit Widersprüchen in philosophischen Diskursen ausgerichtet war (Schülein/Reitze 2012, S. 99). Georg Wilhelm Friedrich Hegel (1770–1831) entwickelte die Dialektik zu einem – vom griechischen Philosophen Heraklit („Alles fließt") beeinflussten – geschichtsphilosophischen Konzept für die Analyse der in der Geschichte erkennbaren Entwicklungsdynamik weiter.

Zukunft als Produkt von Konflikten und Widersprüchen: Aufstieg, Bedeutungsverlust und Wiederentdeckung der Dialektik

Dieses dialektische Denkwerkzeug Hegels wurde vom Philosophen Karl Marx (1818–1883) sowohl für die Analyse der (im Frühkapitalismus besonders deutlich zu Tage tretenden) gesellschaftlichen Spaltungsprozesse und der damit verbundenen sozialen Probleme als auch für die Entwicklung eines geschichtsphilosophischen – und explizit zukunftsorientierten – Konzepts zur Überwindung dieser Gegensätze genutzt. Der menschenverachtende Missbrauch des von Karl Marx vorgelegten philosophischen Konzepts im real existierenden Sozialismus und im Stalinismus führte dazu, dass auch das Konzept der Dialektik in weiten Teilen der Philosophie und Erkenntnistheorie an Bedeutung verlor. Dazu kam noch die scharfe Kritik des einflussreichen Philosophen Karl Popper (> Kritischer Rationalismus), der vor allem die Marx'sche Nutzung der Dialektik als „Historizismus" verurteilte. (Siehe dazu genauer > Utopie – Dystopie ...)
Seit Hans-Georg Gadamer und Jürgen Habermas (siehe > Hermeneutischer Erkenntnisweg) wird das Konzept der Dialektik (in einer modernisierten Variante) wieder verstärkt in den Geistes-, Kultur- und Sozialwissenschaften aufgegriffen und mit der hermeneutischen Methode der *verstehenden Zusammenhangsbetrachtung* in Verbindung gebracht.

29

KÜNSTLICHE INTELLIGENZ – MENSCHLICHE INTELLIGENZ

Vertiefend zu unterschiedlichen Aspekten der künstlichen Intelligenz: Bock-Schappelwein u. a. (2018), Eberl (2016), Geiselberger/Moorstedt (2013), Hofstetter (2016), Nida-Rümelin/Weidenfeld (2018).

WAS KÜNSTLICH INTELLIGENTE MASCHINEN BESSER KÖNNEN ALS DER MENSCH

Wenn es um die *Fähigkeit zum Speichern und Verknüpfen* von gigantischen Datenmengen geht, ist die sogenannte „künstliche Intelligenz" schon heute besser als der Mensch. Deshalb gewinnen künstlich intelligente Maschinen gegen Menschen beim Schach oder bei Quizspielen. In den kommenden Jahrzehnten wird die Technikentwicklung noch für viele Verbesserungen sorgen, und deshalb werden die sogenannten *Roboter* in dem oben skizzierten Leistungsbereich zukünftig noch mehr können als bereits heute.

WAS DER MENSCH BESSER KANN ALS DIE BESTEN MASCHINEN

Wenn man allerdings unter Intelligenz das in der langen Evolution des Homo sapiens entwickelte hochkomplexe Gesamtkunstwerk der *menschlichen* Intelligenz versteht, fällt der Vergleich zwischen Mensch und Maschine völlig anders aus. Denn selbst sehr hoch entwickelte Roboter werden auch zukünftig nur sehr wenig von all dem können, was die *menschliche* Intelligenz ausmacht – und übrigens auch, *was das menschliche Leben lebenswert macht*. Roboter können nicht lieben und nicht streiten, haben keine Freunde, empfinden kein Mitgefühl, existieren jenseits von Erotik und Sexualität, haben keine Sehnsüchte und Träume, erleben weder die Pubertät noch die Altersweisheit, können sich nicht über gute Musik – egal ob von Mozart oder Madonna – freuen, können weder Kunst noch gutes Essen und guten Wein genießen und selbstverständlich fehlt ihnen auch der Humor. Die Besonderheit der menschlichen Intelligenz liegt in der hoch entwickelten Fähigkeit zur Verknüpfung von kognitiver Intelligenz mit körperlicher, emotionaler und sozialer Intelligenz. Und zur sozialen Intelligenz zählen auch die politische Intelligenz sowie die Fähigkeit, nach ethischen Werten zu handeln.

KÜNSTLICHE INTELLIGENZ UND MENSCHLICHE INTELLIGENZ ARBEITEN NACH SEHR UNTERSCHIEDLICHEN FUNKTIONSKONZEPTEN

Trotz der äußerst komplexen Leistungsfähigkeit des menschlichen Gehirns ist der Energieverbrauch extrem gering. Künstlich intelligente Maschinen verbrauchen für einen Bruchteil der Leistung ein Vielfaches an Energie. Die menschliche Intelligenz lässt sich jedoch nicht nur durch die biologische und physiologische Analyse der Leistungen des Gehirns erklären. Vielmehr muss auch die Verbindung des Gehirns mit den Sinnesorganen sowie mit der Vielzahl von Körperfunktionen hinreichend berücksichtigt werden. Außerdem sollte hinlänglich beachtet werden, dass die menschliche Intelligenz das Produkt einer permanenten und von Emotionen begleiteten Interaktion, Kommunikation und Kooperation mit anderen Personen ist. Die menschliche Intelligenz ist also auch ein soziales Phänomen! (Zu den mühsamen Versuchen, die menschliche Intelligenz computertechnisch nachzubauen siehe > Computersimulation .../Human Brain Project.)

ROBOTER SIND WERKZEUGE – UND KEINE LEBEWESEN

Roboter sind nur hochtechnisierte Werkzeuge, die von Menschen konstruiert und programmiert wurden und die der Mensch auch kontrollieren muss. Selbst wenn *humanoide* Roboter so konstruiert sind, dass sie wie Menschen aussehen, sind sie keine Lebewesen, sondern bleiben Maschinen! Ähnlich wie bei vielen anderen in der Menschheitsgeschichte entwickelten Technologien gibt es auch im Bereich der künstlichen Maschinenintelligenz von Robotern genügend Mittel und Wege, das durchaus vorhandene Gefahrenpotenzial durch die politische, institutionelle und juristische Intelligenz von Menschen zu begrenzen und zu beherrschen.

DIE HERRSCHAFT VON ROBOTERN ÜBER DIE MENSCHHEIT IST NICHT IN SICHT

Wir sollten uns auch nicht von der in einigen Science-Fiction-Filmen und von der durch manche Phantasten in den Zeitgeistmedien begeistert verbreiteten

Utopie beeindrucken lassen, dass bereits in zwei bis drei Jahrzehnten superintelligente Roboter die Menschheit beherrschen werden (> Transhumanismus).

30

LEBENSQUALITÄTSFORSCHUNG – MIT ZUKUNFTSBEZUG

30

Bei der Verknüpfung der Lebensqualitätsforschung mit der prospektiven Forschung geht es – in der interdisziplinären Zusammenschau von *psychologischen, soziologischen, ökonomischen, ökologischen* und *politischen* Aspekten – um Zukunftsfragen der Lebensqualität in allen Lebensbereichen, wie z. B. Beruf, Wohnen, Familie, Partnerschaft, Bildung, Freizeit, Konsum, Gesundheit, sozialer Zusammenhalt u. a. (Ausführlich dazu siehe u. a.: Opaschowski 1997, 2004, 2013, 2014; Popp 2005, 2014, 2015b, 2017, 2018; Popp/Hofbauer/Pausch 2010; Popp/Reinhardt, 2013, 2014, 2015a, 2015b; Reinhardt 2019b.)
Für plausible Annahmen zur Zukunft der Lebensqualität ist auch die Auseinandersetzung mit dem Themenkomplex *Bedürfnisse – Interessen – Wünsche* unverzichtbar (> Zukunftswünsche ...).
In der *zukunfts*bezogenen *Quality-of-Life*-Forschung spielt auch die Verbindung mit der *Zeitbudgetforschung* eine wichtige Rolle. Dabei geht es vor allem um zukünftige Veränderungen der Nutzung der Tages-, Wochen-, Jahres- und Lebenszeit. (Dazu ausführlicher: Garhammer 2001; Popp 2015b, S. 189 ff.; Popp/Reinhardt 2015b, S. 175 ff.)

LEBENSQUALITÄT: MODEWORT UND WISSENSCHAFTLICHER BEGRIFF

Lebensqualität (Quality of Life) hat sich in den vergangenen Jahren zu einem Modewort entwickelt. Unter dem Stichwort Lebensqualität werden Urlaubsreisen gebucht, Lebensmittel angepriesen, Privatpensionsverträge beworben, Hobbys gepflegt, Restaurants besucht, Häuser geplant oder Zufriedenheit und Wohlbefinden empirisch gemessen.

Ähnlich vage ist der Begriff *Glück*. (Ausführlich und interdisziplinär dazu: Thomä/Henning/Mitscherlich-Schönherr 2011.) Der Internetbuchhändler Amazon bietet eine Vielzahl von Büchern zu diesem Thema an. Neben einigen Werken zur sogenannten Glücksforschung dominiert in diesem Berg von Büchern die individualistisch orientierte Ratgeberliteratur mit den immer gleichen und meist esoterisch garnierten Tipps zu Bewegung, Ernährung, Partnerbeziehung und Spiritualität. Der Begriff *Glück* bezieht sich vor allem auf die subjektive Befindlichkeit der Individuen. Dies gilt sinngemäß auch für den Begriff *Zufriedenheit*.

Lebensqualität ist ein deutlich weiter gefasster Begriff, der sowohl die Qualität der gesellschaftlichen, wirtschaftlichen und politischen Rahmenbedingungen des Lebens als auch die subjektive Bewertung dieser Voraussetzungen beschreibt.

DIE KOMPLEXITÄT DES MODERNEN BEGRIFFS „LEBENSQUALITÄT"

Die Komplexität des Begriffs „Lebensqualität" wurde von dem Sozialwissenschaftler Erik Allardt bereits 1976 zutreffend beschrieben. In diesem Sinne ist Lebensqualität die Kombination aus drei großen Dimensionen des menschlichen Lebens:

- *Having* umfasst *sowohl* die Ressourcen für den materiellen Lebensstandard (z. B. Einkommen, Wohnen, Beruf) *als auch* die Ressourcen für Bildung, Gesundheit und natürliche Umwelt. *Having* ist die Basis für *Loving* und *Being*.
- *Loving* bezieht sich auf die Zugehörigkeit zu sozialen Gruppen, von der Familie über Freundschaftsbeziehungen und soziale Netzwerke bis hin zur Nachbarschaft und zum Stadtteil bzw. zur Gemeinde.
- *Being* meint die Möglichkeit zur Selbstverwirklichung und Sinnfindung in allen Lebensbereichen sowie die Chance zur Partizipation (von der Schule über den Betrieb bis hin zur Politik).

WIRD LEBENSQUALITÄT ZUKÜNFTIG WICHTIGER ALS LEBENSSTANDARD?

In den Zeitgeistmedien hört und liest man immer öfter, dass in Zukunft die Lebensqualität und das Glück der Menschen vor allem von den immateriellen Werten wie Liebe, Freundschaft oder Gesundheit bestimmt werden und das Einkommen eine immer geringere Rolle spielen wird. Auch im alltagssprachlichen Ge-

brauch wird der Begriff *Lebensqualität* meist auf die emotionalen Aspekte des individuellen Wohlbefindens reduziert und mit einer weitgehend ähnlichen Bedeutung wie die Begriffe *Glück* oder *Wohlbefinden* verwendet. Bei dieser subjektiven und gefühlsorientierten Betrachtung verblasst jedoch der objektiv starke Einfluss von Lebensstandard und Geld auf alle Lebensbereiche. Allerdings sollte die ökonomische Basis des Glücks nicht übersehen werden. Denn nüchtern betrachtet kosten Gesundheit, Partnerschaft und Familie sehr viel Geld, das auch in Zukunft von den meisten Menschen nur durch berufliche Arbeit erwirtschaftet werden kann. (Zum Zusammenhang zwischen Lebensqualität, Lebensstandard und Konsum: Reinhardt 2019b.) Ebenso gibt es die meisten Aktivitäten in der Freizeit und in der Natur nicht zum Nulltarif.
Die Verbindung von Lebensstandard und Lebensqualität ist ein Gesamtkunstwerk, das vom Zusammenspiel einer Vielzahl von Faktoren lebt. Es geht dabei um die Kombination einer stabilen ökonomischen Basis mit Gesundheit, Frieden, familiärem Beziehungsleben, Freundschaft, Freiheitsgefühl, wenig Stress und intakter Natur. Dazu kommt noch genügend Zeitwohlstand. Außerdem sollten sich die Zukunftsängste in überschaubaren Grenzen halten. (Dazu ausführlicher: Kahneman/Deaton 2010; Popp 2015b, S. 151 ff. und 185 ff.; Popp/Reinhardt 2015b, S. 73 ff., und 2019; Popp/Rieken/Sindelar 2017.)

OECD BETTER LIFE INDEX

Mit Hilfe des empirisch sehr differenziert analysierten „Better Life Index" ist ein Vergleich zwischen allen Mitgliedsländern der OECD im Hinblick auf die vielfältigen Faktoren der Lebensqualität und des Lebensstandards möglich: www.oecd-betterlifindex.com

TRADITIONSREICHE TUGENDLEHREN UND PROSPEKTIVE EMPFEHLUNGEN FÜR MEHR GLÜCK UND LEBENSQUALITÄT

Vorausschauende Empfehlungen für eine lebenslange Lebensqualität spielen seit der Antike eine wichtige Rolle für die Zukunftsgestaltung der Menschen (> Geschichte des Zukunftsdenkens: Antike). So plädierte etwa Aristoteles, der Altmeister der antiken Philosophie und Lehrer von Alexander dem Großen, für die goldene Mitte zwischen Überfluss und Mangel unter strukturierten staatlichen Rahmenbedingungen (ausführlicher dazu: Horn 2011a).

Im alten Rom orientierten sich jene Bürger, denen Individualismus und Lebensgenuss wichtiger waren als ein starker Staat, an den Lehren des griechischen Philosophen Epikur. Die Anhänger dieser Lehre glaubten nicht an ein Leben nach dem Tod. Mit seiner Lehre vom sinnerfüllenden Genuss im Hier und Jetzt wurde Epikur zum Vordenker des heutigen Wellnesstrends (ausführlicher dazu: Horn 2011b).

Sehr begehrt war ebenso bereits in der Antike das von Zenon, einem griechisch-zypriotischen Denker, entwickelte philosophische Vorsorgekonzept der *Stoiker*. Auch die Stoiker verließen sich nicht auf die Gnade der Götterwelt, sondern suchten den Sinn des Daseins im irdischen Streben nach Selbstbeherrschung, Selbstgenügsamkeit, Freiheit von Leidenschaften, Gelassenheit und Weisheit. Die berühmtesten Vertreter dieser Lehre waren der römische Kaiser Marc Aurel sowie der römische Philosoph Seneca (ausführlicher dazu siehe Nickel 2008). Eine der vielen bis heute erhaltenen zukunftsbezogenen Wortspenden Senecas lautet: „Alles kommt weniger schlimm, wenn man mit allem rechnet." Als Lehrer, Erzieher und Politikberater des – bekanntlich einigermaßen unberechenbaren – Kaisers Nero musste Seneca selbst offensichtlich mit allem rechnen. (Zum Thema Glück in aktuellen Lebenshilferatgebern: Duttweiler 2011.)

ZUKUNFTSORIENTIERTE SELBSTOPTIMIERUNG FÜR MEHR LEBENSQUALITÄT?

Die seit der Antike bekannten Konzepte der – auf die *individuelle Zukunft* bezogenen – guten Lebensführung „zielen primär auf die Disziplinierung und Regulierung des Individuums ab, können aber auch das Kollektiv organisieren." (Thüring 2016, S. 291) „Sie materialisieren sich in verschiedenen Techniken des Selbst, die von der Körperübung über das Schreiben und Philosophieren bis zur spirituellen Medidation reichen und der Selbstvergegenwärtigung, Selbsterkenntnis und Selbstbeherrschung dienen." (Ebd., S. 292) Auf diese Weise verbinden sich die vielfältigen Selbstpraktiken mit Konzepten der selbstoptimierenden Human-Enhancement-Bewegung und dem „neoliberalen Imperativ der Selbstverantwortung und des Selbstmanagements" (ebd.). (Vertiefend dazu: Fellmann 2011, Mieth 2011, Thomä/Henning/Mitscherlich-Schönherr 2011, zu Human Enhancement: > Transhumanismus.)

31

MEGATREND – EIN FRAGWÜRDIGER BEGRIFF

Allem Anschein nach sehnen sich viele Menschen nach einfachen Erklärungen für die Ereignisse in der Gegenwart und für die voraussichtliche Entwicklung der Zukunft. Diese Sehnsucht wird u. a. durch monokausal argumentierende Bücher, z. B. „Der Untergang des Abendlandes" (Oswald Spengler 1923/1998) oder „Aufstieg und Fall der großen Mächte" (Paul Kennedy 2000) befriedigt. Entsprechend simple Antworten bieten nicht nur die vielfältigen Publikationen der alltagspsychologischen Ratgeberliteratur, die Astrologie und die Esoterik, der Glaube an das Schicksal und die göttliche Vorsehung, sondern auch das Konzept der zukunftsbestimmenden *Megatrends*. Der Begriff „Megatrends" geht auf das 1982 von John Naisbitt publizierte gleichnamige Buch zurück (> Zukunftsgurus). Die wissenschaftsfernen Megatrendkonzepte haben einen beachtlichen Einfluss auf öffentliche Zukunftsdiskurse. In diesen Konzepten wird der wissenschaftlich fundierte *Trend*begriff (> Trend – Trendforschung) häufig für *mono*kausale Prognosen missbraucht.

DIE MEISTEN „MEGATRENDS" SIND NICHTS ANDERES ALS – SEIT JAHRZEHNTEN BEKANNTE – PLAUSIBLE TENDENZEN DES SOZIALEN WANDELS

Seriöse Wissenschaftlerinnen und Wissenschaftler berücksichtigen in ihren Zukunftsstudien selbstverständlich wichtige *Trends*, also tiefgreifende gesellschaftliche, technische und wirtschaftliche Entwicklungen (z. B. die Digitalisierung aller Lebensbereiche). Sie gehen jedoch davon aus,

- dass die Zukunft aus der Komplexität und Dynamik vieler wechselseitig aufeinander einwirkenden Faktoren resultiert,
- dass es zu fast jedem Trend mindestens einen Gegentrend gibt und
- dass die Zukunft prinzipiell *gestaltbar* ist.

Viele bis heute in diversen Studien der > Zukunftsgurus – auch bei Naisbitt und anderen – kolportierten sogenannten Megatrends gehen auf den bereits 1967 publizierten Bestseller „The Year 2000“ von Kahn und Wiener (dt.: „Ihr werdet es erleben. Voraussagen der Wissenschaft bis zum Jahr 2000“) zurück, etwa:

- nachindustrielle Gesellschaft,
- Dominanz der tertiären und quartären Berufe (Dienstleistungsgesellschaft),
- Wissensgesellschaft (bzw. Lerngesellschaft) u. a.

Laut Holger Rust (2008, S. 85) griffen jedoch auch Kahn und Wiener auf noch ältere Quellen zurück (z. B. Bell 1963, Clark 1940, Fisher 1939, Fourastié 1949 bzw. 1955). In diesem Zusammenhang soll auch an William F. Ogburn (1922) erinnert werden (zusammenfassend zu Ogburns *Trend*konzept: Schwarz 2012 sowie > Sozialer Wandel, > Trend – Trendforschung). Viele in der heutigen populärwissenschaftlichen Zukunftsliteratur spektakulär als „neue“ Ergebnisse der Zukunftsforschung dargestellte *Megatrends* wurden also bereits vor mehreren Jahrzehnten – viel weniger spektakulär – als *plausible gesellschaftliche Entwicklungstendenzen* publiziert. Eine sozialwissenschaftlich aufgeklärte Sichtweise stellt der extrem vereinfachenden und scheinobjektivierenden Megatrend-Logik eine deutlich differenziertere und theoriegeleitete Vorausschau gegenüber. In diesem Sinne geht es um die kritische Reflexion einer Vielzahl von wichtigen gesellschaftlichen Entwicklungen, die bereits seit vielen Jahrzehnten (bzw. zum Teil sogar seit mehreren Jahrhunderten) wirksam sind und voraussichtlich auch in den kommenden Jahrzehnten – allenfalls in modifizierter Form – wirksam sein werden.

DIE MEGATREND-LOGIK UNTERMAUERT DIE (IN DER POLITIK UND DER WIRTSCHAFT SEHR BELIEBTE) BEHAUPTUNG DER ALTERNATIVLOSIGKEIT

Glaubt man an die oben kurz skizzierte Megatrend-Logik, bleibt den Individuen und Institutionen gar nichts anderes übrig, als sich mit den anscheinend unvermeidlichen und wie eine riesige Welle schicksalhaft auf uns zukommenden Zukunftsentwicklungen abzufinden und sich zeitgerecht anzupassen. Auf diese Weise wird der von manchen Politikern und Wirtschaftsexperten gerne verbreitete Mythos der Alternativlosigkeit bestimmter Maßnahmen scheinwissenschaftlich untermauert. (Siehe dazu auch Theorien zur Pfadabhängigkeit bei u. a. Dievernich 2012, Schäcke 2006, Tiberius 2012a.)

32

MENTALES ZEITREISEN – ZEITPERSPEKTIVEN

MENTALES ZEITREISEN – DIE MENSCHLICHE FÄHIGKEIT ZUR VERKNÜPFUNG VON VERGANGENHEIT, GEGENWART UND ZUKUNFT

Durch *mentales Zeitreisen* können wir die Erfahrungen von vorgestern für die Problemlösungen von übermorgen nutzen: Unser erster Schrei nach der Geburt ist das akustische Signal für den Start in die ganz persönliche Zukunft. In enger Verbindung mit unseren – für den großen Rest des Lebens prägenden – Beziehungen zur sozialen Mitwelt und mit der kindlich forschenden Aneignung unserer räumlich-materiellen Umwelt baut unser Gehirn seine Fähigkeiten zur Zukunftsplanung bis zum fünften Lebensjahr rasant aus. Dank des immer komplexer werdenden Zusammenspiels mehrerer Hirnregionen gelingt es uns also bereits im Kindergartenalter, Erinnerungen an Episoden aus der bisherigen Lebensgeschichte für die Vorausschau auf unsere Zukunft zu nutzen. Die Neurowissenschaft bezeichnet diese Kompetenz des menschlichen Geistes als *mentales Zeitreisen* (Baumeister/Hofmann/Vohs 2015; Weiler/Daum 2008, S. 539 ff.). Mit Blick auf zukünftige Herausforderungen werden dabei im ersten Schritt aus dem gigantischen Archiv unseres *autobiografischen Gedächtnisses* die Szenen bisheriger Problemlösungen in Erinnerung gerufen. Die unreflektierte Wiederholung früherer Erfolgsstorys ist allerdings selten zielführend, weil sich Rahmenbedingungen und handelnde Personen meist geändert haben. Deshalb kann unser Gehirn die Szenen vergangener Lebensphasen in ihre Bestandteile zerlegen und diese Teile für die Vorbereitung zukünftiger Lösungen neu zusammenbauen. Nach dem Motto „Was wäre, wenn ...“ gibt es bei diesen Konstruktionsvorgängen in unserem Gehirn meist mehrere Durchgänge. Dabei werden verschiedene Lösungsmöglichkeiten in Form von unterschiedlichen Zukunftsszenarien geistig durchgespielt. (Dazu auch: > Kontrafaktische Geschichtsforschung – was wäre gewesen, wenn ...?.) Das menschliche Gehirn stellt also ein sehr leistungsfähiges Programm für die kreative Verknüpfung von Vergangenheit und Zukunft zur

Verfügung. Dieses Programm verarbeitet aber keineswegs nur unsere rationalen Überlegungen, sondern auch unsere (teilweise unbewussten) Emotionen. In diesem Prozess verknüpft unsere psychische Dynamik rationale und emotionale sowie bewusste und unbewusste Elemente zu einem bei jedem Menschen einzigartigen und unverwechselbaren Konzept für die Bewältigung der Herausforderungen des Lebens. (In der Terminologie der individualpsychologischen Psychoanalyse wird dieses Konzept als „Lebensstil" bezeichnet.) Deshalb sind die von unserem Gehirn – im Spannungsfeld zwischen Herkunft und Zukunft – konstruierten Szenarien unvermeidbar auch von unseren Sehnsüchten, Selbstzweifeln, Minderwertigkeitsgefühlen oder grandiosen Selbstüberschätzungen durchdrungen. Die Fähigkeit zur mentalen Simulation unterschiedlicher Wege der Zukunftsgestaltung erwies sich in der Evolution – gerade in krisenhaften Situationen – als eines der Erfolgsgeheimnisse der Gattung Mensch. Angst und Panik blockieren allerdings oftmals die neuronalen Wege des mentalen Zeitreisens und somit auch unsere kreative Zukunftskompetenz. Zukunftsangst hemmt demnach die Produktion phantasievoller und innovativer Zukunftsbilder. (Zu entwicklungspsychologischen Aspekten der Entstehung des Zukunftsdenken im Kindesalter: Sindelar – in: Popp/Rieken/Sindelar 2017, S. 74 ff.) Der Vorgang des *mentalen Zeitreisens* spielt also bei jeder Konstruktion von Zukunftsbildern und bei der Zukunftsplanung eine zentrale Rolle. In diesem Zusammenhang wird die *heute* erfahrbare Gegenwart als vorläufiger Meilenstein auf einem langen Weg von *vorgestern und gestern* über *heute* bis hin zu *morgen und übermorgen* betrachtet. Auf diesem Weg gab und gibt es eine Vielzahl von Abzweigungen. Dabei sollte man nicht vergessen, dass jeder einzelne Punkt des bisherigen Weges irgendwann einmal Gegenwart war, in der auch andere Entscheidungen möglich gewesen wären. Die nicht gewählten Wege geraten meist in Vergessenheit. Auch in der *heutigen* Gegenwart gibt es fast immer mehrere Möglichkeiten, den Weg fortzusetzen. Aber ein Individuum oder eine Institution kann nur *einen* Weg beschreiten. Die Entscheidung *für* diesen Weg und *gegen* mögliche andere Wege resultiert immer aus einer Mischung von *rationalen Plänen* und *irrationalen Motiven* (> Intuition). In diesem Zusammenhang warnen sowohl die Neurowissenschaft als auch die psychodynamisch fundierten Konzepte der Psychologie und der Psychotherapiewissenschaft (> Psychoanalytische Sozialforschung, > Subjektiver Faktor ...) vor einer Überschätzung der Rationalität und einer daraus abgeleiteten Planungseuphorie. Denn der *rationale* Teil unseres planenden Gehirns *denkt*, aber der *irrational* tickende Teil *lenkt*. (Vertiefend zur Neurowissenschaft: Benetka/Guttmann 2006, Bonhoeffer/Gruss 2011. Kritische Überlegungen zur überzogenen Deutungsmacht der Neurowissenschaft: Hasler 2012, Werbik/Benetka 2016.)

ANTIZIPATION

Der Vorgang des *zukunftsbezogenen* mentalen Zeitreisens wird meist als „Antizipation" bezeichnet. Ob Antizipationen positiv oder negativ bewertet werden, hängt von der persönlichen affektiven Einstellung ab, die Nuttin (1985) als *time attitude* beschreibt. Zur Bedeutung der Antizipation für die zukunftsbezogene Forschung: Poli (2010).

ZEITDISKURSE

Nach Hinz (2000, S. 20) „haben alle menschlichen Lebensäußerungen einen Bezug zu den Dimensionen der Zeit".

- Einen guten Überblick über interdisziplinäre Zugänge zum komplexen Thema Zeit geben der von Weis (1995) herausgegebene Sammelband „Was ist Zeit?" sowie der von Rusterholz und Moser (1997) herausgegebene Band „Zeit. Zeitverständnis in Wissenschaft und Lebenswelt".
- Zum Zeitverständnis in der Physik: Hawking (2013).
- Zu Zeitvorstellungen im historischen und kulturellen Vergleich siehe u. a. in Stagl S. (2016).
- Systematische Überblicke über wichtige Zeitdiskurse in der Psychologie finden sich in Grundnig (2017, S. 126 ff.) und Hinz (2000).
- Henri Bergson (1889/2012) legte mit seiner Abhandlung „Zeit und Freiheit" (französisch: „Essai sur les données immédiates de la conscience") eine bis heute viel beachtete philosophische Zeittheorie vor. Dabei unterscheidet er zwischen *objektiver* und *subjektiver* Zeit bzw. zwischen äußerer Weltzeit, die sich objektiv messen lässt, und subjektiver Innenzeit, die Kottje (1993, S. 11) in der Einführung zu Bergsons Werk folgendermaßen skizziert: „Die wahre schöpferische Zeit des seelischen und geistigen Geschehens ist dagegen eine Zeit, die nie den Zusammenhang mit sich selber verliert, wo die Vergangenheit sich automatisch in kontinuierlicher Durchdringung mit der Gegenwart erhält und je nach der Spannweite des Bewusstseins, die nie zu der diskontinuierlichen Augen-

blicklichkeit eines bloßen Zeitpunktes zusammen schrumpfen kann, einen mehr oder weniger großen Teil der Vergangenheit in die Zukunft entfalten lässt."

- Auch das Thema *Entschleunigung* ist eng mit dem Zeitdiskurs verbunden. Heute ist der Soziologe Hartmut Rosa (2013, 2014, 2016a, 2016b) der in der Öffentlichkeit bekannteste Repräsentant dieses Diskursstranges. (Dazu auch: Geißler 1999, Heintel 2000.) Zum Zusammenhang zwischen Beschleunigung und Identitätsentwicklung finden sich ausführlichere Überlegungen in einem Beitrag von Guse (2017).
- Im Kontext ihrer *Zeitperspektiventheorie* definieren die beiden US-amerikanischen Psychologen Philip Zimbardo und John Boyd (2009, S. 59) den Begriff der „Zeitperspektive" als „die oft unbewusste persönliche Einstellung, die jeder Mensch der Zeit und dem Prozess entgegenbringt, mit dessen Hilfe das kontinuierliche Erleben in Zeitkategorien gebündelt wird, die uns dabei helfen, unserem Leben Ordnung, Schlüssigkeit und Sinn zu verleihen". Von Zimbardo/Boyd (2011) stammt auch der populärwissenschaftliche Bestseller „Die neue Psychologie der Zeit". Zum Zweck der Untersuchung der verschiedenen Einflüsse der individuellen Zeitperspektiven (Vergangenheit, Gegenwart und Zukunft) auf das Verhalten und Erleben entwickelten Zimbardo und Boyd (1999) den Fragebogen *Zimbardo Time Perspective Inventory* (ZTPI).

33

METHODIK DER ZUKUNFTSBEZOGENEN FORSCHUNG

33

Im vorliegenden Buch wird nachvollziehbar dargestellt, wie vielfältig die theoretischen Grundlagen (Paradigmata) des wissenschaftlichen Arbeitens – auch in der zukunftsbezogenen Forschung – sind. Diese Vielfalt setzt sich bei den *Forschungs*methoden fort. Selbstverständlich steht auch der *prospektiven* Forschung das gesamte reichhaltige Angebot der wissenschaftlichen Methoden und Techniken zur Verfügung. Steinmüller (2014, S. 18) weist im Hinblick auf die Zukunftsforschung zu Recht darauf hin, dass – trotz der Vielfalt der forschungsmethodischen Möglichkeiten – in sehr vielen Projekten überwiegend auf jene Methoden zurückgegriffen wird, die bereits in den 1950er und 1960er Jahren in den USA (im Rahmen der > RAND Corporation) entwickelt wurden, vor allem auf die *Delphi-Expertenbefragung* (> Befragung …) und die > Szenariotechnik.

Die u. a. im Bereich der zukunftsorientierten Unternehmensberatung sehr häufig eingesetzten Planungs-, Moderations- und Kreativitätstechniken werden hier aus guten Gründen *nicht* den Forschungsmethoden, sondern der > Methodik der zukunftsbezogenen Kreativitätsförderung zugeordnet!

Im Hinblick auf die wissenschaftstheoretische und forschungsmethodische Vielfalt folgen nun *drei* grundsätzliche Anmerkungen zum Methodendiskurs in der zukunftsbezogenen Forschung. Dabei wird der Stellenwert der *Methodik* relativiert und die Bedeutung der *Theorie* hervorgehoben.

ANMERKUNG 1: THEORIEN ERMÖGLICHEN DIE ORIENTIERUNG UND WEISEN DEN WEG ZUM ZIEL – METHODEN SIND DER WEG

Mit dem Siegeszug des *empiristischen* Forschungskonzepts (> Empiristischer Erkenntnisweg) gewann auch die (empirische) Forschungsmethodik eine zentrale Rolle im Forschungsprozess (> Empirische Sozialforschung …). Denn in der empiristischen Forschungslogik werden nur jene Forschungsfragen zugelassen, die sich mit Hilfe *empirischer* Methoden (insbesondere mit Hilfe des *experimentellen* Forschungsdesigns) klären lassen (> Quantitative bzw. variablenmanipulative Sozialforschung). Außerdem entscheidet die streng geregelte Forschungsmethodik über den Aufstieg einer Hypothese zu einer wissenschaftlich anerkannten (vorläufigen) Theorie (ausführlicher dazu siehe u. a. Atteslander 2008, Mayntz 2009). Jenseits dieses empiristischen Wissenschaftskonzepts stehen *nicht* die Methoden, sondern die – auf die jeweilige Fragestellung abgestimmte(n) – *Theorie(n)* im Zentrum der Wissensproduktion. Damit sind selbstverständlich ebenso jene (aus empiristischer Sicht kritisierten) Theorien gemeint, deren Aussagekraft weit über die Ergebnisse der Überprüfung von Hypothesen hinausgehen, z. B. komplexe Gesellschaftstheorien oder Persönlichkeitstheorien.

Dass das Erkenntnisinteresse, die Forschungsfrage sowie die Auswahl bestimmter Theorien und Methoden immer auch mit der Sozialisation des Forschers bzw. der Forscherin sowie mit den Rahmenbedingungen des konkreten Forschungsprojekts zu tun haben und dass diese Faktoren auch den gesamten Forschungsprozess beeinflussen, muss zwar hinreichend reflektiert werden, ist aber unvermeidlich.

Das hier vertretene weite Wissenschaftsverständnis öffnet den Blick

- auf die Vielfalt der Forschungskonzepte,
- auf die Vielzahl der Theorien und
- auf den Methodenreichtum der Wissenschaft.

Zwischen den *nicht empiristischen* Wissenschaftskonzepten (z. B. > **Hermeneutischer Erkenntnisweg**, > **Konstruktivistischer Erkenntnisweg**, > **Pragmatismus**, > **Psychoanalytische Sozialforschung ...**) gibt es – neben einer Reihe von abgrenzenden *Schnitt*stellen – eine Vielzahl von verbindenden *Naht*stellen, die eine Kombination ausgewählter Theoriemodule ermöglichen. (Dies gilt selbstverständlich sinngemäß auch für die Kombination von Forschungsmethoden.) Dieser Hinweis versteht sich als Animation zur wissenschaftstheoretisch wohl begründeten Entscheidung für ein – durchaus auch kreativ kombiniertes – Konzept der zukunftsbezogenen Forschung.

Die Vielfalt an Konzepten und Methoden bringt zwar mehr Freiheit in die Forschung, zwingt jedoch zur (begründeten) Auswahl.

ANMERKUNG 2: FORSCHUNGSMETHODEN SIND VERFEINERUNGEN VON ALLTAGSOPERATIONEN

Bei Diskursen über (empirische oder hermeneutische) Forschungsmethoden und beim Methodeneinsatz sollte hinreichend bedacht werden, dass *alle* Verfahren der (geistes-, human-, sozial-, wirtschafts-, kultur-, natur- oder technikwissenschaftlichen) Forschung aus dem Alltag stammen und nicht von der Wissenschaft erfunden wurden. Vielmehr sind *alle Forschungs*methoden (auch die empirischen) nichts anderes als die Verfeinerungen von Methoden und Techniken des Erkenntnisgewinns im menschlichen *Alltag*, wie etwa: Phänomene beschreiben, Wissen systematisch zusammenfassen, den Sinn eines Textes verstehen, Einzelphänomene in größere Zusammenhänge einordnen, Regeln für konkrete

Handlungen aus allgemeinen Konzepten ableiten, Bestehendes kritisch in Frage stellen, den Zusammenhang zwischen Widersprüchen verstehen, Neues entwickeln, Neues ausprobieren, beobachten, fragen, vergleichen, messen usw.
In vielen Fällen ist – vor allem im Bereich der Naturwissenschaften – die *forschungs*methodische Modifikation der jeweiligen Alltagsoperation so weit fortgeschritten, dass die vorwissenschaftlichen Wurzeln nur bei sehr genauem Hinsehen erkennbar sind. All diese Methoden und Techniken werden seit jeher im Alltag für die Bewältigung der vielfältigen Herausforderungen des menschlichen Lebens eingesetzt, u. a. auch im Hinblick auf die Verringerung der > **Zukunftsangst** durch die vorausschauende Planung des Lebens. Auch *zukunftsorientierte* Forschung tut nichts anderes, als diese „Denkwerkzeuge" der Alltagsbewältigung wissenschaftlich zu verfeinern.

ANMERKUNG 3: DIE ZUKUNFTSBEZOGENE FORSCHUNG BENÖTIGT KEINE EIGENSTÄNDIGEN METHODEN

Manche Autoren (z. B. Schwarz 2009, S. 246) sind offensichtlich der Meinung, dass ausgewählte Methoden für den „Toolkoffer der Zukunftsforschung" (ebd.) vereinnahmt werden sollten: Szenariotechnik, strategische Frühaufklärung, Delphi-Technik, quantitative Prognosetechniken, Simulation und Gaming, Kreativitätstechniken (ebd.). Dazu kommen noch einige in der Literatur zur Zukunftsforschung gelegentlich beschriebene, einigermaßen exotisch klingende Methoden, z. B. morphologische Analyse, Field Anomaly Relaxation oder Horizon Scanning. Aus wissenschaftlicher Sicht ist jeder Versuch der exklusiven Aneignung von Methoden und Techniken durch eine Disziplin freilich nicht akzeptabel. Vielmehr kann jede wissenschaftliche Disziplin und jede Forschungsrichtung – je nach Forschungsfrage *und* wissenschaftstheoretischer Orientierung – die vielfältigen Angebote der in der Wissenschaftsgeschichte entwickelten und bewährten empirischen und hermeneutischen Forschungsdesigns und Forschungsmethoden nutzen, z. B. > **Kompilatorische Querschnittsanalyse** (einschließlich bibliometrische Verfahren), > **Repräsentative Befragungen, Expertenbefragung** (> **Befragung ...**), Dokumentenanalyse, inhaltsanalytische Verfahren (> **Qualitative bzw. variablenkonfigurative Sozialforschung**), Trendexploration (> **Trend – Trendforschung**), ökonometrische Verfahren, Simulationsverfahren (> **Computersimulation**), Handlungsforschung (> **Partizipative Forschung**) ...

Die von manchen Autorinnen und Autoren als *eigenständige Methoden der Zukunftsforschung* präsentierten Verfahren entpuppen sich bei genauerer Betrachtung

- *entweder* als längst bekannte und bewährte empirische bzw. hermeneutische Forschungsmethoden, die mit Hilfe von neuen Bezeichnungen als *Methoden der Zukunftsforschung* umetikettiert werden (z. B. Delphi-Befragung),
- *oder* als Planungs- bzw. Moderationstechniken, die in manchen Szenen der nicht wissenschaftsaffinen zukunftsbezogenen Unternehmensberatung *fälschlich* als *Forschungs*methoden bezeichnet werden (z. B. die von Robert > Jungk entwickelte Planungs- bzw. Moderationsmethode *Zukunftswerkstatt*). (Siehe > Methodik der zukunftsbezogenen Kreativitätsförderung.)

34

METHODIK DER ZUKUNFTSBEZOGENEN KREATIVITÄTSFÖRDERUNG: 3 BEISPIELE

Für die Förderung von Phantasie und Kreativität in Prozessen der partizipativen Zukunftsplanung gibt es eine Vielzahl von Methoden und Techniken (ausführlich: Nöllke 2015), die von manchen Beratern und > Zukunftsgurus *fälschlich* als Forschungsmethoden bezeichnet werden (> Methodik der zukunftsbezogenen Forschung). Im Folgenden werden drei sehr häufig eingesetzte *Methoden der zukunftsbezogenen Kreativitätsförderung* kurz skizziert:

BEISPIEL 1: DESIGN THINKING

34

Das Verfahren des Design Thinking ist keine Forschungsmethode, sondern eine erfolgreiche kreativitätstechnisch fundierte Planungsmethode. Im deutschsprachigen Raum gilt das *Hasso-Plattner-Institut* in Potsdam als Zentrum für die Weiterentwicklung dieses Planungskonzepts. Nach dem aktuellen Stand des Potsdamer Methodendiskurses wird der Prozess des Design Thinking in sechs Phasen gegliedert, die sich grob in zwei Stufen unterteilen lassen: (1) das Verstehen und Erkennen von Herausforderungen und (2) das Entwickeln und Testen von Lösungsansätzen. (Ausführlicher zur Entwicklung und zum Konzept von Design Thinking siehe Plattner/Meinel/Weinberg 2009, Werner 2016)

BEISPIEL 2: ZUKUNFTSKONFERENZ

Das Konzept der Zukunftskonferenz wurde in den späten 1980er Jahren von Marvin Weisbord und Sandra Janoff entwickelt. In dem diesbezüglichen Methodenbuch (Weisbord/Janoff 2001, S. 17) wird die Zukunftskonferenz als „ein ungewöhnlich effektives Verfahren zur Planung gemeinsamer Maßnahmen in einer großen Gruppe" vorgestellt. Im Zentrum der partizipativen Arbeit einer Zukunftskonferenz steht ein konkretes Zukunftsthema, das für *alle* Mitglieder einer Organisation (z. B. eines Unternehmens, einer Institution, einer Bürgerinitiative ...) von großer Bedeutung ist. Zu dieser Thematik werden in einer meist zweitägigen Konferenz in einem Mix aus Plenum und Kleingruppen zukunftsweisende Lösungen erarbeitet. Als gemeinsame Lösungen werden nur solche Ergebnisse akzeptiert, die von *allen* Teilnehmerinnen und Teilnehmern der Zukunftskonferenz unterstützt werden. Dieses Einstimmigkeitsprinzip ist freilich herausfordernd, da an Zukunftskonferenzen meist hunderte Personen mitwirken.

BEISPIEL 3: ZUKUNFTSWERKSTATT

Bereits Ende der 1950er Jahre hatte es der Journalist und politische Aktivist Robert > Jungk mit Zukunftsthemen zum Bestsellerautor gebracht. Nach seinen Vorträgen kam es meist zu hitzigen Diskussionen, bei denen die Teilnehmer immer wieder auch die Umsetzung sozialer und gesellschaftlicher Utopien in ihrer konkreten Berufs- und Lebenswelt besprechen wollten. Ausgehend von dieser Bedürfnislage entwickelte Jungk gemeinsam mit dem Berliner Sozialwissenschaftler Norbert R. Müllert (Jungk/Müllert 1995) – beruhend auf entsprechenden Modellen aus den USA – das Konzept der *Zukunftswerkstatt*. Da Jungk und Müllert ihre zukunftsorientierten Werkstattseminare anfangs vor allem für Aktivistinnen und Aktivisten aus dem Bereich der basisdemokratischen Initiativen anboten, erwarb der Begriff „Zukunftswerkstatt" ein geradezu revolutionäres Image. Ab 1975 verbreitete sich die einfache, aber wirkungsvolle Methodik der Zukunftswerkstatt jedoch weit über die ursprünglich gesellschaftskritische Szene hinaus und in die Bildungsangebote von Volkshochschulen, Kirchen, Gewerkschaften und Parteien hinein. Heute ist die Zukunftswerkstatt kein Anlass mehr für öffentliche Erregungen, sondern eine von vielen aktivierenden Methoden der Zukunftsplanung, die in keinem Lehrbuch der Moderationstechnik fehlen darf. Eine klassisch aufgebaute Zukunftswerkstatt ist klar strukturiert und durchläuft drei Phasen:

(1) Beschwerde- und Kritikphase: kritische Definition des Istzustands,

(2) Phantasie- und Utopiephase: Entwicklung des Wunschhorizonts (> Zukunftswünsche ...),

(3) Verwirklichungs- und Praxisphase: Klärung des zukunftsbezogenen Handlungspotenzials.

35

NACHHALTIGKEIT: ÖKOLOGIE – ÖKONOMIE – SOZIALER ZUSAMMENHALT

MEHRPERSPEKTIVISCHE NACHHALTIGKEIT

Der Begriff „Nachhaltigkeit" stammt aus der Forstwirtschaft und bezeichnet dort das Gleichgewicht zwischen dem entnommenen und dem nachwachsenden Holz. Der heutige Sprachgebrauch überträgt dieses Konzept der Ressourcenbalance vom Wald auf die weite Welt. Die Weltkarriere des Begriffs „Nachhaltigkeit" begann mit der 1992 in Rio de Janeiro abgehaltenen UN-Konferenz zur Zukunft der globalen Entwicklung. Wie bei allen multinationalen Mammut-Meetings mussten auch in Rio die unterschiedlichen Interessen der UNO-Mitglieder – von den reichsten bis zu den ärmsten Ländern – irgendwie unter einen Hut gebracht werden. Dies gelingt dank diplomatischer Sprachkunst meist mit schönen, aber vagen Formulierungen, wie etwa mit dem folgenden Satz aus dem in Rio beschlossenen Leitbild, der „Agenda 21": „Die zukünftige Entwicklung muss so gestaltet werden, dass ökonomische, ökologische und gesellschaftliche Zielsetzungen *gleichrangig* angestrebt werden." Dieser Konsens entspricht dem Wunsch vieler Menschen nach dem harmonischen Zusammenspiel der drei Elemente der Nachhaltigkeit: Umwelt – Wirtschaft – sozialer Zusammenhalt. In den Niederungen der realen Politik sind jedoch die Zielkonflikte zwischen Mensch, Geld und Natur der Normalfall.

Die Umsetzung der hinreichend bekannten Maßnahmen zur Erreichung der *ökologischen* Entwicklungsziele ist selbstverständlich sowohl wichtig als auch dringend! Aber die noch größere Herausforderung der Nachhaltigkeit besteht in der schwierigen, jedoch zukunftsfähigen Ausbalancierung zwischen *ökonomischen, ökologischen* und *sozialen* Zielen.

Kritisch zum gelegentlich beobachtbaren veränderungsresistenten Charakter von Nachhaltigkeitsansprüchen äußert sich Willer (2016c, S. 153 f.) am Beispiel von „World Heritage". Aus dieser Kritik leitet er die Forderung nach einer „Dialektik des Erbes" ab.

ÖKOLOGISCHE NACHHALTIGKEIT

„Ist heute die Rede von ökologischem Bewusstsein, Umweltverschmutzung oder Energiequellen, so ist immer auch zugleich die Rede von Zukunft: In Frage steht, wie ein zukünftiges Leben unter den von Menschen geschaffenen Bedingungen aussehen könnte – Stichworte sind Klimawandel, Wassermangel, Erschöpfung der Energieressourcen sowie die daraus folgenden Konsequenzen: Kriege um Territorien, in denen Leben noch möglich ist. Stets werfen solche Szenarien die Frage auf, mit welchen Mitteln und Umstellungen diese düstere Zukunft vermieden werden könnte, verhandelt werden solchermaßen eine Energieversorgung durch alternative Energiequellen, die Ausrichtung der Wirtschaft auf Nachhaltigkeit, aber auch die Frage, ob Demokratie überhaupt in der Lage ist, angesichts der akuten und globalen Probleme rechtzeitig zu agieren." (Bühler 2016a, S. 431)

Nicht nur in der Wissenschaft, sondern auch im politischen und medialen Sprachgebrauch wird der Begriff „Nachhaltigkeit" meist auf die *ökologische* Dimension reduziert. In diesem Zusammenhang wird vor allem der Diskurs über psychosoziale, soziokulturelle und wirtschaftliche *Folgen* des Klimawandels geführt; eng damit verbunden sind interdisziplinäre Aspekte der Energiethematik. (Vertiefend zum *ökologischen* Aspekt der Nachhaltigkeit siehe Bühler 2016a, Göll 2016, Horn 2016, Renn 2009, Rogall 2009, Senghaas-Knobloch 2009, Simonis G. 2009, Simonis U. 2009. Zum Themenbereich *Bildung für nachhaltige Entwicklung* siehe u. a. de Haan 2008. Zur *Umweltpsychologie* siehe u. a. Hellbrück/Kals 2012.)

In diesem *ökologischen* Kontext des Nachhaltigkeitsdiskurses hat der vom Nobelpreisträger Paul Crutzen angestoßene *Anthropozän*-Diskurs eine zunehmende Bedeutung erlangt. Siehe dazu u. a. Crutzen/Stoermer (2000), Ehlers (2008), Hamann/Leinfelder/Trischler/Wagenbreth (2014), Leinfelder (2014), Möllers/Schwägerl (2014).

ÖKONOMISCHE NACHHALTIGKEIT

Im Hinblick auf eine verstärkte *ökonomische* Nachhaltigkeit ist es unverzichtbar, dass die Finanzwirtschaft nach der jüngsten Finanz- und Wirtschaftskrise den *realwirtschaftlichen* Wachstumstreibern wieder mehr Aufmerksamkeit schenkt. Im Sinne der Volksweisheit „Aus nix wird nix" wird von vielen Menschen jene Form von wirtschaftlichem Wachstum, die vor allem auf der *virtuellen* Wertschöpfung von Finanzprodukten basiert, deutlich kritischer gesehen als noch vor wenigen Jahren. Krisenbedingt setzt sich offensichtlich in der öffentlichen und veröffentlichten Meinung die Erkenntnis durch, dass die rasche Vermehrung des privaten und gesellschaftlichen Wohlstands mittels hybrider Wetten auf mögliche und unmögliche Zukünfte der Wirtschaftswelt und abgekoppelt von den mühseligen Prozessen der Realwirtschaft auf Dauer nicht funktioniert. (Vertiefend zur ökonomischen Nachhaltigkeit: Schnieder/Sommerlatte 2010, Stampfl 2011, Weissenberger-Eibl 2004.)

Kritische Anmerkungen zur undifferenzierten Kritik am Wirtschaftswachstum

In der öffentlichen und veröffentlichten Meinung nimmt seit einigen Jahren eine – meist *ökologisch* begründete – wachstums*kritische* Haltung zu. Leider fehlt in diesen gut gemeinten Diskussionen allzu häufig die nötige Differenzierung. So wird zu wenig beachtet, dass das Wachstum der Wirtschaftsleistung die unverzichtbare Grundlage für die Finanzierung der Rahmenbedingungen unserer Lebensqualität schafft. Wenn die Erträge aus der Produktion und den Dienstleistungen im mehrjährigen Durchschnitt nicht wenigstens moderat steigen, führt dies nicht nur zum Abbau von Arbeitsplätzen und zur Verringerung der Kaufkraft, sondern hat auch negative Konsequenzen für die Finanzierung des Bildungssystems und eines sozial ausgewogenen Gesundheitssystems, für die Qualität der öffentlichen und sozialen Sicherheit sowie für die dringenden Investitionen in den Klima-, Natur- und Umweltschutz. Ökonomie, Ökologie und sozialer Zusammenhalt sind also untrennbar miteinander verbunden. Freilich ist es nicht egal, *wie* die Wirtschaft wächst. Ein *qualitatives* Wachstum wird nur mit möglichst geringem Ressourcenverbrauch, mit hochwertigen Arbeitsbedingungen und überwiegend in Form von realwirtschaftlicher Produktion und Dienstleistung erzielt.

SOZIALE NACHHALTIGKEIT

Mit der *sozialen* Dimension von Nachhaltigkeit sind viele Zukunftsfragen verbunden, die im vorliegenden Buch unter *mehreren Stichworten* diskutiert werden:

- Lebensqualität und sozialer Zusammenhalt in allen Lebensbereichen (> Lebensqualitätsforschung ...),
- > Sozialer Wandel,
- > Subjektiver Faktor,
- > Vertrauen – Resilienz,
- > Zukunft – Bildung – Arbeitswelt.

36

ORGANISATIONSENTWICKLUNG – PLANUNG – ZUKUNFTSMANAGEMENT

ORGANISATIONSENTWICKLUNG

Der Begriff „Organisationsentwicklung" bezieht sich auf Konzepte und Maßnahmen zur Planung und Realisierung von Wandlungsprozessen in Organisationen (Unternehmen, Institutionen, Vereinigungen ...).

- In diesem thematischen Zusammenhang geht es um die Theorie und Methodik des strategischen Managements, der strategischen Unternehmensplanung, der Planung im politisch-administrativen System sowie der Planung in den Bereichen der Regionalentwicklung, der Stadtentwicklung und der Infrastrukturentwicklung. (Vertiefend zu diesem Themenspektrum: Baecker/Dievernich/Schmidt 2004, Botthof/Hartmann 2015, Godet/Durance 2011, Götz/Weßner

2009, Heintzeler 2008, Hoffmann/Bogedan 2015, Hungenberg 2001, Liebl 1996 und 2000, Mietzner 2009, Müller/Müller-Stewens 2009, Müller-Friemauth/ Kühn 2017, Neuhaus 2006 und 2009, Roll 2004, Rust 2012b, Schmitt/Pfeifer 2015, Schreyögg 2003.)

- Von besonderer Bedeutung sind dabei die zukunftsweisende Fähigkeit zum strategischen Denken und der zukunftsorientierte Umgang mit Komplexität. (Vertiefend dazu u. a.: Dörner 2003, Füllsack 2011, Kappelhoff 2002, Nassehi 2017, Scharmer 2014, Vester 1984 und 2002.)
- Vertiefend zu *arbeits- und wirtschaftspsychologischen Aspekten* des Managements bzw. der Planung von Innovationsprozessen u. a.: Frey/von Rosenstiel/ Hoyos (2005), Wiswede (2012); zu diesbezüglichen Aspekten der *politischen Psychologie* u. a.: Brunner u. a. (2012), Schachinger (2014), Zmerli/Feldman (2015).

ZUKUNFTSFÄHIGES MANAGEMENT ZWISCHEN ANSPRUCH UND WIRKLICHKEIT

In den meisten Management-Lehrbüchern wird ein ideales Bild der Gestaltung von betrieblichen Strukturen und Funktionen gezeichnet, z. B. flache Hierarchien, Kombination von Führung und Selbstorganisation, flexible Orientierung an Unternehmenswerten statt an starren Regeln, offene Netzwerkstrukturen, Dezentralisierung der Prozess- und Ergebnisverantwortung, Agilität, Förderung der Eigeninitiative der Mitarbeiterinnen und Mitarbeiter, realistische Zielvereinbarungen, Schaffung vielfältiger Freiräume auf allen betrieblichen Ebenen sowie Vertrauenskultur statt Kontrollkultur. Das sind zweifellos außerordentlich wichtige Voraussetzungen für die Gestaltung von zukunfts- und innovationsfähigen Unternehmen. Die Realität sieht jedoch gegenwärtig allzu oft anders aus. Denn viele Führungskräfte handeln noch in der Logik längst überholter Managementkonzepte. Aber starre Strategien und rigide Hierarchien passen in zukunftsorientierten Unternehmen nicht zur Dynamik des Tagesgeschäfts.

ZUKUNFTSMANAGEMENT UND QUALITÄTSENTWICKLUNG

Sowohl die Dynamik als auch die Komplexität der Märkte nehmen kontinuierlich zu. Deshalb zählen zu den wichtigsten Aufgaben einer erfolgreichen Führungskraft die Herstellung einer von möglichst allen Mitarbeiterinnen und Mitarbeitern des jeweiligen Unternehmens mitgetragenen *Zukunftsorientierung* (Leitbild, Vision, Szenarien ...) sowie das professionelle Management von Innovations- und Veränderungsprozessen. Auf diese Zukunftsziele hin müsste auch die *Qualitätsentwicklung* eines Unternehmens ausgerichtet sein. (Ausführlicher u. a.: Schmitt/Pfeifer 2015, Zech 2015.) Dabei geht es nicht nur um jene Aspekte, die beim *technokratischen Qualitätsmanagement* im Vordergrund stehen, nämlich um die (freilich sehr wichtige) Qualität von Produkten, Dienstleistungen, Arbeitsabläufen und Kundenbeziehungen, sondern auch um die Verbesserung der *Arbeitsfähigkeit* und der *Arbeitsqualität*, um die Förderung von > Phantasie und Kreativität, um ein aktives > Ideenmanagement sowie um mehrperspektivische (= ökonomische + ökologische + soziale) > Nachhaltigkeit. In diesem Zusammenhang kommt der Partizipation der Mitarbeiterinnen und Mitarbeiter eine wachsende Bedeutung zu.

ZWEI DENKSCHULEN DES ZUKUNFTSMANAGEMENTS

Für die Bezeichnung von Prozessen der Beratung und Begleitung von explizit *zukunftsbezogenen* Ausprägungsformen der Organisationsentwicklung haben sich im deutschsprachigen Raum zwei Denkschulen entwickelt:

Corporate Foresight

Dieses Konzept wird u. a. von Burmeister/Schulz-Montag (2009), Daheim u. a. (2013), Dießl (2012) und Schwarz (2009) vertreten. Die Repräsentantinnen und Repräsentanten dieses Ansatzes betrachten Corporate Foresight als ein Verfahren der (Zukunfts-)*Forschung*. Dieses Selbstverständnis als „Forschung" wäre durchaus möglich, sofern eine Verknüpfung mit entsprechenden methodologischen und methodischen Diskursen zur > partizipativen Forschung bzw. zu *action research* bzw. *Handlungsforschung* sowie eine Einbindung in die Scientific Community nachvollziehbar wären. (Siehe dazu auch > Wissenschaftlichkeit der zukunftsbezogenen Forschung.) Sofern dieser Bezug zum Wissenschaftssystem nicht gegeben ist, sollte – nach dem Motto *„Wo Forschung drauf steht, muss auch Forschung drin sein"* – auf den *Forschungs*anspruch verzichtet werden. Die konkrete Ausgestaltung der Kooperation zwischen Forschung und Praxis sowie die dafür maßgeblichen Logiken (*Forschungs*logik oder *Beratungs*logik) wurden bisher in der spärlichen Literatur zu *Corporate Foresight* vor allem *handwerklich-*

technisch, jedoch nur sehr oberflächlich *erkenntnis-* bzw. *wissenschaftstheoretisch* und *forschungsmethodisch* reflektiert.
Ähnlichkeiten mit *Corporate Foresight* weist das Konzept der *Reallabore* auf (> Partizipative Forschung).

Zukunfts- bzw. Foresight-Management

Im Gegensatz zu manchen Repräsentantinnen und Repräsentanten des *Corporate Foresight-Ansatzes* bezeichnen Fink/Siebe (2006) diese praxisbegleitenden Aktivitäten zutreffender *nicht als Forschung,* sondern als *Zukunftsmanagement* bzw. als *strategische Planung.* Ähnlich argumentieren Wilhelmer/Nagel (2013), die im Hinblick auf die Gestaltung von „Open Innovation" von *Foresight-Management* sprechen. Jenen Leserinnen und Lesern, die einen Überblick über die in der Praxis der Unternehmens- bzw. Politikberatung erfolgreich angewandten vielfältigen Planungs-, Management-, Moderations- und Kreativitätsmethoden gewinnen wollen, ist das Foresight-Management-Handbuch von Wilhelmer/Nagel (2013) zu empfehlen.

37

PARTIZIPATIVE FORSCHUNG UND ZUKUNFTSGESTALTUNG

Die Funktion von *partizipativ-prospektiver* Forschung besteht

- *sowohl* in der Bereitstellung von wissenschaftlich fundiertem Wissen über plausible zukünftige Entwicklungen („Zukünfte") im Bereich der jeweils projektrelevanten Bedingungen
- *als auch* im Entwurf handlungstheoretisch begründeter innovativer Umsetzungsstrategien im Spannungsfeld zwischen dem gegenwärtigen (und historisch gewordenen) Iststand und dem zukünftigen Sollstand.

Partizipativ-prospektive Forschung wird hier als spezifisch *zukunfts*orientierte Ausprägungsform der partizipativen *Praxis*forschung verstanden. (Siehe dazu ausführlicher Altrichter/Gstettner 1993; Malorny 2016; Moser 1995 bzw. 2008; Popp 2013; Popp 2016c, S. 116 ff.; Unger 2014; Unger/Block/Wright 2007.)

ZUR ROLLE DER PARTIZIPATIV-PROSPEKTIVEN FORSCHUNG ALS DISKURSIV VERMITTELTE WISSENSCHAFTLICHE BEGLEITUNG PRAKTISCHER ZUKUNFTSGESTALTUNG

Mit Hilfe des Forschungsdesigns der *partizipativen Fallstudie* können zukunftsbezogene Wissenschaftlerinnen und Wissenschaftler an der Nahtstelle zwischen Wissenschaft und Praxis

- zukunftsbezogene Diskurse in Gesellschaft, Wirtschaft und Politik fördern
- sowie Praktikerinnen und Praktiker in diversen Handlungsfeldern dabei unterstützen, die Fähigkeiten von Individuen und Institutionen zur Reflexion über zukünftige Chancen und Gefahren zu verbessern und
- die Kompetenzen für eine flexible und resiliente Reaktion auf überraschende Herausforderungen zu stärken.

US-AMERIKANISCHE VARIANTE DER PARTIZIPATIVEN PRAXISFORSCHUNG: ACTION RESEARCH

Als Begründer der partizipativen Sozialforschung gilt der 1933 in die USA emigrierte deutsche Sozialpsychologe Kurt Lewin, der den Begriff „action research" allerdings erst ab 1944 verwendete und noch vor der Vollendung eines geplanten Grundlagenwerks zu dieser Thematik starb. Hart und Bond (2001, S. 24) weisen jedoch darauf hin, dass der Begriff „action research" bereits vor Lewin bei einzelnen weniger bekannten US-amerikanischen Sozialforschern nachgewiesen werden kann. Das große Interesse an *action research* in den USA hängt offensichtlich u. a. damit zusammen, dass die Sozialwissenschaften in den USA eine deutlich stärkere Praxisorientierung aufweisen als in Europa – und insbesondere im deutschsprachigen Raum. In diesem Zusammenhang spielt offensichtlich der Einfluss des – in den USA entwickelten – wissenschaftstheoretischen Konzepts des > Pragmatismus (insbesondere in der von John Dewey vertretenen gesellschaftspolitischen und pädagogischen Variante) eine wichtige Rolle. Die aktuellen Diskurse zu *action research* lassen sich in zwei internationalen peer-reviewed Journals („Action Research" und „Educational Action Research") nachvollziehen. In diesem Zusammenhang soll auch auf das Werk „Action Science" von Argyris u. a. (1987), auf „The SAGE Handbook of Action Research" (Reason/Bradbury 2007) oder auch auf das thematisch einschlägige Lehrbuch von Hart/Bond (engl.: 1995, dt.: 2001) hingewiesen werden.

AKTIONS- BZW. HANDLUNGSFORSCHUNG IM DEUTSCHSPRACHIGEN RAUM

In der deutschsprachigen Forschungslandschaft erreichte die partizipative Praxisforschung – in Form der sogenannten *Aktions- bzw. Handlungsforschung* – nur vom Beginn der 1970er bis in die Mitte der 1980er Jahre eine größere Bedeutung. Historisch interessant wäre es übrigens, die Parallelen zwischen den auf eine emanzipatorische Zukunftspolitik und Zukunftsgestaltung hin orientierten Ansätzen der gesellschaftskritischen Zukunftsforschung (> Anfänge der Zukunftsforschung ...) der 1970er Jahre einerseits und den zeitgleichen Entwicklungen der *Aktions- und Handlungsforschung* (im deutschsprachigen Raum) zu untersuchen. Diese Aufgabe kann allerdings hier – im Hinblick auf die angestrebte Kürze – nicht erfüllt werden.

Spätestens seit den 1990er Jahren wurden die mit der *Aktions- und Handlungsforschung* verbundenen grandiosen gesellschaftskritischen Ansprüche aufgegeben. Die vom ideologischen Überbau abgelösten methodischen Aspekte eines kommunikativen und partizipativen Wissenschaftsverständnisses leben jedoch bis heute im Kontext mehrerer Anwendungsbereiche der Sozialforschung weiter, z. B. in Teilbereichen der > Innovationsforschung. In diesem Sinne betrachten Hug/Poscheschnik (2010, S. 79) in ihrem lesenswerten Lehrbuch die *Handlungs- bzw. Aktionsforschung* zu Recht als spezifische Ausprägungsform der (nicht empiristisch verengten) > empirischen Sozialforschung. Das Spezifikum dieses Typus der Sozialforschung besteht vor allem darin, dass das „Ziel nicht allein der Erkenntnisgewinn" ist, sondern auch ein Beitrag „zur Lösung eines konkreten praktischen Problems" (ebd.) geleistet werden soll. In der heutigen Handlungsforschung geht es also nicht mehr um einen neuen bzw. revolutionären Typus von Sozialforschung, sondern – im Sinne einer wissenschaftlich fundierten *Begleitforschung* – um den Wunsch nach der Mitwirkung an einem

Prozess der sozialen Innovation. „Allein nur Bücher zu schreiben ist dieser Form der Forschung zu wenig." (Ebd.)

ANNÄHERUNG ZWISCHEN HANDLUNGSFORSCHUNG UND ACTION RESEARCH

In den vergangenen zwei Jahrzehnten kam es zu einer kontinuierlichen Annäherung des deutschsprachigen Praxisforschungsdiskurses an den angloamerikanischen Action-Research-Diskurs. Im Zuge dieser grundsätzlich wünschenswerten Annäherung sollte jedoch die in den deutschsprachigen Sozialwissenschaften stärker entwickelte Tradition einer expliziten wissenschaftstheoretischen und gegenstandstheoretischen Fundierung von Forschung – auch von Praxisforschung – nicht zu Gunsten der manchmal allzu pragmatischen Action-Research-Tradition geopfert werden. Themen wie „community participation", „community-based participatory research" und „participatory action research", denen in der Blütezeit der Aktions- bzw. Handlungsforschung (in den 1970er Jahren) auch im deutschsprachigen Raum große Bedeutung zukam, stellen heute weit über den angloamerikanischen Raum hinaus wachsende Forschungsfelder dar (Unger/Block/Wright 2007, S. 7).
Die Verknüpfung der partizipativen Handlungsforschung mit der partizipativen Varianten der prospektiven Forschung ist durchaus produktiv. In diesem Sinne ist die partizipativ-prospektive Forschung die spezifisch zukunftsorientierte Ausprägungsform der partizipativen Handlungsforschung.

SPEZIFIKA DER PARTIZIPATIV-PROSPEKTIVEN FORSCHUNG

Auf der Basis des aktuellen Diskussionsstandes über *Action Research* bzw. *Handlungsforschung* wurden vom Autor des vorliegenden Buches im *European Journal of Futures Reseach* (Popp 2013) die methodologischen Grundlagen und methodischen Spezifika einer wissenschaftlich fundierten partizipativen Zukunftsforschung präsentiert. In diesem Sinne sollten u. a. folgende Mindestkriterien erfüllt werden:

- Klare Rollenteilung zwischen den Akteuren der *Forschung* einerseits und den Praktikern im jeweiligen Handlungsfeld der Zukunfts*gestaltung* andererseits.
- Dokumentation der Forschungsprozesse und Forschungsprodukte.
- Ermöglichung der Kritik an den theoretischen Grundlagen und der Methodik des jeweiligen Forschungsprojekts.
- Rückmeldungen wesentlicher Aspekte der Forschungsprozesse und -produkte an das Wissenschaftssystem (vor allem in Form von wissenschaftlichen Publikationen, Tagungsbeiträgen u. Ä.).

• Beteiligung der partizipativ orientierten Forscherinnen und Forscher am kritischen Diskurs der Scientific Community.

In Projekten der aus Action-Research- bzw. Handlungsforschungskonzepten abgeleiteten *partizipativ-prospektiven* Forschung begleiten die Forscherinnen und Forscher die jeweiligen zukunftsorientierten Planungs- und Innovationsprozesse nicht nur distanziert durch Befragung oder Beobachtung, sondern legen großen Wert auf den zukunftsorientierten Diskurs mit den Praktikerinnen und Praktikern. Die Funktion der Forscherinnen und Forscher besteht

• in der Bereitstellung von wissenschaftlich fundiertem, plausiblem Wissen über mögliche und wahrscheinliche Entwicklungen projektrelevanter Bedingungen,
• im Entwurf handlungstheoretisch begründeter Umsetzungsstrategien,
• in der diskursiven wissenschaftlichen Begleitung des jeweiligen Projekts der zukunftsbezogenen Praxisentwicklung sowie
• in der Rückmeldung ausgewählter theoriegeleiteter Erkenntnisse aus dem jeweiligen Projektzusammenhang an das Wissenschaftssystem.
• Die Entscheidung über die Nutzung der Forschungsergebnisse in der wissenschaftlich begleiteten *Praxis* obliegt ausschließlich den Praktikerinnen und Praktikern.

UNTERSCHEIDUNG ZWISCHEN FORSCHUNGSANTEIL UND PRAXISANTEIL

Gesellschaftliches, politisches, ökonomisches und ökologisches Engagement sind selbstverständlich kein grundsätzlicher Widerspruch zu seriöser Forschung. Allerdings darf die Grenze zwischen dem *Forschungs*anteil und dem *Praxis*anteil nicht verschwimmen. Sowohl bei der partizipativen Praxisforschung im Allgemeinen als auch bei der *partizipativ-prospektiven Forschung* im Besonderen gibt es offensichtlich einige Ausprägungsformen, in denen die oben aufgelisteten Funktionen der *Forschung* nicht erfüllt werden. Vielmehr handelt es sich dabei um Dienstleistungen, die sich im Sinne einer fachlich zutreffenden und ehrlichen Produktdeklaration besser als „Beratung" (Zukunftsberatung, Corporate Foresight, Foresight Management, Innovationsberatung, Innovationsmanagement, Praxisberatung, Coaching, Supervision ...) beschreiben lassen.

REALLABORE – EINE „NEUE“ METHODE DER PARTIZIPATIVEN FORSCHUNG?

Der bisher nur vage definierte Begriff „Reallabor“ (bzw. „Living Lab“) wird seit einigen Jahren in Deutschland immer häufiger für unterschiedliche Formen von zukunftsweisenden Projekten verwendet, die der zeitlich begrenzten Erprobung innovativer Technologien unter realen gesellschaftlichen, wirtschaftlichen und politischen Bedingungen dienen.
Ein wichtiges Kennzeichen von Reallaboren ist die Kooperation von

- engagierten Bürgerinnen und Bürgern,
- Expertinnen und Experten für die jeweils getestete innovative Praxis sowie
- Forscherinnen und Forschern, die für die wissenschaftliche Begleitung der Projekte sorgen.

Im Rahmen dieser Kooperation sollen auch innovative Lernerfahrungen

- sowohl für die an diesen Projekten teilnehmenden Akteure
- als auch – im Hinblick auf erforderliche regulatorische Maßnahmen – für die Politik ermöglicht werden.

Bisher wurden Reallabore vor allem im Zusammenhang mit Zukunftsfragen der nachhaltigen (ökologischen) Entwicklung, der Energiewende und zum Teil auch im Bereich der digitalen Innovation durchgeführt. Die Konzeption dieser Testräume für Innovation ähnelt offensichtlich den seit mehreren Jahrzehnten vielfach erprobten und wissenschaftlich reflektierten Modellen von partizipativer Forschung (bzw. action research oder Handlungsforschung), allerdings meist ohne einen methodologisch fundierten *Forschungs*anteil. (Vertiefend zu Reallaboren: Hilger/Rose/Wanner 2018, Schneidewind 2017, Wanner/Hilger/Westerkowski/Rose/Stelzer/Schäpke 2018.)

38

PHANTASIE – KREATIVITÄT

PHANTASIE

Dieser Begriff bezeichnet die Vorstellungskraft von Menschen, also die kreative Fähigkeit der Imagination. Auch in der Forschung im Allgemeinen und der zukunftsbezogenen Forschung im Besonderen ist Phantasie unverzichtbar, etwa bei der Entwicklung von neuen Forschungsfragen oder bei der hermeneutischen Interpretation von Daten bzw. Texten.
Aus psychoanalytischer Sicht schwebt eine Phantasie „gleichsam zwischen drei Zeiten, den drei Zeitmomenten unseres Vorstellens. Die seelische Arbeit knüpft an einen aktuellen Eindruck, einen Anlaß aus der *Gegenwart* an, der imstande war, einen der großen Wünsche der Person zu wecken, greift von da aus auf die *Erinnerung eines früheren,* meist infantilen, Erlebnisses zurück, in dem jener Wunsch erfüllt war, und schafft nun eine auf die *Zukunft* bezügliche Situation, welche sich als Erfüllung jenes Wunsches darstellt, eben den Tagtraum oder die Phantasie, die nun die Spuren ihrer Herkunft vom Anlasse und von der Erinnerung an sich trägt. Also *Vergangenes, Gegenwärtiges, Zukünftiges* wie an einer Schnur des durchlaufenen Wunsches aneinandergereiht.“ (Freud 1908, „Der Dichter und das Phantasieren“, hier in der ursprünglichen Schreibweise zitiert aus Willer 2016d, S. 60; Hervorhebungen durch R. P.)

KREATIVITÄT UND INNOVATIONSFÄHIGKEIT – AM BEISPIEL ARBEITSWELT UND BILDUNG

Kreativität und Innovationsfähigkeit zählen zu den wichtigsten Schlüsselkompetenzen in der zukünftigen Arbeitswelt. Deshalb müsste sowohl in den zukünftigen lebensbegleitenden Bildungsangeboten als auch im zukünftigen Arbeitsleben der kreative und innovationsorientierte Kompetenzerwerb im Mittelpunkt stehen. Kreativität fördert die Entdeckung von neuen Fragen und die innovative Lösung von Problemen (> Ideenmanagement, > Intuition). Dies funktioniert selbstverständlich nur dann, wenn sich Schulen, Hochschulen und Einrichtungen der Erwachsenenbildung nicht als „Unterrichtsvollzugsanstalten“, sondern als Zukunftswerkstätten für kreative und innovative Problemlösungen verstehen. (Zur Kreativität in Wissenschaft und Forschung siehe u. a Heinze u. a. 2013, zur Kreativität im > Pragmatismus: Schubert 2010a. Zur Förderung kreativer Entscheidungen siehe Burow 2015. Eine Verbindung von Kreativität und Psychotherapie skizzieren Greiner/Jandl 2015. Siehe auch > Methodik der zukunftsbezogenen Kreativitätsförderung.)

Die zukunftsträchtige Förderung von Kreativität und Innovationsfähigkeit in der Bildungs- und der Arbeitswelt (> Zukunft – Bildung – Arbeitswelt) lebt vom *Respekt vor der Neugierde der Menschen.* Ein prominenter Zeuge für diese zukunftsweisende Einsicht ist kein geringerer als Albert Einstein, der uns folgende überraschend bescheidene Beschreibung seines Begabungspotenzials überlieferte: „Ich habe keine besondere Begabung, sondern bin nur leidenschaftlich neugierig."

- Neugierde fördert also Kreativität und Innovationsfähigkeit.
- Kreativität und Innovationsfähigkeit sind die Motoren für soziale, kulturelle, technische, wirtschaftliche und politische Innovation.
- Innovation wiederum stärkt die Chancen der wissensbasierten Gesellschaften Europas am globalen Markt und
- sichert dadurch die ökonomische Basis für unsere zukünftige Lebensqualität.

39

PLAUSIBILITÄT UND PROSPEKTIVE FORSCHUNG

Da sich die prospektive Forschung meist mit komplexen und dynamischen sozialen Systemen beschäftigt, sind vorausschauende Aussagen nur selten mit hoher mathematischer Wahrscheinlichkeit, sondern vor allem in Form von plausibel begründeten Prognosen (> Hermeneutischer Erkenntnisweg, > Konstruktivistischer Erkenntnisweg) möglich.

MATHEMATISCHE WAHRSCHEINLICHKEIT ALS PROGNOSTISCHER SONDERFALL

Vorausschauende Aussagen mit dem Anspruch der hohen *mathematischen Wahr-*

scheinlichkeit sind nur dann möglich, wenn man bei einem Forschungsgegenstand *alle* Faktoren und deren Wechselwirkungen kennt. Deshalb lassen sich etwa die Konstellationen der Planeten mit sehr hoher Wahrscheinlichkeit langfristig vorhersagen. Im Fall von Wetterprognosen ist dagegen eine hohe Wahrscheinlichkeit nur für kurzfristige Zeitperspektiven möglich, weil mehrere Faktoren – und vor allem viele Wechselwirkungen zwischen den Faktoren der Wetterentwicklung – nicht genau genug bekannt sind.

PLAUSIBILITÄT

Das Wetter ist ein relativ komplexes System, aber die Systeme der Gesellschaft, der Wirtschaft und der Politik sind um ein Vielfaches komplexer – und dynamischer. Diese von Menschen gemachten Konstellationen entwickeln sich eben nicht naturgesetzlich, sondern sind die Produkte vielfältiger Bedürfnisse, Interessen, Pläne, Versuche, Irrtümer und Lernerfahrungen. Vieles davon ist uns nicht einmal bewusst. Unter den Bedingungen dieser bunten Vielfalt von Einflussfaktoren wird die Lebenswelt von morgen und übermorgen – auf der Basis unserer Erfahrungen von gestern und vorgestern – nach bestem Wissen und Gewissen, aber mit dem Risiko des Irrtums – *heute* aktiv gestaltet.
In Anbetracht dieser Komplexität und Dynamik sind zukunftsbezogene Aussagen in Form der wissenschaftlich fundierten Argumentation das Merkmal der meisten *vorausschauenden* Aussagen im Bereich der *geistes-*, *sozial-* und *kulturwissenschaftlichen* Forschung. Der Gegenstand dieses Typus der prospektiven Forschung ist nicht die *zukünftige Wirklichkeit,* sofern damit eine *empirisch erfassbare* Wirklichkeit gemeint ist (siehe dazu auch Grunwald 2009, S. 26), sondern *die Zukunft* im Sinne

- der *plausiblen* Annahmen zukünftiger Entwicklungen,
- der handlungsleitenden – weit über die Gegenwart hinaus wirkmächtigen – Zukunftsbilder (images of the future) von Individuen und Institutionen sowie
- der damit verbundenen *Aktivitäten* der Zukunftsplanung und Zukunftsvorbereitung.

Plausibilität in der prospektiven Forschung

In diesem Sinne kann die prospektive Forschung wissenschaftlich gut begründete, also *plausible* Annahmen über zukünftige Entwicklungen produzieren. Dabei geht es auch um die kritische Beurteilung der vielfältigen Formen der *gegenwärtigen individuellen* und *institutionellen* Auseinandersetzung mit der Zukunft, also um die Analyse der *Plausibilität* von Zukunftsbildern, -plänen, -programmen, -ängsten, -wünschen, -hoffnungen, -befürchtungen, -projektionen, -vorstellungen u. Ä.

Zu einer qualitätsvollen zukunftsbezogenen Forschung gehört selbstverständlich auch der wissenschaftliche Blick auf die *historische* Entwicklung eines jeweiligen Forschungsgegenstandes und somit auch auf die vielfältigen Zusammenhänge zwischen Herkunft und Zukunft. (Vertiefend dazu: > **Geschichte des Zukunftsdenkens**, > **Hermeneutischer Erkenntnisweg**.) Aus der interdisziplinären Analyse der historischen Entwicklung und der gegenwärtigen Ausprägung der gesellschaftlichen, ökonomischen, ökologischen, technischen, politischen und psychischen bzw. mentalen Wandlungsprozesse lassen sich durchaus *plausible* Aussagen über die Zukunft des menschlichen Zusammenlebens ableiten, z. B. über die Auswirkungen der Digitalisierung auf die Arbeitswelt (> **Digitaler Wandel**), über die Konsequenzen des demografischen Wandels (> **Sozialer Wandel**), über die Zukunft unserer Städte oder über die vielfältigen Folgen des Klimawandels.

Vorausschauende Forschung kann in diesen komplizierten Reflexions- und Planungsprozessen wichtige Beiträge leisten, indem sie wissenschaftlich fundiertes *plausibles* Wissen über Entwicklungs*möglichkeiten* und Handlungs*optionen* produziert, *Chancen, Risiken* und *Gefahren* herausarbeitet, *Handlungsspielräume* aufzeigt und allenfalls *erste Innovationsschritte* wissenschaftlich begleitet.

40

PRAGMATISMUS: WISSENSCHAFT UND ZUKUNFTSORIENTIERTE PRAXIS

Der Pragmatismus ist das einzige wissenschaftstheoretische Konzept, das nicht in Europa, sondern in den USA entwickelt wurde.

WISSENSCHAFTLICHE ERKENNTNIS MIT PRAXISBEZUG

Im *Pragmatismus* – vor allem in der von John Dewey (siehe unten) geprägten Variante – gibt es bis heute ein großes Interesse an (theoriegeleiteter) Praxis im Zusammenhang mit individuellen und institutionellen Veränderungen, m. b. B. von Erziehung und Bildung, sozialen Reformen und demokratischer Partizipation. Dazu passt auch die für die prospektive Forschung wichtige Sichtweise des Pragmatismus, dass sich die wissenschaftliche Analyse eines Problems nicht auf den Rückblick in die Vergangenheit reduzieren sollte, sondern sowohl nach praxisrelevanten Lösungen in der Gegenwart als auch nach möglichen Verbesserungen in der Zukunft gesucht werden muss (vgl. Ollenburg 2016, S. 211; Peirce 1905, S. 114 ff.; James 1907, S. 180; Dewey 1917, S. 229 ff.). Vor allem Dewey (1917, S. 231 f.) betont den Zukunftsbezug pragmatistischer Forschung: „(...) but which is the sum-total of impulses, habits, emotions, records, and discoveries which forecast what is desirable and undesirable in future possibilities, and which contrive ingeniously in behalf of imagined good."

Als Begründer dieser – unter den Rahmenbedingungen der rasanten Industrialisierung der USA gegen Ende des 19. Jahrhunderts konzipierten – philosophischen Denkschule des *Pragmatismus* gelten Charles Sanders Peirce (1839–1914) und William James (1842–1910). Im Pragmatismus kommt dem praktischen Handeln im Alltag der Individuen sowie in der Gesellschaft, der Wirtschaft und der Politik eine zentrale Bedeutung zu. *Wissenschaftliche* Begründungen und Erklärungen werden aus der Praxis abgeleitet und Problemlösungen müssen sich im Hinblick auf den Nutzen für die Praxis bewähren.

Einer der wichtigsten Repräsentanten des Pragmatismus, William James, leistete mit seiner Abhandlung *The Principles of Psychology* (1890/1984) einen wichti-

gen Beitrag für die psychologische Betrachtungsweise der *Zeitwahrnehmung* im Allgemeinen und der Wahrnehmung der *Zukunft* im Besonderen: „The knowledge of some other part of the stream, past or future, near or remote, is always mixed in with our knowledge of the present thing" (James 1890/1984, S. 397). Verdichtet formuliert: „In der James'schen Zeitauffassung sind Gegenwart, Zukunft und Vergangenheit Teile desselben Stromes, welcher je nach Fülle der Ereignisse mal als schnell und mal als langsam fließend wahrgenommen wird" (Grundnig 2017, S. 127. Siehe dazu auch > Mentales Zeitreisen ...).
Im Pragmatismuskonzept von Peirce spielt die Semiotik, also die praxisbezogen-hermeneutische Interpretation der im Alltag verwendeten Zeichensysteme (z. B. Sprache, Gestik, Formeln, Verkehrszeichen ...) eine große Rolle. Auf das mit diesem Praxisanspruch verbundene Verfahren der Abduktion, das im Pragmatismus der *Induktion* und der *Deduktion* gegenübergestellt wird, kann hier aus Platzgründen nur kurz hingewiesen werden (ausführlich dazu siehe Reichertz 2013). Auf interessante inhaltliche Ähnlichkeiten zwischen dem Verfahren der *Abduktion* und dem vom französischen Zukunftsdenker de Jouvenel entwickelten Konzept der *Konjektur* weist Wirth (2016, S. 31–37) hin. In beiden Fällen wird nämlich der Prozess des (prospektiven) Forschens als prognostisch-spekulatives Gedankenexperiment interpretiert.

PRAGMATISMUS UND PROSPEKTIVE FORSCHUNG

Einige Verbindungen zwischen dem Pragmatismus und der zukunftsbezogenen Forschung wurden in der *Zeitschrift für Semiotik* (29/2–3/2007), u. a. von Kreibich (2007) und Steinmüller (2007), diskutiert; dazu auch Fischer (2016).
Auf der Basis der philosophischen Überlegungen von Peirce und James entwickelte John Dewey (1859–1952) den Pragmatismus weiter (Dewey 1917 und 2008) und interessierte sich dabei vor allem für die Nutzung der pragmatistischen Forschung für die Demokratieentwicklung und die Pädagogik. Er strebte die Befreiung von den Sichtweisen jener philosophischen Konzepte an, die sich – seiner Meinung nach – zu starr an apriorisches Wissen halten und die konkreten Erfahrungen aus dem täglichen Leben zu wenig einbeziehen. (Ausführlich zu dem im deutschsprachigen Raum leider bisher nur selten rezipierten, jedoch gerade auch für die praxisbezogenen Ausprägungsformen der *prospektiven* Forschung sehr interessanten Konzept des Pragmatismus siehe Hetzel 2008, Joas

2000, Martens 1992, Ollenburg 2016, Reichertz 2003, Rorty 1993 und 2000, Schubert 2010a und 2010b.) In diesem Zusammenhang ist auch das Konzept von „action research" im Sinne partizipativer Forschung erwähnenswert (> **Partizipative Forschung**).

Der *Pragmatismus* gilt übrigens als eine der wissenschaftstheoretischen Grundlagen der US-amerikanischen Futures Research. Für die ersten Exponenten dieser Forschungsrichtung im Rahmen der > **RAND Corporation**, u. a. Olaf Helmer und Herman Kahn, trifft dies allerdings nicht zu, da sie weniger dem Pragmatismus, sondern vielmehr dem neopositivistischen Empirismus (> **Empiristischer Erkenntnisweg**) nahestanden.

41

PROGNOSE – DIAGNOSE – ANAMNESE

Die in der Überschrift genannten Begriffe stammen aus altgriechischer Sprache.

- *Diagnose* lässt sich ins Deutsche frei mit „durch und durch verstehen" oder „Durchblick erlangen" übersetzen. Grundlage einer guten Diagnose ist die möglichst umfassende Analyse und präzise Beschreibung der gegenwärtigen Ausprägungsmerkmale des jeweils untersuchten Phänomens.
- Der Rückblick auf jene Bedingungen und Handlungen, die maßgeblich zur Entstehung des jeweils vorliegenden Problems beigetragen haben, ist eine wichtige Voraussetzung jeder guten Diagnose. Der Fachbegriff für diese retrospektive Problemanalyse lautet *Anamnese,* was wörtlich übersetzt *„Nicht-Nichterinnern"* bedeutet. Derartige doppelte Verneinungen bezeichneten im Altgriechischen die Verstärkung eines Vorgangs, im Falle der *Anamnese* also einen *Prozess des systematischen und intensiven Rückblicks.*
- Die aus der Anamnese und der Diagnose abgeleiteten Annahmen über die *zukünftigen* Entwicklungen bezeichnet man meist mit dem Begriff *Prognose,* was wörtlich übersetzt „vorausschauendes Wissen erlangen" bedeutet.

41

Grundsätzlich könnten die oben angesprochenen Begriffe für die mehrperspektivische Analyse von Problemlagen auch in den Bereichen der Technik, der Gesellschaft, der Wirtschaft oder der Politik verwendet werden. Faktisch werden sie jedoch vor allem in den Fachsprachen der *Medizin*, der *Psychologie* und der *Psychotherapiewissenschaft* im Hinblick auf individuelle gesundheitliche Probleme genutzt. Vertiefend dazu:

- zum Zusammenhang zwischen Diagnostik und Prognostik in der *Psychiatrie*: Schäfer (2016),
- zum Prognoseverständnis der *Psychoanalyse*: Giampieri-Deutsch (2016),
- zum Diagnose- und Prognoseverständnis des in der > psychoanalytischen Sozialforschung entwickelten Konzepts des *szenischen Verstehens* siehe in Leithäuser/Volmerg (1979, 1988), Leithäuser (2001) und Leithäuser/Meyerhuber/Schottmayer (2009).
- Zum Diagnose- und Prognoseverständnis in der *Psychotherapiewissenschaft* und der *Klinischen Psychologie*: Popp/Rieken/Sindelar (2017, S. 99 ff.). (Bei mehreren psychologischen Tests wird der enge Zusammenhang zwischen Diagnose und Prognose explizit betont, z. B. Handler/Clemence 2005.)
- Gelegentlich wird auch in der Soziologie und der Kulturwissenschaft von Zeit*diagnosen* gesprochen (u. a. Hastedt 2019, Liebl 2005, Lübke/Delhey 2019, Friedrichs/Lepsius/Mayer 1998).

RETROGNOSE – BACKCASTING

In der zukunftsbezogenen Forschung ist die Rückschau von einem *fiktiv* angenommenen *zukünftigen* Zeitpunkt in die jeweilige Gegenwart eine beliebte Methode für eine rückwärts gedachte Analyse von Zukunftsentwicklungen. Dieses Verfahren wird meist als *Retrognose* (Mettler 1979) bzw. gelegentlich auch als *Backcasting* (rückwärts gewendetes Forecasting: Robinson 1982) bezeichnet. (Vertiefend zum Backcasting am Beispiel der nachhaltigen Raumplanung: Haslauer/Strobl 2016.)

PROGNOSEVERSTÄNDNIS UND WISSENSCHAFTSKONZEPT

Sowohl das Diagnoseverständnis als auch das Prognoseverständnis hängen vom jeweils gewählten Wissenschaftskonzept ab: *Zukunftsdenken* basiert auf der Analyse der bisherigen Entwicklung (= Anamnese) sowie der gegenwärtigen Ausprägungsform der jeweiligen Problemlage (= Diagnose), und zielt auf möglichst plausible *vorausschauende* Aussagen (= Prognosen) ab. Diesen sehr allgemein gehaltenen Satz könnten wohl Vertreter aller Wissenschaftskonzepte unterschreiben. Wenn es jedoch um konkretere Fragen, wie etwa um das mit der Diagnose bzw. der Prognose zusammenhängende *Wirklichkeits*verständnis, um den Stellenwert von *normativen* Aussagen oder um den Einfluss *intuitiver Annahmen* (> Intuition) geht, sind die Grenzen der harmonischen Übereinstimmung rasch überschritten. Diese Überlegungen weisen darauf hin, dass sowohl das *Diagnoseverständnis* als auch das *Prognoseverständnis* eng mit der Forschungslogik des jeweils gewählten *Wissenschaftskonzepts* zusammenhängen.

- Die *empiristische* Prognoselogik ist nur eine von mehreren wissenschaftlich fundierten Möglichkeiten der gegenwartsbezogenen Diagnose sowie der zukunftsbezogenen Prognose. Vertiefend dazu: Albert (1980a), Bacher/Müller/Ruderstorfer (2016), Bachleitner (2016a, 2016b), Huber/Werndl (2016), Lutz (2016), Murauer (2016), Schüll/Berner (2012), Schurz (2016), Stagl J. (2016), Topitsch (1980), Weichbold (2016); > Empiristischer Erkenntnisweg, > Kritischer Rationalismus – und das Hempel-Oppenheim-Schema, > Quantitative ... Sozialforschung.
- Für nicht empiristische *Prognosen* gilt das Kriterium der > Plausibilität. Dies bedeutet, dass die jeweilige prognostische Annahme mit Hilfe von wissenschaftlich fundierten Argumenten sachlich und fachlich gut begründet sein muss. Vertiefend dazu: Hitzler (2005), Hitzler/Pfadenhauer (2005), Keller (2005), Keller/Truschkat (2012), Knoblauch/Schnettler (2005), Liebl (2005), Schetzke (2005); > Hermeneutischer Erkenntnisweg, > Konstruktivistischer Erkenntnisweg.

Auch bei Prognosen gibt es also einen weiten methodologischen und methodischen Spielraum.

PROGNOSTIK

Mit der Entwicklung der modernen Wissenschaft ist auch die systematische Suche nach Verfahren für die Produktion von Prognosen verbunden. Auf die vielfältigen Ausprägungsformen der Prognostik kann hier aus Platzgründen nicht eingegangen werden. Im Folgenden werden – selbstverständlich ohne Anspruch auf

Vollständigkeit – einige wichtige Themenfelder der Prognostik sowie Hinweise auf jeweils thematisch relevante kurze Beiträge aufgelistet:

- Geschichte der Prognostik: Stagl J. (2016).
- Wissenschaftstheoretische und methodologische Grundlagen der Prognostik: Bachleiter (2016a, S. 75 ff. und 2016b, S. 152 ff.), Schurz (2016).
- Statistische Prognoseverfahren: Bacher/Müller/Ruderstorfer (2016).
- Die Wettervorausschau zählt zu den ältesten Ausprägungsformen der Prognostik: Büttner (2016).
- Klimaprognosen: Bühler (2016a, S. 431 ff.), Horn (2016), Huber/Werndl (2016).
- Bevölkerungsprognosen: Lutz (2016).
- Wirtschaftsprognosen/Ökonometrie: Bühler (2016b, S. 393), Huber/Werndl (2016), Lenz (2016).
- > Szenario – vorausschauendes Wissensmanagement.

SUPERFORECASTING?

Im Sinne der bisherigen Überlegungen geht es in den seriösen Ausprägungsformen der zukunftsbezogenen Forschung vor allem um wissenschaftlich fundierte *plausible* Annahmen über die weitere Entwicklung bisheriger wichtiger Wandlungsprozesse; häufig in Form der Skizzierung unterschiedlicher Szenarien. „Superforecasting" (Tetlock/Gardner 2016), also die treffsichere und präzise Vorhersage konkreter Ereignisse ist dagegen – im Kontext von komplexen und dynamischen Systemen – nicht möglich.

PROGNOSEN ALS „BESCHWÖRUNG DER ZUKUNFT"?

Der Philosoph Konrad Paul Liessmann vermutet, dass es bei manchen Prognosen gar nicht darum geht, „tatsächliche Entwicklungen in der Zukunft beschreiben zu können", sondern „durch die Beschwörung der Zukunft" die Steuerung eines bestimmten gegenwärtigen Verhaltens beabsichtigt wird (Liessmann 2007, S. 50). Vielleicht haben also Prognosen „dieselbe Funktion wie Orakel: Entscheidend ist nicht, ob sie zutreffen, sondern dass sie Handlungen selektieren und legitimieren. Prognosen haben so einen impliziten normativen Charakter, sie sollen vor etwas warnen oder zu etwas bewegen, nicht selten mittels eines Sanktionspotentials, das implizit in der Prognose enthalten ist. Da dem Trendforscher die Zukunft natürlich genauso verschlossen ist wie jedem anderen Sterblichen auch, prognostiziert er jene Trends, die sich seinem Weltbild nach durchsetzen sollten. Deshalb ist er immer auf Seiten der Zukunft, diejenigen, die seine Prognosen durchkreuzen könnten – die Zukunftsverweigerer – müssen noch zur Räson gebracht werden, damit Zukunft geschieht." (Ebd.)

42

PSYCHOANALYTISCHE SOZIALFORSCHUNG UND PROSPEKTIVE FORSCHUNG

Die Psychoanalyse ist – im Gegensatz zu weit verbreiteten Annahmen – keineswegs nur ein Verfahren der Psychotherapie, sondern beinhaltet viele *erkenntnistheoretische* und *forschungsmethodische* Elemente (> Hermeneutischer Erkenntnisweg, > Qualitative bzw. variablenkonfigurative Sozialforschung, > Subjektiver Faktor).

DIE DYNAMIK UNBEWUSSTER KONFLIKTE BEEINFLUSST DAS ZUKUNFTSDENKEN: PSYCHOANALYSE ALS KRITISCHE „TIEFENHERMENEUTIK"

Seit den Anfängen der Psychoanalyse in den Diskurssystemen von Sigmund Freud (1856–1939) und Alfred Adler (1870–1937) wird die Wirkung der psychodynamisch-dialektischen Zusammenhänge auf die menschliche Erkenntnis untersucht. Dabei spielen die komplexen, konflikthaften und unbewussten psychodynamischen Vorgänge eine zentrale Rolle. In der psychodynamisch fundierten Forschung wird seit vielen Jahrzehnten theoriegeleitet reflektiert, wie die damit zusammenhängenden psychischen bzw. neuronalen Prozesse (z. B. Angst, Angstabwehr, Projektion ...) die Selbstwahrnehmung sowie die Wahrnehmung der sozialen Mitwelt konstruieren. Im Hinblick auf das vorausschauende Denken geht es dabei um die Analyse der gegenwärtig konstruierten *individuellen* Zukunftsbilder und Zukunftsplanungen sowie um die damit verbundenen *psychodynamischen* Aspekte. Diese (bewussten und unbewussten) Zukunftskonstruktionen lassen sich vor dem Hintergrund der lebensgeschichtlich entwickelten Wahrnehmungs-, Deutungs- und Handlungsmuster erklären bzw. verstehen. Dieses tiefenhermeneutische Reflexionsverfahren wird selbstverständlich nicht nur bei den *Patientinnen* und *Patienten* in der psychoanalytischen Psychotherapie oder bei den *Praktikerinnen* und *Praktikern* in wissenschaftlich begleiteten Projekten der Sozialforschung angewandt. Vielmehr bleibt – aus psychodynamischer Sicht – auch der *Forscher* bzw. die *Forscherin* nicht von seiner bzw. ihrer unbewusst wirkenden Psychodynamik verschont. Diese Überlegungen zwingen zu einem kritischen und selbstreflektierten Umgang mit der *Interpretation* von Forschungsinhalten (> Intuition).

Vertiefend zu erkenntnistheoretischen und methodischen Fragen der psychoanalytischen Sozialforschung: Barwinski/Bering/Eichenberg (2010), Brunner u. a. (2012), Fischer (2008, 2011), Leithäuser/Volmerg (1979, 1988), Leithäuser (2001), Leithäuser/Meyerhuber/Schottmayer (2009), Schülein (2016). Zu *prognostischen* Aspekten der psychoanalytischen Forschung: Giampieri-Deutsch (2016).

PSYCHOANALYSE, ANGST UND FORSCHUNGSMETHODIK

Die Reflexion des Einflusses von Angst auf die *Forschung* wird in der wissenschaftstheoretischen Literatur weitgehend ausgeblendet. Gerade für *zukunftsbezogene* Forschungsfragen, die sich ja mit den prinzipiell *angst*erregenden Ungewissheiten des zukünftigen individuellen und sozialen Lebens sowie mit angstabwehrenden Zukunftsplanungen beschäftigen, wäre jedoch die Reflexion des Zusammenhangs zwischen den eigenen Ängsten der Forscher und der Auswahl der Forschungsfragen und Forschungsmethoden außerordentlich spannend. In diesem Zusammenhang weist Jürgen Habermas (vor allem in seinem Buch „Erkenntnis und Interesse“ 1973/1991, S. 262) zu Recht darauf hin, dass die Psychoanalyse die einzige Wissenschaft ist, die der *Selbstreflexion* eine zentrale *forschungs*methodische Bedeutung zuschreibt. Sinngemäß gelten diese Überlegungen auch für die Deutung der Prognosen bzw. Szenarien der zukunftsbezogenen Forscherinnen und Forscher vor dem Hintergrund ihrer angstabwehrenden Projektionen. Für die prospektive Forschung wäre die stärkere Auseinandersetzung mit dem Theoriekonzept der Psychoanalyse durchaus produktiv. Denn im psychoanalytischen Theoriegebäude spielt die psychische Dynamik zwischen Angst und Angstabwehr eine zentrale Rolle. (> Zukunftsangst ...) Bereits 1938 (hier zit.

nach Ansbacher/Ansbacher 1987, S. 197) betrachtete der Begründer der freien Psychoanalyse bzw. Individualpsychologie, Alfred Adler, den Wissenschaftsbetrieb der damaligen Zeit aus psychodynamischer Sicht: „Wissenschaftler, die Angst haben, den Boden unter den Füßen zu verlieren oder von der Kritik angegriffen zu werden, messen nur solchen Tatsachen Bedeutung bei, die sich physikalisch in Laboratorien bestätigen lassen und die in Zahlen niedergelegt und auf Zahlen zurückgeführt werden können. Mathematische Regeln geben ihnen das Gefühl des Schutzes, und sie werden reizbar, wenn sie ohne solche Symbole sind."
Auf den psychoanalytischen Zusammenhang zwischen Angst und Forschungsmethode wies auch der berühmte Schriftsteller („Wie eine Träne im Ozean") und Individualpsychologe Manes Sperber (1978, S. 83) im Rahmen seiner Berliner Vorlesungen (von 1933) mit einem fiktiven „Gleichnis" hin: „Man stelle sich vor, ein Mann leidet unter der Angst, überfallen zu werden. Er lässt sich nun ein isoliert gelegenes Haus bauen, das mit allen erforderlichen Befestigungen versehen ist. Überdies dingt er sich eine tatkräftige Leibwache, die er bis an die Zähne bewaffnet. Er hält sich in einem Raume auf, den niemand betreten oder verlassen kann, wenn er es nicht will. Dieser Mann liegt nun seelenruhig auf seiner Couch, raucht Zigaretten und liest mit Begeisterung Kriminalromane. Der Experimentalpsychologe würde natürlich keinerlei Angst an ihm entdecken können. Der deutende Psychologe schließt aus dem Maß seiner Sicherung auf das Maß seiner Angst. Sicherung und Angst sind direkt proportional. Und wenn dieser Mann noch so heftig versicherte, er habe keine Angst – was er subjektiv behaupten könnte –, so fiele das nicht im geringsten ins Gewicht. Wir wiederholen also unser oberstes Prinzip: Ohne Zusammenhangsbetrachtung und außerhalb dieser gibt es kein Verständnis für das Seelenleben."
Ein spannender Klassiker der psychoanalytischen Sicht des Zusammenhangs zwischen *Angst und Methode* in der Sozialforschung stammt von Georges Devereux (1984). Devereux reflektiert die Auswirkungen der *unbewussten* innerpsychischen Vorgänge des Forschers bzw. der Forscherin auf die Konstruktion des Forschungsprozesses und die Wahl der Forschungsmethode. Dabei richtet er sein Augenmerk auf die Ängste, die sich beim Forscher bzw. der Forscherin einstellen, wenn er bzw. sie dem für die Sozialwissenschaften typischen „Forschungsobjekt", nämlich dem Menschen in seinen sozialen und kulturellen Beziehungen – und damit ein Stück weit immer auch sich selbst – begegnet. Der Be-

deutungsverlust dieses *subjektiven Faktors* in der modernen Wissenschaft und die zwanghafte Herstellung von quasi *objektiven* Forschungssettings betrachtet Devereux als neurotischen Versuch der Angstabwehr. Aus der Sicht der psychoanalytischen Forschungslogik liegt wohl der Verdacht nahe, dass auch in der zukunftsbezogenen Forschung versucht wird, die mit der Ungewissheit zukünftiger Entwicklungen verbundene Zukunftsangst durch (neurotische) Scheinsicherheiten abzuwehren.

43

QUALITATIVE (BZW. VARIABLEN-KONFIGURATIVE) SOZIALFORSCHUNG – MIT ZUKUNFTSBEZUG

Grundlegende methodologische Informationen zu diesem Stichwort finden sich unter: > Empirische Sozialforschung, > Methodik der zukunftsbezogenen Forschung, > Hermeneutischer Erkenntnisweg, > Plausibilität, > Subjektiver Faktor in der zukunftsbezogenen Forschung, > Wissenschaftlichkeit der zukunftsbezogenen Forschung.

ZUKUNFTSBEZOGENE FORSCHUNG MIT HILFE DER NICHT-EXPERIMENTELLEN (VARIABLENKONFIGURATIVEN) FORSCHUNGSSTRATEGIE

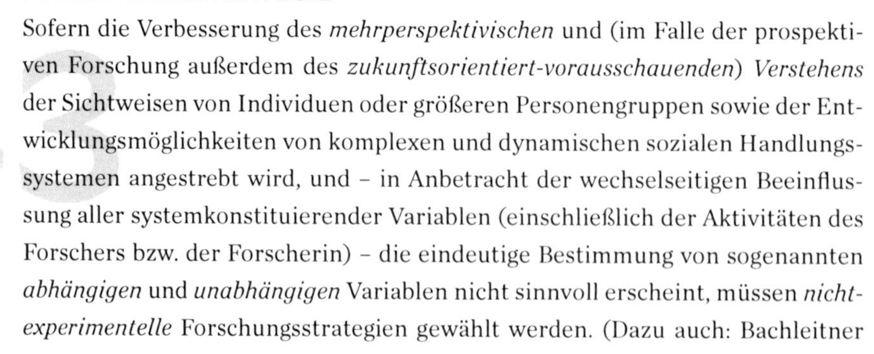

Sofern die Verbesserung des *mehrperspektivischen* und (im Falle der prospektiven Forschung außerdem des *zukunftsorientiert-vorausschauenden*) *Verstehens* der Sichtweisen von Individuen oder größeren Personengruppen sowie der Entwicklungsmöglichkeiten von komplexen und dynamischen sozialen Handlungssystemen angestrebt wird, und – in Anbetracht der wechselseitigen Beeinflussung aller systemkonstituierender Variablen (einschließlich der Aktivitäten des Forschers bzw. der Forscherin) – die eindeutige Bestimmung von sogenannten *abhängigen* und *unabhängigen* Variablen nicht sinnvoll erscheint, müssen *nicht-experimentelle* Forschungsstrategien gewählt werden. (Dazu auch: Bachleitner

2016b, S. 152 ff.) In diesen Fällen bietet sich das weite Spektrum der *empirisch-hermeneutischen (variablenkonfigurativen)* Forschungsstrategien an. Im Bereich der *experimentell* orientierten Forschung wird der *nicht-experimentellen* Forschungsstrategie nur die Funktion der Vorbereitung auf die eigentliche *experimentelle* Forschung zugestanden. Diese Sichtweise wird hier nicht geteilt. Im Kontext der *empirisch-hermeneutischen (variablenkonfigurativen)* Forschungsstrategien lassen sich grob zwei Ausprägungsformen unterscheiden:

- *Sekundäranalysen* werden in Anbetracht einer ständigen Verbesserung der Archivierung empirischer Daten in großen Datenbanken immer attraktiver und sind naturgemäß von einer bereits vorhandenen gut entwickelten einschlägigen Datenbasis abhängig.
- *Fallstudien* bieten sich – im Kontext der *empirischen* Forschung – insbesondere als Forschungsstrategie für bisher weniger gut untersuchte soziale Handlungskontexte an (Borchardt/Götzlich 2007):
  - *Vergleichende Fallstudien* ermöglichen zwar *keine verallgemeinerbaren* Forschungsergebnisse, jedoch sozialwissenschaftliche Aussagen, die über die spezifischen Bedingungen in den jeweils vergleichend untersuchten Einzelfällen hinausweisen. Der Preis dafür besteht allerdings im Verlust der Einzigartigkeit historisch und lokal spezifischer Handlungskonstellationen. Für die prospektive Forschung ist vor allem der Vergleich in Form der > historischen Analogiebildung sowie die Analyse der in regelmäßigen Abständen untersuchten vergleichbaren Einzelfälle (= *Zeitreihen*) interessant.
  - *Explorative* Fallstudien erweisen sich vor allem dann als die gegenstands- und zielangemessenste Forschungsstrategie, wenn das Zusammenwirken mehrerer Faktoren in bisher weniger gut untersuchten, komplexen und dynamisch sich verändernden Handlungskontexten (vor allem auch mit vorausschauend-innovationsorientiertem Blick auf zukünftige Entwicklungen) analysiert werden soll. Im Fallstudiendesign erweist sich die Kombination von empirischen und hermeneutischen Verfahren als nützlich. *Eine spezifische Ausprägungsform* der explorativen Fallstudie ist die *partizipative* Fallstudie, die sich besonders gut für die *wissenschaftliche Begleitung* der partizipativen Planung und Entwicklung von Zukunftsstrategien und Innovationsprozessen in bisher weniger gut untersuchten, komplexen und dynamisch sich verändernden Handlungs- bzw. Praxiskontexten eignet (> Partizipative Forschung).

Eine gut lesbare Einführung in die – *nicht empiristisch reduzierte – empirische* Forschungsmethodik bietet das Buch von Hug/Poscheschnig (2010).
Einige – auch für die prospektive Forschung – wichtige *nicht-experimentelle variablenkonfigurative* methodische Settings der Sozialforschung sind:

- > kompilatorische Querschnittsanalysen,
- Expertenbefragung (> Befragung: ...),
- > repräsentative Erhebungen von Zukunftsbildern,
- > partizipative Forschung,
- Inhaltsanalyse (siehe unten).

INHALTSANALYSE: ANALYSE VON ZUKUNFTSBEZOGENEN TEXTEN

Auch die *Inhaltsanalyse* von zukunftsbezogenen *Texten* (im weiten Sinne, also von nicht nur geschriebenen oder gesprochenen sprachlichen Texten, sondern auch von Bildern, Filmen, nonverbalen Äußerungen u. Ä.) bietet sich als forschungsmethodische Grundlage der jeweils themen- bzw. fallbezogenen wissenschaftlichen Beantwortung zukunftsorientierter Forschungsfragen an. (Vertiefend: Kuckartz 2012, Lamnek 2005b, Lucius-Hoene/Deppermann 2004, Mayring 2002 und 2008.) In diesem Zusammenhang haben sich in der sogenannten *qualitativen Sozialforschung* mehrere Verfahren bewährt, die sich durch die Kombination von Empirie und kritischer Hermeneutik auszeichnen, u. a.:

- Diskursforschung (Keller 2010, 2011; Keller u. a. 2004, 2006),
- Gespräche analysieren – konversationsanalytische Methoden (Deppermann 2008),
- Grounded Theory (Breuer/Allmers/Muckel 2018, Glaser/Strauss 1998, Kehrbaum 2009, Mey/Mruck 2009),
- Gruppendiskussion (Lamnek 2005a),
- Metaphernanalyse (Buchholz 2001, Schmitt/Schröder/Pfaller 2018, Schmitt 2010),
- Objektive Hermeneutik (Wernert 2006, 2009),
- psychoanalytische Textinterpretation (Leithäuser/Volmerg 1979, 1988; Leithäuser 2001; Leithäuser/Meyerhuber/Schottmayer 2009), > Psychoanalytische Sozialforschung,
- Videografie (Bohnsack 2008a, Kuckartz 2012, Mayring/Gläser-Zikuda 2005),
- Leitbildanalyse: Ein Leitbild ist die schriftliche Erklärung einer Organisation

über ihre Prinzipien, Ideale, Ziele und Visionen. In der *prospektiven* Forschung kann die Analyse von Leitbildern interessante Erkenntnisse über die Zukunftsorientierung einer Organisation liefern. (Vertiefend dazu: Bleicher 1994, de Haan 2002, Giesel 2007, Knassmüller 2005.)

Viele dieser Verfahren wurden im Bereich der zukunftsorientierten Forschung noch nicht oder nur selten genutzt.
Zur > quantitativen bzw. variablenmanipulativen Sozialforschung mit Zukunftsbezug siehe unter dem folgenden Stichwort.

44

QUANTITATIVE (BZW. VARIABLENMANIPULATIVE) SOZIALFORSCHUNG – MIT ZUKUNFTSBEZUG

Grundlegende methodologische Informationen zu diesem Stichwort finden sich unter: > Empirische Sozialforschung, > Methodik der zukunftsbezogenen Forschung, > Empiristischer Erkenntnisweg, > Kritischer Rationalismus, > Wissenschaftlichkeit der zukunftsbezogenen Forschung.

ZUKUNFTSBEZOGENE FORSCHUNG MIT HILFE DER EXPERIMENTELL ORIENTIERTEN (VARIABLENMANIPULATIVEN) FORSCHUNGSSTRATEGIE

Experimente werden durchgeführt, um die *kausalen* Zusammenhänge (= Zusammenhang zwischen Ursache und Wirkung) bezüglich des Einflusses von *unabhängigen* (bzw. exogenen) Variablen auf die *abhängigen* (bzw. endogenen) Variablen des zu untersuchenden (Handlungs-)Systems herauszufinden und daraus allenfalls prognostische Aussagen abzuleiten (> Kritischer Rationalismus). Dies erfordert die Herstellung von Bedingungen, die im Bereich der *sozialwissenschaftlichen* Forschung nur selten realisierbar sind, nämlich:

- die Zufallsauswahl der Probanden,

- die Bildung von gleich bzw. zumindest sehr ähnlich zusammengesetzten Gruppen (= Experimentalgruppe und Kontrollgruppe),
- die präzise Isolation der forschungsrelevanten Variablen,
- die Kontrolle dieser Variablen während der gesamten experimentellen Untersuchung
- sowie bezüglich der *prognostischen* Aussagen das zukünftige Vorliegen gleichbleibender Bedingungen. (> Kritischer Rationalismus/Hempel-Oppenheim-Schema)

Die oben kurz skizzierten tiefgreifenden erkenntnis- bzw. wissenschaftstheoretischen und forschungsmethodischen Einschränkungen erschweren die Anwendung der empiristischen Forschungslogik – jedenfalls in der strengen Variante des *Labor-Experiments* – im Bereich der Sozialforschung erheblich. (Vertiefend zum empiristischen Prognosekonzept siehe u. a. Bachleitner/Weichbold/Pausch 2016, Topitsch 1980.)
Jedenfalls sind die Ergebnisse von *empiristisch* fundierten Forschungsprozessen bei der unverzichtbaren Analyse der im Hinblick auf den jeweiligen Forschungsgegenstand vorhandenen Wissensbestände (> Kompilatorische Querschnittsanalyse) ebenso zu berücksichtigen und kritisch zu bewerten wie alle anderen (empirisch, hermeneutisch oder konstruktivistisch fundierten) Forschungsergebnisse auch.

DREI AUSPRÄGUNGSFORMEN DER VARIABLENMANIPULATIV-EXPERIMENTELLEN SOZIALFORSCHUNG

- *Labor-Experimente* werden von den Puristen der *empiristisch* orientierten Forschung als einzig mögliche Forschungsstrategie, mit welcher Hypothesen über Ursache-Wirkungs-Zusammenhänge getestet bzw. falsifiziert sowie in der Folge allenfalls Prognosen gestellt werden können, akzeptiert. Kritiker weisen allerdings auf die *Künstlichkeit* und somit mangelnde *Gegenstandsangemessenheit* des Laborexperiments im Bereich *sozial*wissenschaftlich relevanter Probleme hin.
- *Quasi-Experimente*: Bei diesem Typus des (Feld-)Experiments werden die für das Laborexperiment geforderten strengen Regeln der Bedingungskontrolle – aus Gründen der Ziel- und Gegenstandsangemessenheit – mehr oder weniger

stark gelockert. Die häufigsten Formen dieser Lockerung bestehen in der Bildung der Kontrollgruppe(n) erst im *Nachhinein* (*ex post facto*) sowie in der *Lockerung des Prinzips der Zufallsauswahl* der Probanden.

- *Statistische Kausalanalysen*: Auch bei dieser Ausprägungsform der experimentellen Forschungsstrategie werden die für das Labor-Experiment geltenden strengen Regeln gelockert. Statistische Kausalanalysen basieren auf Modellen, die möglichst alle für die Struktur und Funktion eines Systems relevanten Variablen berücksichtigen und von Hypothesen über die kausalen Erklärungen der Veränderungen der endogenen (bzw. abhängigen) Variablen durch die exogenen (bzw. unabhängigen) Variablen dieses Systems ausgehen. Die Angemessenheit dieser Hypothesen wird mit Hilfe der statistischen Kausalanalyse überprüft. Dafür gibt es eine Reihe von statistischen Verfahren. Dem methodischen Design der statistischen Kausalanalyse lassen sich auch die in der zukunftsbezogenen Forschung verwendeten Verfahren der Datenmodellierung bzw. -simulation (> Computersimulation) zuordnen. (Vertiefend dazu: Bacher/Müller/Ruderstorfer 2016, Murauer 2016. Zum Zusammenhang zwischen *Experiment* und *Zukunftswissen* siehe Bachleitner 2016a, Gamper 2016, Schurz 2016.)

Zur > qualitativen bzw. variablenkonfigurativen Sozialforschung mit Zukunftsbezug siehe unter dem vorhergehenden Stichwort.

45

RAND CORPORATION – (SOZIAL-) TECHNOLOGISCHE ZUKUNFTSFORSCHUNG IN DEN USA

Im Hinblick auf die nach dem Zweiten Weltkrieg erforderliche Neuorientierung der US-amerikanischen Wirtschaft und auf die neue Rolle der USA in der globalen Nachkriegspolitik wurde 1946 – auf der Basis von Vorarbeiten innerhalb der *US Army* und des *Twentieth Century Fund* (siehe Tiberius 2011a, S. 19) – die *RAND Corporation* gegründet. Diese Organisation repräsentiert die bis heute weltweit dominierende *technokratische* und *sozialtechnologische* Ausprägungsform der zukunftsbezogenen Forschung. In diesem groß angelegten Think-Tank wurden erstmals komplexere Zukunftsfragen systematisch, wissenschaftlich fundiert und von interdisziplinär zusammengesetzten Forschungsgruppen bearbeitet. („RAND" ist die Abkürzung für *Research and Development*.)
Die RAND Corporation verdankte ihre exzellente finanzielle und personelle Ausstattung der Zusammenarbeit zwischen den höchsten Ebenen der US-amerikanischen Politik mit den wichtigsten Unternehmen des militärisch-industriellen Wirtschaftssektors der USA.
Die Ergebnisse dieser Art von vorausschauender Forschung wurden vorerst meist als militärische Geheimnisse bzw. als Betriebsgeheimnisse großer Konzerne betrachtet und daher nur selten publiziert. Erst in den 1960er und 1970er Jahren erlangte dieser Typus von Forschung durch einige viel beachtete Publikationen zuerst in den USA – und wenig später auch in Europa (> Anfänge der prospektiven Forschung ...) – eine gewisse Popularität. Dabei sind vor allem zwei Personen zu nennen, Olaf Helmer und Herman Kahn:

Olaf Helmer war einer der wichtigsten Repräsentanten der RAND Corporation. Er hatte in seiner Geburtsstadt Berlin Philosophie und Mathematik studiert und in London (u. a. bei Bertrand Russell, einem der wichtigsten Vertreter der analytischen Philosophie) promoviert. In den USA war er vorerst an der University of Chicago als Assistent bei Rudolf Carnap, einem renommierten Mitglied des neopositivistisch orientierten „Wiener Kreises", tätig. Ab 1946 arbeitete Helmer für die RAND Corporation und beschäftigte sich dort vor allem mit der Weiterentwicklung der Spieltheorie und der Organisationstheorie. Zukunftsfragen wurden in diesen Studien nur implizit behandelt. Ab Beginn der 1960er Jahre interessierte sich Helmer verstärkt für explizite *zukunfts*wissenschaftliche Forschung („Forecasting").

1962 stellte Olaf Helmer in einer Studie der RAND Corporation ein – seither in der Zukunftsforschung häufig genutztes – modifiziertes Konzept der Expertenbefragung vor, das er als *Delphi Method* bezeichnete.

1964 publizierte Helmer die berühmte Zukunftsstudie „Social Technology. Report on a Long-Range Forecasting Study", dt.: „50 Jahre Zukunft. Bericht über eine Langfrist-Vorhersage für die Welt der nächsten 5 Jahrzehnte", 1966. (Dazu auch: > Technikfolgenforschung – Technikvorausschau.)

1966 entwickelte der Zukunftswissenschaftler Olaf Helmer – gemeinsam mit Theodore Gordon – die sogenannte *Cross-Impact-Analyse*. An diesem Verfahren zeigt sich besonders deutlich, wie stark sich die prospektive Forschung in der RAND Corporation im Allgemeinen und Olaf Helmer im Besonderen an sozialtechnologischen Vorstellungen orientierten. In einer deutlich vereinfachten Form wird die *Cross-Impact-Analyse* im Bereich des Zukunftsmanagements bzw. der zukunftsbezogenen Beratung auch heute noch als Datenbasis für die Produktion von Szenarien genutzt (> Szenario ...).

1973 wurde Olaf Helmer der weltweit erste Inhaber einer *Professur für Zukunftswissenschaft* („Professor of Futuristics") an der University of Southern California (School of Business Administration).

Herman Kahn ist – neben Olaf Helmer – einer der bis heute berühmten früheren Mitarbeiter der RAND Corporation. Nach seiner Mitarbeit in diesem renommierten Think-Tank für Zukunftsfragen wurde der Physiker Herman Kahn in den 1960er Jahren Leiter des neu gegründeten „Hudson Institute". Als begeisterter Militarist, der am Beginn seiner Karriere an der Entwicklung der Wasserstoffbombe beteiligt war, interessierte er sich vor allem für militärstrategische Forschung. „In seiner provozierend nüchternen Kriegstheorie ging er der Frage nach, ob man angesichts neuer Massenvernichtungswaffen überhaupt noch Kriege ‚führen', ob es also bei einem Atomkrieg noch Strategie geben könne. Dabei

verwandelte sich das Clausewitz'sche Interesse für den *wirklichen* Krieg in das Nachdenken über einen *möglichen* Krieg." (Willer 2016b, S. 252) In diesem Sinne orientiert sich auch die unter Kahns Leitung entwickelte Planungsmethode *Szenario* an der Logik des generalstabsmäßigen Vorausschau auf mögliche militärische Entscheidungen. International bekannt wurde Herman Kahn – gemeinsam mit seinem Co-Autor Anthony Wiener – durch die 1967 publizierte Studie „The Year 2000" (dt.: „Ihr werdet es erleben. Voraussagen der Wissenschaft bis zum Jahr 2000"). (> Szenario ...) Die
RAND Corporation ist heute erfolgreich als gemeinnützige Organisation für Politik und Wirtschaft tätig.

46

REPRÄSENTATIVE ERHEBUNG VON ZUKUNFTSBILDERN

ZUKUNFTSBILD – IMAGE OF THE FUTURE

Zum Begriff *Zukunftsbild* siehe Neuhaus (2015). *Zukunftsbild* ist übrigens keine sehr präzise Übersetzung des englischen Begriffs „image of the future", der sich auf mentale bzw. kognitive Konstruktionen bezieht. Im deutschen Wort „Bild" vermischen sich die englischen Begriffe „image" und „picture".

MEINUNGEN ÜBER DIE WELT VON MORGEN UND ÜBERMORGEN

46

Die Zukunftsbilder der meisten Menschen beziehen sich vor allem auf ihre antizipierte Rolle im zukünftigen Spiel des Lebens. Dabei stehen drei Fragen im Vordergrund: *Was kommt? Was geht? Was bleibt?* Die im Spannungsfeld zwischen Zuversicht und Zukunftsangst konstruierten Antworten auf diese Zukunftsfragen bilden die Grundlage für die *individuellen* Zukunftspläne. (Sinngemäß gelten diese Überlegungen auch für die *institutionelle* Zukunftsplanung.) Viele gegenwärtige Entscheidungen und Handlungen gehen von derartigen Meinungen über die Welt von morgen und übermorgen aus. So gesehen ist es von erheblichem wissenschaftlichem Interesse, die zukunftsbezogenen Meinungsbilder möglichst vieler Menschen zu kennen. Dies spricht für prospektive repräsentative Befragungen (Weichbold 2016).

ANALYSE VON REPRÄSENTATIV ERHOBENEN ZUKUNFTSBILDERN

Im Vergleich mit Experteninterviews u. a. mit Hilfe der Delphi-Technik (> Befragung ...) werden *repräsentative Befragungen* im Bereich der Zukunftsforschung eher selten eingesetzt. Einige zukunftsbezogene Forscher (z. B. Opaschowski 1997, 2004, 2013; Popp 2015b, 2017; Popp/Reinhardt 2012, 2013, 2014, 2015a, 2015b, 2019; Reinhardt 2019b; Reinhardt/Popp 2018, 2019) interessieren sich jedoch nicht nur für die (mit Hilfe von Experteninterviews erhobenen) Zukunftsbilder von Entwicklungsingenieuren, Politikern oder Managern, sondern auch für die zukunftsbezogenen Sichtweisen des großen Rests der Bevölkerung. Mit Hilfe von repräsentativen Befragungen lassen sich die zukunftsbezogenen Annahmen, Wünsche, Hoffnungen oder Ängste großer Bevölkerungsgruppen erheben. Bei der Interpretation der Befragungsergebnisse werden die zukunftsbezogenen Meinungsbilder der Bevölkerung mit thematisch relevanten Forschungsergebnissen verglichen. Dabei spielt das kritisch-hermeneutische Verstehen der empirischen Erhebungsergebnisse (auf der Basis thematisch relevanter *Gegenstandstheorien*) eine zentrale Rolle. Diese theoriegeleitete Interpretation der empirischen Daten ermöglicht die Einschätzung der > Plausibilität der erhobenen Zukunftsbilder. Bei diesem Typus von prospektiver Forschung dürfen jedoch die Meinungen der befragten Menschen nicht mit *objektiven* Aussagen verwechselt werden. Denn selbst wenn ein kollektives Zukunftsbild von einer großen Zahl der Befragten vertreten wird, muss diese Mehrheitsmeinung aus wissenschaftlicher Sicht nicht unbedingt plausibel sein. Manchmal halten also die Meinungen der Bevölkerungsmehrheit einer wissenschaftlichen Überprüfung nicht stand. Diese Diskrepanz tritt vor allem dann auf, wenn die Antworten auf Zukunftsfragen von starken Zukunftsängsten durchdrungen sind. > Zukunftsangst wirkt sich demnach negativ auf die Produktion realistischer Zukunftsbilder aus. Bei den mehrheitlich vertretenen Meinungen spielen häufig auch gewohnte Denkstrukturen eine zentrale Rolle. Das Ungewohnte wird oft nicht als sinnvolle Alternative zum Bekannten und Bestehenden wahrgenommen. Dieser Zusammenhang lässt sich mit einem Zitat aus dem Munde Henry Fords, des Pioniers der industriellen Autoproduktion, verdeutlichen: *„Wenn ich die Menschen gefragt hätte, was sie wollen, hätten sie gesagt: ‚Schnellere Pferde'.“*

ZEITREIHENTECHNIK

Durch die Wiederholung der oben kurz skizzierten repräsentativen Befragungen in regelmäßigen Abständen – also durch die *Zeitreihentechnik* – können Veränderungen im Zeitverlauf festgestellt werden.

Einige Beispiele für Zeitreihen im forschungsmethodischen Kontext der repräsentativen Befragung finden sich u. a. in Reinhardt/Popp (2018, S. 66, 130, 131, 134, 135, 136, 137, 150, 156, 212, 215, 263).

47

RISIKO – RISIKOFORSCHUNG

Der überwiegende Teil der zukunftsbezogenen Forschung zum Thema Risiko bezieht sich auf technische, ökologische, ökonomische und politische Gefahrenpotenziale. (Siehe dazu ausführlich: Beck 2007a und b, Luhmann 2003, Renn 2009 und 2014, Renn u. a. 2007.)

Zwick/Renn (2008, S. 77) definieren *Risiken* als Konstrukte, „anhand derer zukünftige Ereignisse mit negativen Konsequenzen für wertgeschätzte ‚Objekte' – Leben Gesundheit, Vermögen – abgeschätzt und in entsprechende Handlungsstrategien umgesetzt werden können". Im Hinblick auf die wissenschaftlich fundierte Weiterentwicklung dieser Abschätzung von Risiken wurde 2012 das *Zentrum für Interdisziplinäre Risiko- und Innovationsforschung (ZIRIUS)* der Universität Stuttgart gegründet. Dieses Zentrum fungiert als interdisziplinär orientierte Brücke zwischen den Fakultäten der Universität und fördert Forschungsvorhaben zur Querschnittsthematik „technisch-gesellschaftliche Veränderungsprozesse" (u. a. zur systemischen Vernetzung von Technik, gesellschaftlicher Steuerung, Organisation und menschlichem Verhalten).

Die am > **empiristischen Erkenntnisweg** orientierte Form der Risikoforschung unterscheidet zwischen Risiko*analyse*, welche die Frage beantwortet, was passieren *kann*, und Risiko*bewertung*, die thematisiert, was passieren *darf* (Kienholz 2004, S. 250): Die Risiko*analysen* „müssen mit wissenschaftlichen Methoden zu [...] objektiv richtigen Aussagen führen", auch wenn „die Analyseergebnisse in vielen Fällen mit Unsicherheiten behaftet sind". Ammann (2004, S. 262) weist in diesem Zusammenhang auf „die in der Regel vorhandene Lücke" zwischen Risikoanalyse und -bewertung hin und fordert die Überbrückung dieser Lücke durch wissenschaftlich fundierte Maßnahmen, um zu einem „integralen Risikomanagement" zu gelangen, wobei „die gesetzten Ziele *effektiv und effizient zu realisieren*" seien. (Vertiefend zur Risikoforschung: Felgentreff/Glade 2008, Rieken 2015b, Allianz SE 2016.)

Im Sinne dieser „objektiven" Risikoabschätzung und des darauf aufbauenden *integralen Risikomanagements* kommt der Risikoforscher Ortwin Renn (2014) im Untertitel seines umfassenden Werkes „Das Risikoparadox" zu dem Schluss, dass „wir uns vor dem Falschen fürchten".

KRITIK AM KONZEPT EINER AUSSCHLIESSLICH „OBJEKTIVEN" RISIKOABSCHÄTZUNG

Der Ethnologe, Katastrophenforscher und Psychoanalytiker (IP) *Bernd Rieken* kritisiert die oben kurz skizzierte Reduktion auf eine *rationale Abschätzung* von Risiken, weil „dadurch unbewusste oder halb bewusste zählebige Ahnungen, wie sie typisch für die Angst sind, (...) dergestalt zur Quantité négligeable" werden (Rieken – in: Popp/Rieken/Sindelar 2017, S. 17). Laut Rieken (ebd.) bevorzugt die Soziologie (abgesehen von einigen Ausnahmen wie etwa Bude 2016 oder Dehne 2017) einen rational verkürzten Risikobegriff (z. B. Beck 2007a und b; Furedi 2007, S. 42).

Das gilt (ebd.) auch für weite Bereiche der experimentellen Psychologie, die in ihrer therapeutisch angewandten kognitiv-behavioralen Ausprägungsform versucht, subjektiv erlebte Ängste vor Risiken wegzukonditionieren. Dieser psychotechnische Umgang verhindert nach Vinnai (1993/2005, S. 61), den Sinn und die Bedeutung der Angst vor Risiken „bewusst zu machen, um sie zur Kraft zu machen, die auf Hellsichtigkeit gegenüber bedrohlichen Regungen drängen kann".

Rieken (in: Popp/Rieken/Sindelar 2017, S. 20) hält es jedoch selbstverständlich für „sinnvoll, sich über das mögliche Gefahrenpotential Gedanken zu machen und geeignete Schutzmaßnahmen zu ergreifen, nur sollte man nicht der Illusion verfallen, das Risiko ‚objektiv' messen zu können." In diesem Sinne kritisiert Rieken die ausschließlich quantitative Messung von Risiken, wie dies etwa Ammann (2004, S. 262) mit der folgenden Definition von *Risiko* versucht: „Produkt aus der

Häufigkeit bzw. Wahrscheinlichkeit eines gefährlichen Ereignisses und dem Schadensausmaß, das bestimmt wird durch die Anzahl der Personen und die Sachwerte, die einem gefährlichen Ereignis zum Zeitpunkt seines tatsächlichen Eintretens ausgesetzt sind".

Dieser Reduktion des Risikoverständnisses hält Rieken (in: Popp/Rieken/Sindelar 2017, S. 21) folgende Argumentation entgegen: „Obwohl der Hinweis auf die Mathematik präzise Eindeutigkeit suggeriert, wird dazu ein unscharfer Begriff verwendet, nämlich ‚Häufigkeit'. Wenige Gegenbeispiele genügen, um die Problematik dieses Ansatzes zu veranschaulichen:

- Das Schadensausmaß der Lawinenkatastrophe von Galtür, die im Februar 1999 ausgerechnet in der ‚grünen', das heißt seit jeher als sicher geltenden, Zone zerstörerisch wirkte, konnte niemand vorhersehen.
- Die Höhe der Februar-Sturmflut im Jahr 1962, bei der in Hamburg mehr als 300 Menschen ertrunken sind, war ebenfalls jenseits des Vorhergesagten, weil eine Fernwelle aus dem Atlantik den Meeresspiegel zusätzlich in die Höhe trieb."

Ähnliche Überlegungen finden sich in einem interessanten Beitrag von Blum (2016), die den nach dem *Wahrscheinlichkeitskalkül* statistisch erfassbaren „normalen" Risiken den „worst case" gegenüberstellt. „Wenn Bedrohungsszenarien als singuläre, katastrophale Ausnahme imaginiert werden, gerät die probabilistische Vernunft an ihre Grenzen." (Ebd., S. 344)

Rieken (in: Popp/Rieken/Sindelar 2017, S. 22) räumt freilich ein, dass dem *integralen Risikomanagement* als pragmatischer Variante der Risikoabschätzung ein sinnvolles Anliegen zugrunde liegt: „Wir leben in einer hochkomplexen Gesellschaft, die kaum überschaubar ist und kaum verstanden wird, weswegen es notwendig ist, Spezialisten zu vertrauen, die von sich behaupten, mit hinreichendem Fachwissen ausgestattet zu sein. Ohne Vertrauen ist kein Sicherheitsgefühl möglich, und das Streben nach Sicherheit ist ein menschliches Grundbedürfnis, denn es ist kaum auszuhalten, in ständiger Angst zu leben."

48

SCIENCE FICTION UND VORAUSSCHAUENDE FORSCHUNG

In der zweiten Hälfte des 19. Jahrhunderts entwickelte sich ein Typus der utopischen Literatur (> Utopie ...), der heute meist als „Science Fiction" bezeichnet wird.

SCIENCE MEETS FICTION

Neben Jules Verne (1828–1905) gilt Herbert George Wells (1866–1946) als der berühmteste Science-Fiction-Autor des ausklingenden 19. und beginnenden 20. Jahrhunderts. Der Utopieforscher Wilhelm Voßkamp (2009, S. 47) titulierte Wells sogar als „Shakespeare der Science Fiction". Von Wells' Buch „The Time Machine" (1895) stammt übrigens das bis heute in Science-Fiction-Romanen und -Filmen häufig eingesetzte Stilmittel der *Zeitmaschine*, mit der man in die Vergangenheit oder in die Zukunft reisen kann (Hölscher 1999, S. 132 ff.). Stefan Willer (2019, S. 264–269) weist auf einige neuere Zeitreise-Geschichten hin.
1901 publizierte Wells eine Sammlung von Artikeln unter dem Titel „Ausblicke auf die Folgen des technischen und wissenschaftlichen Fortschritts für Leben und Denken des Menschen". Darin werden relativ umstandslos technologische und sozialtechnologische Voraussagen für die Zukunft formuliert. In diesem Zusammenhang forderte Wells auch eine verstärkte wissenschaftliche Auseinandersetzung mit Zukunftsfragen und die Einrichtung von Universitätsinstituten für Zukunftswissenschaft. Er selbst engagierte sich jedoch nicht im Bereich von Wissenschaft und Forschung.
In den Science-Fiction-Büchern und -Filmen des 20. Jahrhunderts rückte die Angst vor der zerstörerischen Kraft der Technik und die Warnung vor der Manipulation der Menschen in totalitären Systemen in den Vordergrund. Man denke etwa an Aldous Huxley („Brave New World"), George Orwell („1984") oder Stanisław Lem („Der futurologische Kongreß", „Solaris").
Auf eine ausführliche Diskussion der außerordentlich vielfältigen Entwicklungen von *Science Fiction* im 20. Jahrhundert muss hier aus Platzgründen und mit

Blick auf das primäre Ziel des vorliegenden Buches verzichtet werden. Zum aktuellen Stand der Diskussion über den Zusammenhang zwischen *Science Fiction* und *Zukunftsforschung* siehe Steinmüller (2016), der die vielfältigen Ausprägungsformen von Science Fiction (SF) folgendermaßen zusammenfasst (S. 321): „Science Fiction – insbesondere im Medienverbund von Literatur, Film, Hörspiel, Comic etc. – ist ein extrem weites Feld. Es reicht thematisch von philosophischen und religiösen Spekulationen zu Zeitreisen und Alternativwelten über Utopien, Dystopien und Action-Abenteuer im Weltraum bis hin zu Weltuntergangsvisionen. Zudem steht die SF in der öffentlichen Wahrnehmung schlechthin für Zukunft. Die Werbung operiert, wenn sie fortschrittliche Aspekte eines Produkts hervorheben will, mit SF-Versatzstücken. Journalisten, die ‚die Zukunft' beschreiben wollen, nehmen Zuflucht zu SF-Visionen. Forscher und Entwicklungsingenieure verweisen auf Anregungen aus der SF und nutzen oft genug deren Vokabular." Vertiefend zu *Science Fiction*: Macho/Wunschel (2004), Siebenpfeiffer (2016b), Weber (2005).
Science Fiction ist ein Genre der künstlerischen Gestaltung und selbstverständlich nicht gleichzusetzen mit zukunftsbezogener *Forschung*, auch wenn der Begriff „Science" dies suggeriert. Aber visionäre Kunst und vorausschauende Wissenschaft können sich durchaus wechselseitig beeinflussen. (Siehe dazu u. a. Brandt/Granderath/Hattendorf 2019, Popp 2019c – an diesem Beitrag orientiert sich auch der Text des folgenden Unterpunkts.)

ZUR PROGNOSTISCHEN KOMPETENZ VON SCIENCE FICTION

In vielen frühen Science-Fiction-Storys, etwa bei J. Verne, H. G. Wells oder in der dystopischen Kurzgeschichte „Die Maschine steht still" von E. M. Forster finden sich nicht nur unrealistische Techno-Visionen wie etwa Beamen oder Zeitreisen, sondern auch vorausahnende Beschreibungen von technischen Geräten, die erst viel später erfunden wurden, etwa Mobiltelefone, Bild- und Videotelefonie, Fernsehgeräte oder elektronisch gesteuerte Hightech-Wohnwelten. Deshalb wird in manchen oberflächlichen Vergleichen vermutet, dass Science-Fiction-Autorinnen bzw. -Autoren bessere Prognosen produzieren als prospektiv forschende Wissenschaftlerinnen und Wissenschaftler. Solche engführenden Schlussfolgerungen reduzieren freilich sowohl das wissenschaftliche als auch das literarische Zukunftsdenken auf die Funktion der präzisen Prognostik. Genauer betrachtet geht es aber gar nicht um den Sieg im Wettstreit um die beste Prognose, sondern um die produktive Nutzung der *Stärken* sowohl der prospektiven Forschung als auch der Science-Fiction-Literatur im Hinblick auf die *Gestaltung* einer besseren Zukunft.

- Die Stärke der vorausschauenden *Forschung* liegt in der theoriegeleiteten und interdisziplinären Analyse der vielfältigen Möglichkeiten der zukünftigen Weiterentwicklung von historischen und gegenwärtigen Wandlungsprozessen. Die plausiblen Ergebnisse dieser wissenschaftlichen Vorausschau erleichtern den Individuen und den Institutionen die Orientierung im Gewirr der komplexen Zusammenhänge und schärfen den gestaltungsorientierten Blick sowohl auf zukünftige Chancen als auch auf drohenden Gefahren.
- Die Stärke der (qualitätsvollen) Science-Fiction-Literatur liegt dagegen in der einfühlsamen und phantasievollen Schilderung der Lebensdramen einzelner Menschen im Zusammenhang mit der Bewältigung von zukünftigen Herausforderungen. Dadurch tritt der in der Wissenschaft häufig vernachlässigte subjektive Faktor in den Vordergrund. Dies erleichtert den mitfühlenden Blick auf die emotionalen Erlebnisinhalte.

Sowohl die prospektive Forschung als auch die zukunftsbezogene Literatur zielen also *nicht* auf die verbindliche Vorherzusage der Zukunft ab. Vielmehr geht es um jenen gestaltungsorientierten Zusammenhang zwischen Vorausschau und Vorsorge, der bereits in der klugen Wortspende eines berühmten Politikers und Strategen aus dem klassischen Altertum formuliert wurde: *„Es kommt nicht darauf an, die Zukunft vorherzusagen, sondern auf die Zukunft vorbereitet zu sein."* (Perikles)

49

SOZIALER WANDEL

In neueren öffentlichen Diskursen über technische, gesellschaftliche und wirtschaftliche sowie vor allem über ökologisch relevante tiefgreifende Veränderungsprozesse wird manchmal statt des Begriffs *Wandel* der Begriff *Transformation* verwendet. (Vertiefend zur *Transformationsforschung*: Kollmorgen/Merkel/Wagener 2015.) Im Hinblick auf die angestrebte Einbindung in den seit rund einhundert Jahren geführten einschlägigen *sozialwissenschaftlichen* Diskurs wird jedoch in der vorliegenden Publikation der Begriff „sozialer Wandel" bevorzugt. Dieser Begriff („social change") wurde vom US-amerikanischen Soziologen William Ogburn im Jahr 1922 in den kultur- und gesellschaftswissenschaftlichen Sprachgebrauch eingeführt. (Siehe dazu auch Zapf 1979 sowie > Innovationsforschung ..., > Trend – Trendforschung, > Megatrend ...)

ZUKUNFTSBEZOGENE FORSCHUNG ALS WISSENSCHAFT DES WANDELS

Im Hinblick auf *human- und sozial*wissenschaftlich relevante Aspekte des Wandels resultiert die Zukunft – ebenso wie die Gegenwart – aus einem hoch komplexen Zusammenspiel der vielfältigen (z. T. gegensätzlichen) individuellen *Bedürfnislagen* einerseits und der unterschiedlichen (z. T. gegensätzlichen) *Bedarfslagen* gesellschaftlicher, wirtschaftlicher und politischer Interessengruppen andererseits. Diese auf die Gestaltung der Gegenwart und die Vorbereitung bzw. die Planung der Zukunft hin orientierten Bedürfnis- und Bedarfslagen bzw. Interessen entfalten sich unter den jeweiligen Rahmenbedingungen der technischen Innovationen sowie der natürlichen und wirtschaftlichen Lebensgrundlagen. Ausgehend von der Analyse und Interpretation

- der historisch entwickelten und gegenwärtig ausgeprägten *gesellschaftlichen, ökonomischen* und *ökologischen* Dynamiken,
- der gegenwärtig geplanten Zukunfts*technologien* und ihrer individuellen, sozialen, wirtschaftlichen und ökologischen *Folgen* sowie

- der gegenwärtig konstruierten *individuellen* sowie *institutionellen* Zukunftsbilder und Zukunftsplanungen

sind – mit aller gebotenen Vorsicht – plausible Annahmen über zukünftige Entwicklungen möglich (> Plausibilität).

So gesehen geht es in der prospektiven Forschung vor allem um die Analyse und zukunftsbezogene Interpretation von gestaltbaren bio-psycho-sozialen und öko-sozio-kulturellen *Wandlungs*prozessen. (> Trends – Megatrends)

LANGSAMER WANDEL: PSYCHODYNAMISCHE UND SOZIODYNAMISCHE EVOLUTION ZWISCHEN TRADITION UND INNOVATION

Vor allem im Zusammenhang mit Diskursen über *technologie*getriebene Wandlungsprozesse werden häufig Begriffe verwendet, die auf radikale Umstürze hindeuten, z. B. *digitale Revolution* oder *Disruption*. Derartige *disruptive* Formen des Wandels sind jedoch viel seltener als *moderate* Veränderungen und vorsichtige Reformen. (Vertiefend zum Reformdiskurs: Bollmann 2008, Heiniger u. a. 2004, Schödlbauer 2007, Müller 2004.) Für die Langsamkeit des Wandels sorgen stabilisierende Kräfte sowohl in der *Psychodynamik* der Individuen als auch in der *Soziodynamik* der Gesellschaft, der Wirtschaft und der Politik.

Für die Stabilisierung im Bereich der *Psychodynamik* der Individuen sorgen u. a.

- die vielfältigen und vielschichtigen zwischenmenschlichen Abhängigkeiten,
- die eingeübten Gewohnheiten,
- die Kraft der Vorurteile,
- die lebensstiltypischen Wahrnehmungs- und Verhaltensmuster sowie
- die Angst vor dem Verlust der sicherheitsspendenden Alltagsroutinen.

Nach der Meinung des Erziehungs- und Zukunftswissenschaftlers Horst W. Opaschowski (2013, S. 717) hat dieser psychodynamische Komplex „die Wirkung einer Kleidung aus Eisen, die nur schwer zu sprengen ist". Ähnlich argumentierte bereits 1927 der Begründer der Individualpsychologie, Alfred Adler, der für die Beschreibung dieses Korsetts den – unterdessen in die Alltagssprache eingegangenen – Begriff „Lebensstil" erfand. Die mit dem jeweils individuellen Lebensstil verbundenen Interpretations- und Handlungsmuster sind sehr stabil und lassen sich nur schwer verändern (siehe Adler 1927/2007, S. 74 f.). In der *Soziodynamik* des gesellschaftlichen, wirtschaftlichen und politischen Lebens sorgen vor allem die institutionellen Rahmenbedingungen für die Stabilisierung traditioneller Strukturen, u. a.

- eine Vielzahl von Regeln und Normen,
- die für die Vollziehung dieser Ordnungsmechanismen zuständigen Institutionen,
- die langfristig konzipierten sozialen Sicherungssysteme (z. B. das Umlagesystem für die Rentenfinanzierung),
- die ebenso langfristig konzipierten räumlich-materiellen Strukturen (z. B. Wohnbauten, Infrastruktur, Verkehrssysteme ...) sowie
- die vielfältigen Sozialisationsagenturen (z. B. Familie, Kindergarten, Schule, Arbeitsplatz ...).

Die Stabilisierungsfunktion von Institutionen reduziert die Vielzahl der prinzipiell möglichen Entscheidungen auf die überschaubare Zahl der institutionell akzeptierten Optionen und sorgt für Sicherheit in vielen Alltagsfragen. Diese Engführung erzielt eine ambivalente Wirkung: Einerseits fördert sie die öffentliche, soziale und individuelle *Sicherheit*, andererseits reduziert sie jedoch die individuelle *Freiheit*. Der Philosoph, Soziologe und Psychologe Jürgen Habermas (1973/1991, S. 335) vergleicht die einengende Funktion von *Institutionen* im Bereich der *Soziodynamik* sogar mit der engführenden Funktion der *Neurosen* im Bereich der *Psychodynamik*.
Im Folgenden werden – selbstverständlich ohne Anspruch auf Vollständigkeit – einige wichtige zukunftsgestaltende Teilaspekte des Phänomens „sozialer Wandel" kurz skizziert:

DEMOGRAFISCHER WANDEL

Vordergründig geht es beim Thema Demografie nur um die *quantitative* Dimension der Bevölkerungsentwicklung in der Dynamik zwischen den Faktoren *Geburt, Tod, Migration* – sowohl *Zu*wanderung als auch *Ab*wanderung (siehe u. a. Lutz 2016). Mit diesen *quantitativ* messbaren und prognostizierbaren Daten ist jedoch eine Vielzahl von *qualitativen* Fragestellungen verbunden, z. B. die vielfältigen ökonomischen, gesundheitlichen, sozialen und mentalen Aspekte des Alter(n)s und der Altersvorsorge. (Vertiefend dazu: Amann/Ehgartner/Felder 2010; Baumgartner/Kolland/Wanka 2013; Gross 2013; Karl 2012; Kruse 2010; Opaschowski/Reinhardt 2007; Popp 2015b, S. 262 ff., und 2017; Popp u. a. 2013;

Popp/Reinhardt 2012 und 2015b, S. 288 f.; Popp u. a. 2013; Rosenmayr 2011; Scherf 2007.)

Im Zusammenhang mit dem demografischen Faktor *Zuwanderung* sind auch die vielfältigen Herausforderungen des *interkulturellen Zusammenlebens* ein wichtiges zukunftsbezogenes Forschungsthema.

WERTEWANDEL

Bei zukunftsbezogenen Diskursen über den sozialen Wandel geht es nicht nur um die mittelfristig zu erwartende Veränderung sozialer *Strukturen* und *Funktionen,* sondern auch um die Veränderung der damit zusammenhängenden dominierenden *Werte,* also um den sogenannten Wertewandel (Klages 2001). Diese Wandlungsprozesse vollziehen sich meist nur langsam und sind eng mit den Sozialisations- und Lebensbedingungen der jeweiligen Altersgruppen bzw. Generationen verbunden. (Dazu auch: > **Y: Generation Y – und der zukunftsbezogene Generationendiskurs**.)

ZUKUNFTSGENESE: THEORETISCHE KONZEPTE FÜR DIE ERKLÄRUNG ZUKUNFTSBEZOGENER SOZIALER WANDLUNGSPROZESSE

In diesem Zusammenhang bieten sich – selbstverständlich ohne Anspruch auf Vollständigkeit – die folgenden Theorien an. (Abstracts der in der folgenden Auflistung angegebenen Beiträge finden sich in Tiberius 2012b, S. 17 ff.):

- *Symbolischer Interaktionismus* (Mead u. a.): Eine überblicksartige Einführung bietet Engelhardt (2012).
- *Theorie der normativen Integration und gesellschaftlichen Steuerung* (Etzioni): Eine überblicksartige Einführung bietet Lange (2012).
- *Kritisch-emanzipatorische Theorie der gesellschaftlichen Widersprüche, Krisen und Pathologien* (Habermas): Eine überblicksartige Einführung bietet Müller Doohm (2012).
- *Strukturalistische Theorie der gesellschaftlichen Praxis* (Bourdieu): Eine überblicksartige Einführung bietet Saalmann (2012).
- *Soziologie der flüchtigen Moderne* (Bauman): Eine überblicksartige Einführung bietet Frehe (2012).
- *Theorie der funktionalen gesellschaftlichen Differenzierung* (Luhmann): Eine überblicksartige Einführung bietet Horster (2012).

- *Theorien der reflexiven Modernisierung* (Beck, Giddens): Eine überblicksartige Einführung bieten Lamla/Laux (2012) und Welskopp (2012).
- *Theorie der Postmoderne* (Lyotard, Welsch): Eine überblicksartige Einführung bietet Suarez Müller (2012).
- *Theorien der Pfadabhängigkeit, Pfadbrechung, Pfadkreation:* Eine überblicksartige Einführung bieten Dievernich (2012) und Tiberius (2012c, S. 263 ff.). Vertiefend dazu: Ackermann (2001), Schreyögg/Sydow (2003), Schreyögg/Sydow/Koch (2003), Beyer (2005) und (2006), Schäcke (2006).
- *Struktureller Netzwerkansatz:* Eine überblicksartige Einführung bieten Tiberius/ Rasche (2012).
- Anhänger der *empiristischen* Forschungslogik (> Empiristischer Erkenntnisweg, > Kritischer Rationalismus, > Quantitative ... Sozialforschung) kritisieren an den oben angesprochenen Theorien die *hermeneutisch-verstehenden* bzw. *konstruktivistischen* Ansätze und fordern die „Abkehr vom empiriefernen Bau theoretischer Modelle" (Mayntz 2009, S. 83). In diesem *empiristischen* Theoriekontext wird meist auf das Konzept des *akteurzentrierten Institutionalismus* (Mayntz/Scharpf 1995) zurückgegriffen. Dieses Theoriekonzept ist durchaus interessant, reduziert jedoch die Analyse sozialer Systeme auf die nach der strengen empiristischen Forschungslogik überprüfbaren Faktoren.

In Tiberius (2011c, S. 52 f.) findet sich eine Liste weiterer möglicher „Theorien des Wandels", die sich jedoch überwiegend auf spezifische Aspekte der Innovation in wirtschaftlichen und politischen Institutionen beziehen.

50

SUBJEKTIVER FAKTOR IN DER ZUKUNFTS-BEZOGENEN FORSCHUNG

Die zukunftsbezogene Forschung wird überwiegend in Form von Auftragsforschung realisiert. Die Forschungsaufträge stammen meist von Wirtschaftsunternehmen, von größeren Institutionen der Zivilgesellschaft oder von der Politik und beziehen sich vor allem auf *strategische Ziele*. Deshalb sind wissenschaftliche Veröffentlichungen zu *technischen, gesellschaftlichen, ökonomischen, ökologischen* und *politischen* Zukunftsfragen stark überrepräsentiert. Auseinandersetzungen mit dem „subjektiven Faktor", also *psychologische* und *psychotherapiewissenschaftliche* Zukunftsfragen, spielen dagegen nur eine Nebenrolle.
Im Hinblick auf die große Bedeutung des subjektiven Faktors gelangte allerdings der renommierte Historiker Joachim Radkau (2017, S. 440) in seinem umfassenden Werk „Geschichte der Zukunft" zu der folgenden tiefgründigen Erkenntnis: „Das Thema ‚Zukunft' hat es in sich. Je tiefer man in das Thema eindringt, desto mehr gerät man in eigene Tiefenschichten, an den vitalen Kern des eigenen Daseins, und wird sich dessen bewusst, dass sich Furcht und Hoffnung in ihrem Wechselspiel nur begrenzt vom Geist steuern lassen."

50

WISSENSCHAFTLICHE PUBLIKATIONEN ZUM THEMA „SUBJEKTIVER FAKTOR UND ZUKUNFT"

Unter den *älteren Publikationen* zu dieser Thematik sind vor allem zu nennen: Bowie (1993), Fraisse (1985), Kastenbaum (1961), Melges (1990), Nuttin (1985), Schneider (1987). Das bereits 1890 (!) unter dem Titel „Zur Psychologie der Zukunft" erschienene Buch des naturalistischen Schriftstellers Karl Bleibtreu ist jedoch *kein* wissenschaftliches Werk.

Einige neuere Publikationen:

- Ein wissenschaftliches Grundlagenwerk zu den vielfältigen Zusammenhängen zwischen der Psychodynamik und der prospektiven Forschung wurde von Popp/Rieken/Sindelar (2017) veröffentlicht: „Zukunftsforschung und Psychodynamik. Zukunftsdenken zwischen Angst und Zuversicht".

- Der Sammelband „Psychologie und Zukunft" (Möller/Strauß/Jürgensen 2000) fasst mehrere zukunftsbezogene Beiträge aus der Perspektive der *kognitiven Psychologie* (z. B. Brandtstädter 2000, Fiedler 2000, Schaal/Gollwitzer 2000, Schulz-Hardt/Frey 2000, Stern/Koerber 2000, Zwingmann/Murken 2000) zusammen.
- In dem o. g. Sammelband finden sich auch einzelne Beiträge aus *sozial-konstruktivistischer* Perspektive (u. a. Weber 2000). Ein weiterer *sozial-konstruktivistisch* orientierter Beitrag wurde von Kraus (2003) im „Journal für Psychologie" veröffentlicht.
- Mit der Bedeutung von Erwartungen, Phantasien und Tagträumen (> Zukunftswünsche – Sehnsüchte – Zukunftsträume) sowie mit der psychologischen Debatte um Optimismus versus Realismus beschäftigen sich einige Publikationen von Gabriele Oettingen, u. a. das umfangreiche Werk „Psychologie des Zukunftsdenkens" (1997) sowie ein zusammenfassender Beitrag (2000) und in jüngerer Zeit „Psychologie des Gelingens" (2015).
- 2016 wurde von Seligman u. a. eine umfangreiche Publikation zum Zukunftsdenken aus der Sicht der *Positiven Psychologie* vorgelegt: „Homo prospectus".
- Überlegungen zur Voraussage in der Psychoanalyse (> Psychoanalytische Sozialforschung ...) und in den Psychotherapiewissenschaften finden sich in Giampieri-Deutsch (2016) sowie zu prospektiven Aspekten der Psychiatrie in Schäfer (2016).
- Unter dem Stichwort > Mentales Zeitreisen – Zeitperspektiven finden sich Hinweise auf einige Publikationen, die sich im Zusammenhang mit psychologischen und neurowissenschaftlichen Aspekten der *Zeit*forschung auch mit der menschlichen Fähigkeit des *Zukunfts*denkens beschäftigen.
- Eine innovative Verknüpfung von Zukunftsdiskursen mit psychologischen Theorien suggeriert auch die Bezeichnung des vom Reichtumsforscher Thomas Druyen geleiteten Instituts für Zukunftspsychologie und Zukunftsmanagement, wobei der Terminus „Zukunftspsychologie" auf einen Überbegriff für die Entwicklung von „Veränderungskompetenz als Metakompetenz" (Weller 2018, S. 58) im Hinblick auf die anscheinend „ultimativen Herausforderungen" (Druyen 2018) der Zukunft reduziert wird. Das stark normative Konzept der sogenannten Zukunftspsychologie wurde jedoch bisher nur sehr vage formuliert und deshalb weder im wissenschaftlichen Diskurs der *Psychologie* noch in den vielfältigen wissenschaftlichen Diskursen der *prospektiven Forschung* rezipiert.

Implizit werden in vielen Forschungsgebieten der Psychologie bzw. der Psychotherapiewissenschaft Bezüge zur Zukunft hergestellt, z. B. in der Entwicklungspsychologie und Sozialisationsforschung, der Sozialpsychologie, der Wirtschaftspsychologie u. Ä.). Dies lässt sich an den folgenden zwei Beispielen verdeutlichen:

UNGEWISSHEIT UND AMBIGUITÄTS(IN)TOLERANZ

Im Zusammenhang mit dem subjektiven Faktor in der prospektiven Forschung spielt die psychodynamische Bewältigung von *Ungewissheit* und *Ambivalenz* bzw. *Ambiguität* im Allgemeinen sowie der produktive Umgang mit unterschiedlichen Sichtweisen und widersprüchlichen Entwicklungstendenzen im Besonderen eine wichtige Rolle. Die wissenschaftliche Auseinandersetzung mit dieser Thematik begann mit den Arbeiten der Psychoanalytikerin Else Frenkel-Brunswik (1949), die im Kontext der berühmten Autoritarismusstudie von Adorno/Frenkel-Brunswik/Levinson/Sanford (1950) die Persönlichkeitsmerkmale autoritärer Menschen erforschte. Im Hinblick auf die psychische Bewältigung von *Ambivalenz* bzw. *Ambiguität* führte sie die Unterscheidung zwischen Ambiguitäts*toleranz* und Ambiguitäts*intoleranz* in die wissenschaftliche Terminologie ein. (Zur wissenschaftlichen Bedeutung von Frenkel-Brunswick: Sprung 2011.) In den vergangenen sieben Jahrzehnten wurde die Ambiguitätsforschung in mehreren Studien – weit über die Autoritarismusforschung und über die psychoanalytische Forschung hinaus – thematisch stark erweitert und auf den Umgang mit Ungewissheit in unterschiedlichen Lebensbereichen bezogen. (Dazu vertiefend: Dalbert 1999, Furnham/Marks 2013, Reis 1997, Ziegler 2010.) Wissenschaftliche Publikationen, in denen eine systematische Verknüpfung zwischen den Ergebnissen der Ambiquitätsforschung und der Bewältigung von Ungewissheit in der zukunftsbezogenen Forschung hergestellt wird, liegen bisher nicht vor.

SELF-FULFILLING PROPHECY – SELF-DESTROYING PROPHECY

Der im Zusammenhang mit dem *subjektiven Faktor* in der zukunftsbezogenen Forschung bedeutsame Begriff *Self-Fulfilling Prophecy* wurde bereits 1948 von Robert K. Merton erwähnt. In den 1980er Jahren wurde dieser Begriff von Watzlawick, Beavin und Jackson (1985, S. 95 f.) im Kontext der konstruktivistisch orientierte Sozialpsychologie verwendet. In diesem Zusammenhang verbreitete sich auch der komplementäre Begriff *Self-Destroying Prophecy*. Sowohl *Self-Ful-*

filling Prophecy als auch *Self-Destroying Prophecy* spielen beim Zukunftsdenken, bei der Zukunftsplanung und der zukunftsbezogenen Forschung eine wichtige Rolle. Denn Prophezeiungen bzw. Prognosen führen – unabhängig von ihrer Richtigkeit – zu sozialen bzw. psychischen Reaktionen, sofern an die Vorhersagen geglaubt wird. (Eine unterhaltsame populärwissenschaftliche Darstellung dieses Phänomens findet sich in Watzlawick 2006, S. 17 ff.)

Die Wirkmacht von *selbsterfüllenden* Prophezeiungen zeigt sich etwa am Beispiel von Verhaltensänderungen, die als Reaktion auf Horoskope vorgenommen werden, obwohl es für die von den Astrologen behaupteten Zusammenhänge zwischen den Konstellationen am Firmament und den irdischen Aktivitäten der Menschen bekanntlich keine wissenschaftlich fundierten Begründungen gibt. Ebenso führen Prognosen über Börsenentwicklungen immer wieder zu Massenreaktionen der Anleger, wodurch freilich falsche Vorhersagen faktisch bestätigt werden können.

Umgekehrt gibt es auch das Phänomen der *selbstzerstörenden* Prophezeiung. So können Warnungen vor Katastrophen zu umfassenden präventiven Maßnahmen führen. Das Nichteintreten der Katastrophe wird häufig auf die Wirkung der klugen > Vorsorge zurückgeführt, obwohl sich dieser Zusammenhang niemals eindeutig beweisen lässt. (Dieser Hinweis spricht selbstverständlich nicht gegen vorausschauendes Denken und vorsorgendes Handeln.)

51

SZENARIO – VORAUSSCHAUENDES WISSENSMANAGEMENT

Ein Szenario ist eine jedenfalls *verbale*, häufig auch *grafisch* verdeutlichende Darstellung der prognostizierten zukünftigen Weiterentwicklung eines vorher wissenschaftlich fundiert (historisch, empirisch und hermeneutisch) untersuchten Forschungsgegenstandes. Die Szenariotechnik ist keine *Forschungs*methode, sondern eine Methode des *Wissensmanagements*.

MULTIPLE UND SINGULÄRE SZENARIEN

In den meisten Projekten der prospektiven Forschung werden *multiple* Szenarien bevorzugt. Die Annahme von mehreren Entwicklungsmöglichkeiten zu einem jeweils konkreten Forschungsgegenstand entspricht dem Verständnis von Zukunft als Zeit vieler Möglichkeiten. In den meisten Fällen spricht für *eine* der prognostischen Aussagen mehr als für die anderen.
Aber auch *singuläre Szenarien* (also die Annahme einer einzigen Zukunftsentwicklung) haben durchaus ihre Berechtigung, sofern für eine spezifische Zukunftsentwicklung sehr viele plausible Argumente sprechen. (Im Hinblick auf die Ungewissheit der Zukunft ist jedoch ein Hinweis auf die Möglichkeit alternativer Entwicklungen grundsätzlich zu empfehlen.)
Jedenfalls kann mit Hilfe von Szenarien niemals vorhergesagt werden, wie sich das jeweils untersuchte Phänomen in der Zukunft tatsächlich entwickeln wird! Vielmehr geht es darum, wissenschaftlich fundiert zu analysieren und plausibel zu argumentieren, wie sich – im Hinblick auf den jeweiligen Forschungsgegenstand – der historisch gewordene Status quo (aus heutiger Sicht) zukünftig weiterentwickeln könnte. Aufbauend auf dieser prospektiven Wissensbasis kann eine Prognose noch aktionale Aussagen enthalten; also was wann wie und von wem zu tun wäre, um die theoriegeleitet begründeten Zukunftsziele zu erreichen.

SZENARIOTECHNIK ALS WICHTIGSTES VERFAHREN FÜR MULTIPLE PROGNOSEN

Die in der zukunftsbezogenen Forschung sehr beliebte Szenariotechnik ist ein von Herman Kahn (> RAND Corporation) aus den militärischen Planspielen abgeleitetes Verfahren des Wissensmanagements, also der strategischen Nutzung von vielfältigen Informationen. Die Szenariotechnik dient weniger der Generierung von *neuem* Wissen, sondern vor allem der übersichtlichen *Strukturierung und Darstellung* von vorhandenem Wissen über zukünftige Entwicklungsmöglichkeiten.

Die Zuordnung dieser zukunftsbezogenen Wissensbestände zu den einzelnen Szenariosträngen bezieht sich meist auf die Vorbereitung von Entscheidungen im Rahmen von strategischen Planungsprozessen in der Wirtschaft, der Zivilgesellschaft oder im politisch-administrativen System (dazu siehe u. a. Mietzner 2009, Pillkahn 2007 und 2013a und b, Steinmüller 2012, Wilms 2006). Dabei wird die Vielzahl der Entwicklungsmöglichkeiten vereinfacht in Form von drei bis vier besonders gut unterscheidbaren Entwicklungssträngen zusammengefasst. Die vergleichende Gegenüberstellung der wichtigsten Szenariostränge – mit ihren Vor- und Nachteilen sowie Chancen und Gefahren – ermöglicht eine gute Orientierung für zukunftsorientierte Entscheidungen. Die einzelnen Szenariostränge werden möglichst konkret und bildhaft ausformuliert. Somit ist die *Formulierung* der Szenarien immer auch eine *literarische* Leistung. (Zur Annahme der schlechtest möglichen Zukunftsentwicklung – also *worst case*: Blum 2016.)

WILD CARDS UND SCHWARZE SCHWÄNE: VORBEREITUNG AUF ÜBERRASCHUNGEN

Obwohl der größte Teil des Wandels der Gesellschaft und der Wirtschaft (> Sozialer Wandel) ohne spektakuläre Sprünge verläuft, ist es durchaus sinnvoll, sich auch auf Überraschungen vorzubereiten. Deshalb ist es empfehlenswert, bei der szenariotechnischen Darstellung multipler Prognosen auch sehr unwahrscheinliche bzw. wenig plausible Zukunftsentwicklungen bzw. zukünftige Ereignisse zu berücksichtigen. In der Terminologie der prospektiven Forschung wird in diesem Zusammenhang meist von *Wild Card* (Steinmüller/Steinmüller 2004) bzw. vom *Schwarzen Schwan* (Taleb 2008) gesprochen. (Dazu auch: Schetzke 2005, Zwick/Renn 2008.)

WECHSELWIRKUNGSANALYSE – CROSS-IMPACT-ANALYSE

In manchen Fällen der praktischen Anwendung der Szenariomethode im Bereich der zukunftsbezogenen Unternehmens- bzw. Politikberatung besteht die Datenbasis weniger aus theoriegeleitetem Wissen, sondern aus *alltagslogischen* Annahmen über die Strukturen und Funktionen des jeweiligen Forschungsgegenstands. Gelegentlich werden diese Informationen für die – als Grundlage der Szenarioproduktion dienende – sogenannte *Wechselwirkungsanalyse* in numerische Aussagen umgewandelt (z. B. starke Korrelationsannahme „3", weniger starke „1") und mit Hilfe von speziell am Markt angebotenen Programmen der elektronischen Datenverarbeitung (z. B. MICMAC von Lipsor) statistisch durchgerechnet. (Dazu vertiefend: Godet u. a. 1997.) Die mit der o. g. Quantifizierung qualitativer Aussagen verbundenen vielfältigen *kognitiven Verzerrungen* wurden übrigens bisher im Hinblick auf die Wechselwirkungsanalyse nur unzureichend untersucht.

Ähnlich wie die Wechselwirkungsanalyse zielte auch die von Theodore Gordon und Olaf Helmer 1966 im Rahmen der > **RAND Corporation** entwickelte *Cross-Impact-Methode* auf die Analyse von Zusammenhängen zwischen zukunftsrelevanten Schlüsselfaktoren ab. Mit derartigen Prozeduren soll offensichtlich der „Eindruck einer exakten und verlässlichen Berechenbarkeit zukünftiger Entwicklungen" erzeugt werden (Neuhaus 2015, S. 27).

VERMEIDUNG VON „METHODEN-POMP"

Sofern ein Szenarioprozess ohne theoretische Fundierung und überwiegend mit Scheinquantifizierungen realisiert wird, stellt sich – in Anbetracht des großen Zeitaufwands und mit Blick auf die Kosten-Nutzen-Relation – die Frage sowohl nach dem wissenschaftlichen als auch nach dem praktischen Ertrag. Derartige scheinwissenschaftliche Versuche bezeichnet Neuhaus (2015, S. 27) zu Recht als „Methoden-Pomp".

MULTI-LEVEL-PERSPECTIVE (MLP)

Verglichen mit den beiden oben kurz skizzierten Methoden (*Wechselwirkungsanalyse* und *Cross-Impact-Methode*) ist das zu Beginn des 21. Jahrhunderts von Frank Geels (2004, 2005) entwickelte Konzept *MLP* ein deutlich fundierteres Verfahren zur Erforschung vielfältiger Wechselwirkungen. Geels (2004, S. 901) zielt auf die Analyse der komplexen Verflechtungszusammenhänge zwischen technologischen, ökonomischen, politischen und kulturellen Prozessen der Stabilität und Veränderungen ab.

52

TECHNIKFOLGENFORSCHUNG – TECHNIKVORAUSSCHAU

Die wissenschaftlich fundierte Einschätzung der zukünftigen psychischen, sozialen und ökonomischen Folgen neuer Technologien ist in der prospektiven Forschung von großer Bedeutung.

TECHNIKFOLGENFORSCHUNG – ODER: WARUM WIR DIE TECHNIK NICHT ALLEIN DEN INGENIEUREN ÜBERLASSEN SOLLTEN

Leider wissen wir nicht, wer das Rad oder das Segel erfunden hat. Die Folgen dieser Erfindungen für das soziale und wirtschaftliche Miteinander sowie für das kriegerische Gegeneinander kennen wir jedoch aus dem Geschichtsunterricht. Noch besser kennen wir die komplexen Auswirkungen der technischen Innovationen der vergangenen Jahrhunderte auf gesellschaftliche Entwicklungsprozesse, also die Technikfolgen von Buchdruck, Dampfmaschine, Dynamit, Elektro- und Verbrennungsmotor, Eisenbahn, Automobil, Flugzeug, Radio, Fernsehen, Staubsauger oder Wasch- und Geschirrspülmaschine. Bei jüngeren Technologien, wie z. B. Computer, Roboter, Internet, mobile Telekommunikation, Bio- und Gentechnik oder Nanotechnologie (Rieger 2016) wissen wir allerdings noch viel zu wenig über die künftigen Chancen und Gefahren für Mensch, Gesellschaft und Wirtschaft.

Werden wir zukünftig zu Sklaven der Technik, wie wir dies aus Johann Wolfgang von Goethes „Der Zauberlehrling“ und aus manchen Science-Fiction-Filmen kennen?

In Anbetracht dieser weitgehend ungewissen Technologiedynamik entstand in den 70er Jahren des vergangenen Jahrhunderts – zuerst in den USA und später

auch in Europa – ein neuer Typus von zukunftsbezogener Forschung, der im Englischen als *Technology Assessment* und im Deutschen meist als *Technikbewertung* bzw. *Technologiefolgenabschätzung* bezeichnet wird. Dabei geht es nicht nur um Ethik, sondern vor allem um die wissenschaftliche Auseinandersetzung mit den wirtschaftlichen, sozialen, psychischen, gesundheitlichen und ökologischen Auswirkungen neuer Technologien. In diesem Zusammenhang wird der technische Fortschritt daran gemessen, ob er zur nachhaltigen und humanen Weiterentwicklung von Gesellschaft und Wirtschaft beiträgt. (Ausführlicher dazu siehe u. a. Bröchler/Simonis/Sundermann 1999, Grunwald 2012b und 2016.)
Die interdisziplinäre Technologiefolgenforschung ist übrigens keineswegs technikfeindlich, sondern geht von der unverzichtbaren Bedeutung technischer Innovationen für unsere Zukunft aus, überlässt jedoch die Technik nicht nur den Technikern.
Die Technikfolgenforschung konnte sich in den vergangenen drei Jahrzehnten im Wissenschaftssystem und an Hochschulen – auch im deutschsprachigen Raum – deutlich besser etablieren als die Zukunftsforschung (> Krise der Zukunftsforschung ...).
Die folgenden Beispiele, die sich auf Technologien mit direkten Auswirkungen auf die Lebens- und Arbeitswelt der meisten Menschen beziehen, verdeutlichen die Notwendigkeit einer wissenschaftlich fundierten und kritischen Analyse der zukünftigen Technikentwicklung und Technikfolgen:

- Industrie 4.0,
- Internet der Dinge,
- selbstfahrende Autos,
- digitalisierte Verkehrsüberwachung und Verkehrssteuerung,
- Überwachungstechnologien im Bereich der öffentlichen Sicherheit,
- digitalisierte Gesundheitstechnologien,
- Pflege- und Haushaltsroboter,
- 3-D-Druck,
- E-Working, E-Commerce, E-Banking, E-Government, E-Learning,
- digitalisierte Kommunikations- und Unterhaltungstechnologien,
- ...

PSYCHOLOGISCHE UND PSYCHOTHERAPIEWISSENSCHAFTLICHE TECHNIKFOLGENFORSCHUNG

Außerordentlich dringend und wichtig ist auch die Intensivierung von kritischer Forschung zu den Möglichkeiten und Grenzen *digitalisierter* Formen der *psychosozialen Beratung*, der *Psychotherapie* und der *psychologischen Diagnostik*. (Vertiefend dazu: Popp/Rieken/Sindelar 2017, S. 52–54.)
Die rasch fortschreitende Digitalisierung spannt sich zwischen den Polen der *Unterstützung* (wie zum Beispiel des raschen internationalen Informationsaustausches über Forschungsergebnisse in medizinischen Bereichen, der Erweiterung des Bildungszugangs durch E-Learning und den Einsatz von Serious Games u. Ä.) *einerseits* und des *Risikopotenzials* der Social Media (wie zum Beispiel der neuen Ausprägungsform substanzunabhängiger Süchte, der *Internet- und Computerspielsucht*) *andererseits*. Im Hinblick auf diese Chancen und Risiken ist auch im weiten Spektrum der psychosozialen Angebotsstruktur die Digitalisierung auf dem Vormarsch. In den Zeitgeistmedien wird diese Entwicklung mit spektakulär klingenden Überschriften beworben, z. B.: „Hilfe per Mausklick“ oder „Die virtuelle Couch“. Derzeit sind allerdings diese lautstark verkündeten Ansprüche deutlich größer als die nachweisbare Leistungsfähigkeit.
Zu unterschiedlichen Aspekten von *E-Mental-Health, virtueller Psychotherapie* und *psychosozialer Online-Beratung* siehe u. a. Bauer/Kordy (2008), Eichenberg/Kühne (2014), Eichenberg/Marx (2014a, 2014b), Eichenberg/Küsel/Sindelar (2016), Klein/Berger (2013). Zu *neurowissenschaftlich fundierten Technologien* mit einer ausgeprägten Mensch-Maschine-Beziehung siehe u. a. Lausen (2010), Sahinol (2016).

TECHNIKFOLGENFORSCHUNG IN DER MEDIZIN UND DER PFLEGE

Zukünftig wird der Stellenwert der Technik auch im weiten Spektrum der *medizinischen Interventionen* rasant wachsen, vom Operationsroboter über miniaturisierte Sensoren für die physiologische Diagnostik bis hin zu biokompatiblen künstlichen Organen. Auch in der *Pflege* wird die Technik Einzug halten. Pflegeroboter werden die Vitalfunktionen messen, die Mobilisation und die Nahrungsaufnahme unterstützen.
Außerdem werden die unter dem Titel „Ambient Assisted Living“ (= Leben in einer unterstützenden Umgebung) entwickelten Service- und Sicherheitstechno-

logien einen längeren Verbleib von pflegebedürftigen Personen im eigenen Haushalt ermöglichen.
Bedenklicher ist freilich der *Einsatz von Robotern als Kommunikationspartner* in der stationären und ambulanten psychosozialen Betreuung und Begleitung psychisch bzw. geistig behinderter bzw. beeinträchtigter Menschen. In diesem Zusammenhang wurde in Japan bereits vor einigen Jahren die künstliche Babyrobbe „Paro" – u. a. zur Befriedigung des Zärtlichkeitsbedürfnisses – entwickelt. Im asiatischen Raum sind derartige *Kuschelroboter* weit verbreitet. Paro hat die äußere Form eines kuscheligen Plüschtiers und ist mit einem technisch sehr aufwendigen Innenleben ausgestattet. Zahlreiche Sensoren reagieren auf Berührung, Zuspruch und Positionswechsel. Der Einsatz derartiger Roboter wirft eine Reihe von ethischen und rechtlichen Fragen auf. (Ein diesen Robotern technisch weit unterlegener Vorläufer ist das ebenfalls in Japan entwickelte *virtuelle Haustier* „Tamagotchi", das Versorgungsansprüche in Form von virtueller Fütterung und Zuwendung stellt und bis in die 2010er Jahre nicht nur von Kindern als sehr attraktiv erlebt wurde. Wegen des nicht mehr zeitgemäßen Grafikdesigns und des engen Funktionsspektrums hat das Tamagotchi seine frühere Attraktivität zu Gunsten verschiedener moderner Apps am Smartphone eingebüßt.)
Besonders problematisch und kritikwürdig sind die Visionen zur psychischen Dimension der Mensch-Maschine-Beziehung sowie das „Intelligenz"-Verständnis des > Transhumanismus.

TECHNIKVORAUSSCHAU

Seit den Anfängen der zukunftsbezogenen Forschung spielen Versuche der Vorausschau auf die zukünftige Technologieentwicklung eine wesentliche Rolle. Im Jahr 1964 publizierte einer der Pioniere der US-amerikanischen Futures Research im Rahmen der > RAND Corporation, Olaf Helmer, die berühmte Zukunftsstudie *„Social Technology. Report on a Long-Range Forecasting Study"* (dt.: Helmer 1966). Im Sinne des neopositivistisch geprägten Forschungsverständnisses Helmers wurden die zukünftigen technischen *Möglichkeiten*, die von den im Rahmen der o. g. Studie befragten Experten prognostiziert wurden, umstandslos als zukünftige *Wirklichkeiten* beschrieben (vgl. Opaschowski 2009, S. 17 f.), z. B.:
1975: provisorische Mondbasis,
1980: Wettersteuerung auf der Erde,

1985: Rohstoffgewinnung auf dem Mond,
1990: Forschungsstationen auf erdnahen Planeten,
1995: weltweiter Flugverkehr auf ballistischen Bahnen,
2000: Autobahnen für automatisches Fahren,
2005: ständige Marsbasis,
2010: Symbiose Mensch-Maschine,
2015: Medikamente zur Intelligenzsteigerung,
2020: Umfliegen des Pluto,
2025: intergalaktische Nachrichtenverbindung,
2025: lang anhaltendes Koma, das lang dauernde Weltraumreisen erlaubt.

1967 präsentierte auch die OECD eine damals viel beachtete Studie zur Technikvorausschau (Jantsch 1967).
Sofern in derartigen Studien der Technikvorausschau die Vorhersage von technischen Innovationen grundsätzlich gelang, irrten sich die Prognose-Expertinnen bzw. -Experten jedoch häufig bei der Einschätzung des konkreten *Zeitpunkts* der Realisierung. Solche Fehleinschätzungen hängen häufig mit der Vernachlässigung von stabilisierenden politischen, rechtlichen und ökonomischen Rahmenbedingungen sowie von psychosozialen und soziokulturellen Beharrungstendenzen zusammen (> Sozialer Wandel).

53

TRANSHUMANISMUS – SINGULARITÄT

53

Im Zusammenhang mit Zukunftsfragen der Technologieentwicklung gewinnen in jüngster Zeit Diskurse über *Human Enhancement, technologische Singularität* und *Post- bzw. Transhumanismus* – auch im deutschsprachigen Raum – zunehmend an Bedeutung.

- *Kurzfristig* geht es dabei um *Human Enhancement*, also um die Steigerung der menschlichen Fähigkeiten durch leistungsfördernde Medikamente und Implantate, um pharmakologische und chirurgische Antiaging-Verfahren, um gentechnische Eingriffe, um die Züchtung und Transplantation von Organen sowie um die signifikante Verlängerung des Lebens. (Siehe dazu auch Coenen u. a. 2010, Hierdeis 2014, Lausen 2010, Liessmann 2016, Merkel 2015, Mieth 2011, Senne/Hesse 2019, Stieglitz 2015.)

- *Mittel- bis langfristig* wird – mit Hilfe der dynamischen Weiterentwicklung der oben skizzierten Enhancement-Verfahren – die radikale Optimierung sowohl der physischen und psychischen Existenz des Menschen als auch des menschlichen Zusammenlebens durch eine sich selbst kontinuierlich weiterentwickelnde, informations-, neuro- und biotechnisch basierte künstliche Superintelligenz angestrebt. Außerdem glauben die Transhumanisten an die baldige Entwicklung von Quantencomputern mit extrem großer Rechenkapazität und gigantischer Rechengeschwindigkeit.

In diesem Zusammenhang wird meist auf das 1965 formulierte sogenannte Moore'sche Gesetz verwiesen, dem zufolge sich die Leistungsfähigkeit der Computertechnologie etwa alle zwei bis drei Jahre verdoppelt. Diese Entwicklung ist für die vergangenen Jahrzehnte annäherungsweise nachvollziehbar, aber die lineare Fortschreibung dieser Entwicklung in die Zukunft ist spekulativ. Der Computerexperte Gordon Moore lieferte übrigens für seine intuitive Faustregel keine wissenschaftliche Begründung. Es handelt sich also beim Moor'schen Gesetz keineswegs um ein wissenschaftliches Gesetz.

SINGULARITÄT – UND DER TRAUM VOM EWIGEN LEBEN

Durch die neurotechnische Verbindung der extrem leistungsfähigen digitalen Technologie mit den komplexen Prozessen in den menschlichen Gehirnen sowie durch bio- und gentechnische Veränderungen soll – aus transhumanistischer Sicht – eine neuartige *Mischung aus Mensch und Maschine* entstehen, deren Superintelligenz sich selbst kontinuierlich weiterentwickelt, und die der heutigen menschlichen Intelligenz deutlich überlegen ist (> Künstliche Intelligenz – menschliche Intelligenz). Den Zeitpunkt, zu dem diese Entwicklung anscheinend *unumkehrbar* realisiert wird, bezeichnen die Transhumanisten als „Singularity".

Von wichtigen Propagandisten dieser futuristischen Ideen, wie etwa dem Director of Engineering bei Google, Raymond (Ray) Kurzweil (1999 und 2014), der auch als Mitbegründer der Singularity University fungierte, wird der Eintritt der Singularität bereits in rund drei Jahrzehnten erwartet. In weiterer Folge rechnen die Transhumanisten damit, dass die immer intelligenter werdenden und sich selbst reproduzierenden und reparierenden Hightech-Übermenschen in einer perfekt gesteuerten Welt sogar *ewig leben* können.

TRANSHUMANISMUS ALS HEILSLEHRE FÜR DIE RETTUNG DER WELT?

Der Bedeutungszuwachs dieser geradezu religionsähnlich anmutenden Vision hängt nicht zuletzt mit der Strahlkraft – und der Finanzstärke – der von großen Technologiekonzernen (wie Google) unterstützten *Singularity University* im Silicon Valley zusammen. Der Name dieser Universität bezeichnet offensichtlich das angestrebte Ziel. Durch diese „Singularität" würde freilich die heutige Variante des Menschen zum Auslaufmodell werden.

Die transhumanistische Prognose der anscheinend unvermeidlich auf uns zukommenden Singularität beruht allerdings nicht – wie behauptet – auf einem wissenschaftlichen Konzept, sondern ist eher ein technikfixiertes Glaubensbekenntnis. Offensichtlich wird hier ein alter Mythos aufgegriffen, den wir schon aus den Geschichten von „Golem" und „Frankenstein" kennen und der auch in einer Vielzahl von Science-Fiction-Büchern und -Filmen verarbeitet wird. Die *Singularität* wird von den Transhumanisten als Heilslehre für die Rettung der Welt propagiert. Letztlich handelt es sich jedoch um eine technodiktatorische Vision. Der renommierte Informatikprofessor an der Freien Universität Berlin, Raúl Rojas, der sich auf die Erforschung künstlicher neuronaler Netze spezialisiert hat, entlarvt in den folgenden zwei (sinngemäß aus Wagner 2015, S. 62, übernommenen) Aussagen das transhumanistische Singularity-Programm als fragwürdige Marketingstrategie einiger großer Hightech-Konzerne: „Diese Leute unterschätzen die Komplexität des menschlichen Gehirns (...)." „(...) Der beste Weg, ein menschliches Gehirn zu bauen, ist die Zeugung eines Menschen. Diejenigen meiner Kollegen, die der Idee der Singularität anhängen, sind Phantasten."

KRITIK AM TRANSHUMANISMUS

Eine ausführliche *kritische* Auseinandersetzung mit den fragwürdigen Menschenbildern und Gesellschaftskonzepten von „technologischer Singularität“, „Human Enhancement“ und „Transhumanismus“ kann in der vorliegenden Publikation aus Platzgründen nicht geleistet werden. Vertiefend zu Human Enhancement und Post- bzw. Transhumanismus: Böhlemann (2010), Coenen u. a. (2010), Coenen (2015), Freyermuth (2015), Fukuyama (2002); Harari (2017), Hülswitt/Brinzanik (2010), Jansen (2015), Ji Sun/Kabus (2013), Keese (2016), Kluge/Lohmann/Steffens (2014), Krämer (2015), Krüger (2004), Lausen (2010), Liessmann (2016), Mainzer (2016), Merkel (2015), Metzinger (2014, 2015), Mieth (2011), Müller (2010), O'Connell (2017), Pethes (2016), Prescott (2015), Rid (2016), Saage (2013), Sorgner (2016), Spreen u. a. (2018), Stieglitz (2015), Wagner (2015) (> Digitaler Wandel und prospektive Forschung).

54

TREND – TRENDFORSCHUNG

In der Alltagssprache wird der Begriff *Trend* häufig mit kurzfristig wirksamen Modeerscheinungen gleichgesetzt. In Diskursen der zukunftsbezogenen Forschung bezieht sich der Terminus *Trend* dagegen auf tiefgreifende gesellschaftliche, wirtschaftliche, politische oder technische Entwicklungen, die bereits seit längerer Zeit nachvollziehbar sind und deren (allenfalls modifizierte) Fortsetzung in der Zukunft wissenschaftlich plausibel erscheint. (Siehe dazu auch Liebl 2007.)

DER URSPRUNG DES WISSENSCHAFTLICHEN DISKURSES ÜBER TRENDS

54

Der wissenschaftliche Diskurs über Trends startete vor rund einhundert Jahren mit den Arbeiten des US-amerikanischen Soziologen William Ogburn (1922) im Zusammenhang mit der Entwicklung von Theorien des > sozialen Wandels. (Dazu auch: Zapf 1979.) In wissenschaftlich fundierten Studien wird über *Trends* niemals ohne die Analyse von *Gegentrends* und ohne die *Annahme von Trendbrüchen* diskutiert. Außerdem wird in *wissenschaftlichen* Zukunftsstudien das Zusammenspiel von zum Teil widersprüchlichen *Entwicklungstendenzen* im Kontext komplexer und dynamischer Wandlungsprozesse untersucht. (> Geschichte des Zukunftsdenkens: Neuzeit)

TRENDS UND GEGENTRENDS AM BEISPIEL „INDIVIDUALISIERUNG"

Die *Individualisierung* ist ein sehr wichtiger Trend, der übrigens mit sehr langen historischen Prozessen wie der Aufklärung, der Demokratisierung, der Entwicklung von Menschenrechten und vielem anderen mehr zusammenhängt. (> Geschichte des Zukunftsdenkens: Neuzeit) Die Befreiung von gesellschaftlichen Zwängen führte allerdings gleichzeitig dazu, dass jedes Individuum viel mehr persönliche Entscheidungen treffen muss als früher. In dieser Situation wird das individualisierte menschliche Leben immer mehr zu einem Workshop. Denn noch mehr als heute muss der individualisierte Mensch der Zukunft das Drehbuch für das Spiel seines Lebens selber schreiben, darüber hinaus noch selbst Regie führen und gleichzeitig die Hauptrolle spielen.
Als *Gegentrend* zu diesen individuellen Bastelexistenzen haben die Menschen in modernen Gesellschaften eine Vielzahl von Regelungen und Institutionen geschaffen, die sie – zumindest bis zu einem gewissen Grad – vor den Risiken der Individualisierung schützen. Man denke etwa an Versicherungen, den Sozialstaat oder eine beachtliche Menge an rechtlichen Normen. Diese „vorsorgestaatlichen" Sicherungssysteme (> Vorsorge) bilden in Form der vielfältigen *Institutionalisierung* der *sozialen* Einbindung den Gegentrend zur Individualisierung. (Dazu vertiefend: Blum 2016, Ewald 1997, Thüring 2016.) Unseren modernen *individualisierten* Gesellschaften geht also der *soziale Zusammenhalt* keineswegs verloren. Aber die vielfältigen Maßnahmen des Zusammenhalts wurden durch ihre Institutionalisierung weitgehend anonymisiert und sind deshalb nur mehr sehr begrenzt persönlich erlebbar. Diese tiefgreifende Entwicklung von der persönlichen Nachbarschaftshilfe zu institutionalisierten Hilfssystemen – wie etwa Versicherungen für Risiken aller Art, Feuerwehren oder auch das gesamte medizinische Hilfssystem – lässt sich übrigens am Beispiel der Geschichte der bäuerlichen Lebenswelt und des ländlichen Raums besonders gut aufzeigen. Dies gilt z. B. auch für die Entwicklung vom *alten familiären* Konzept der Alterssicherung hin zum *modernen* Renten- bzw. Pensionssystem.

TRENDFORSCHUNG: TRENDANALYSE UND TRENDFORTSCHREIBUNG BZW. TRENDEXPLORATION

Die Trendanalyse und die Trendfortschreibung bzw. Trendexploration sind wichtige methodische Ausprägungsformen der *vergleichenden Fallstudie* in der prospektiven Forschung (> Methodik der zukunftsbezogenen Forschung, > Qualitative ... Sozialforschung ...). Grundlage einer *Trendfortschreibung (Trendexploration)* in die Zukunft ist selbstverständlich die Darstellung der historischen Entwicklung des entsprechenden Trends mit Hilfe einer Zeitreihenanalyse. In diesem Sinne setzt eine *Trendanalyse* die Existenz *vergleichbarer* Daten aus einem längerfristig angelegten Rückblick auf den jeweiligen Forschungsgegenstand voraus (z. B. Reiseverhalten im Verlauf der vergangenen zwanzig Jahre, Wirtschaftsentwicklung der vergangenen Jahrzehnte, Wiederholung > repräsentativer Erhebungen im Abstand von mehreren Jahren ...). Eine wissenschaftlich fundierte Trendanalyse begnügt sich freilich nicht mit der Erhebung und Beschreibung der zu unterschiedlichen Zeitpunkten erhobenen empirischen Vergleichsdaten, sondern versucht vor allem eine theoriegeleitete Interpretation. Eine gute Trend*analyse* ist eine notwendige, jedoch noch nicht ausreichende Voraussetzung einer *Trendfortschreibung*. Vielmehr muss es auch plausible Gründe für die Annahme geben, dass sich die analysierten historischen Entwicklungen zumindest in mittelfristiger Zukunftsperspektive fortsetzen werden (> Plausibilität).

Bei *sozialwissenschaftlich* relevanten Forschungsgegenständen erfolgt die Trendentwicklung – in Anbetracht der Komplexität und Dynamik psychosozialer und soziokultureller Systeme – selten vollkommen linear, sondern mit mehr oder weniger starken Modifikationen. Radikale Trendbrüche sind allerdings Ausnahmen, sollten jedoch bei jeder Trendexploration nicht völlig vernachlässigt werden (> Szenario ..., > Sozialer Wandel).

Der vor allem von wissenschaftsfernen > Zukunftsgurus und in manchen Zeitgeistmedien verwendete fragwürdige Begriff > „Megatrend“ sollte vom wissenschaftlichen Trendbegriff deutlich unterschieden werden!

55

UTOPIE – DYSTOPIE

Bereits in der produktiven Phase der altgriechischen Philosophieentwicklung wurde – freilich auf der Basis des damaligen Zeitgeists und der damaligen *Zeitkonzepte* – auch über *Zukunftsfragen* nachgedacht (> **Geschichte des Zukunftsdenkens: Antike**). Besonders beliebt war die Methode, den Unzulänglichkeiten der real existierenden Gegenwart das Ideal einer besseren Zukunft gegenüberzustellen. Ein historisch sehr frühes Beispiel für eine derartige Zukunftsstudie ist das Buch „Politeia", in dem der berühmte griechische Denker Platon (ca. 427– ca. 347 v. Chr.) das Modell eines zukunftsfähigen Gemeinwesens skizzierte.

In den seit dem klassischen Altertum in immer wieder neuen Variationen produzierten utopischen Zukunftsbildern spiegeln sich sowohl die *Ängste* der Menschen im Hinblick auf eine unsichere Zukunft als auch die *Hoffnungen* und *Wünsche* auf ein zukünftig besseres Leben wider (> **Zukunftswünsche ...**). Aber nicht nur im Hinblick auf die *individuelle* Lebensplanung, sondern auch im Zusammenhang mit gesellschaftlichen und wirtschaftlichen Zukunftsdiskursen spielen *Utopien* seit jeher eine große Rolle. (Zu Sozialutopien, Staatsutopien und technischen Utopien siehe u. a. Bühler 2016c, Heinisch 2004, Heyer 2008 und 2009, Nida-Rümelin/Kufeld 2011, Saage 1991 und 1997, Voßkamp 1985, Waschkuhn 2003. Zu Utopien bzw. Dystopien des 21. Jahrhunderts siehe u. a. Maresch/Rötzner 2004; > **Transhumanismus**.)

Der Begriff „Utopie" ist aus den altgriechischen Wörtern „ou" (= nicht) und „topos" (= Ort) zusammengesetzt und bedeutet sinngemäß „unentdeckter Ort". In die Alltagssprache floss dieser Begriff durch den im Jahr 1516 veröffentlichten berühmten Roman „Vom besten Zustand des Staates und der neuen Insel Utopia" ein. In dieser Story leben die Menschen auf einer fiktiven Insel in einer idealen Gesellschaft nach den Prinzipien von Freiheit, Gleichheit, Solidarität und Toleranz zusammen. Den Autor dieses Romans, den Theologen und Philosophen Thomas Morus, könnte man als den politisch und kirchlich ranghöchsten Utopisten bezeichnen. Denn er war Kanzler des englischen Königs Heinrich VIII. und er wird in der katholischen Kirche als Heiliger verehrt. Seit fünfhundert Jahren in-

spiriert „Utopia“ viele Schriftsteller. Zu dem ebenso auf einer Insel angesiedelten utopischen Roman „Nova Atlantis“ (1627) von Francis Bacon siehe unter dem Stichwort > Empiristischer Erkenntnisweg.
Bis in das 18. Jahrhundert ging es in der utopischen Literatur – ähnlich wie bei Thomas Morus oder Francis Bacon – überwiegend um idealistische Visionen einer besseren Welt.

UTOPIE UND UCHRONIE

Der erste utopische Roman mit einer expliziten (zunftsbezogenen) *Zeit*perspektive war das im Jahr 1771 von Louis-Sébastien Mercier publizierte Buch „Das Jahr 2440“. Seither spielen sich viele fiktive Geschichten der utopischen Literatur nicht nur an einem unentdeckten *Ort*, sondern auch in einer zukünftigen *Zeit* ab. (Heyer 2009, S. 580) Mit dieser Dominanz der *Zeit*perspektive wandelte sich die Utopie zur *Uchronie*. Einen großen Einfluss sowohl auf die konzeptionelle Entwicklung der *politischen* Utopien und Uchronien der Französischen Revolution (vor allem mit dem 1762 erschienenen staatsutopischen Werk „Du contrat social ou Principes du droit politique“) als auch auf den Entwurf mehrerer *reformpädagogischer* Utopien (vor allem mit dem 1762 in Form von vier Bänden veröffentlichten zivilisationskritischen Erziehungsroman „Émile oder Über die Erziehung“) hatte auch Jean-Jacques Rousseau (1712–1778). (Siehe ausführlicher in Heyer 2009, S. 640 ff.)
Nach der Französischen Revolution wurden die Entwürfe einer von Freiheit, Gleichheit und Solidarität durchdrungenen Zukunft einerseits durch frühsozialistische Staatsutopien sowie andererseits durch die idealistische Vorausschau auf die Chancen der Technisierung und Industrialisierung geprägt.
In diesem Zusammenhang wird das „Narrativ ‚Fortschritt‘ zu einem zentralen Organisationsprinzip utopischer Texte – ob man den Fortschritt sozialistisch oder evolutionistisch konzipiert, als Weg zu einer besseren Gesellschaft oder als Irrweg, der durch eine Rückkehr zur Natur korrigiert werden muss.“ (Bühler 2016c, S. 299)
In der zweiten Hälfte des 19. Jahrhunderts entwickelte sich ein Typus der utopische Literatur der meist als > Science-Fiction bezeichnet wird (Siebenpfeiffer 2016b).

KARL POPPERS RADIKALE UTOPIEKRITIK

In diesem thematischen Kontext soll noch ein kurzer Blick auf die zwar sehr einseitige, aber dennoch äußerst einflussreiche – und in Teilbereichen auch durchaus anregende – Utopiekritik Karl Poppers geworfen werden. Popper verurteilte in seinem 1957 erschienenen Text „Das Elend des Historizismus" vor allem die Marx'sche Nutzung der Dialektik für die Begründung des anscheinend auf den gesellschaftlichen Idealzustand des „Kommunismus" zustrebenden Verlaufs der Menschheitsgeschichte. Dabei reduzierte Popper das Utopiekonzept auf die Ideenwelt totalitärer Systeme, vor allem auf faschistische und kommunistische Utopien. Die generelle Verknüpfung von Utopie und Gewalt sowie die Reduktion des Utopiediskurses auf einen „totalitarismustheoretischen Utopiebegriff " (Heyer 2009, S. 617) vertiefte Popper in seinem zweibändigen Werk „Die offene Gesellschaft und ihre Feinde" (1957/1992b; Band 1: „Der Zauber Platons", Band 2: „Falsche Propheten. Hegel, Marx und die Folgen").

DYSTOPIE

Der Begriff *Dystopie* wird meist für die Bezeichnung negativer Zukunftserwartungen verwendet. Offensichtlich sind schlechte Nachrichten, grauenvolle Ereignisse und Tragödien aller Art auch bei den Konsumentinnen und Konsumenten von Zeitungen, Büchern, Theaterstücken, TV-Nachrichten und Filmen sehr begehrt. Dies hängt mit dem psychodynamischen Phänomen der „Angstlust" (Balint 1999) zusammen, das bereits im Kindes- und Jugendalter für die große Beliebtheit von grausamen Märchen (wie etwa „Hänsel und Gretel") und blutrünstigen Computerspielen sorgt.

56

VERTRAUEN UND RESILIENZ

VERTRAUEN UND SOZIALES KAPITAL

Zukunft ist und bleibt das Reich der Risiken (> Risiko – Risikoforschung). Kein Mensch kann diese Risiken alleine bewältigen. Lebenslang müssen wir darauf vertrauen können, dass uns eine kleine Gruppe von Menschen in der Familie und im Freundeskreis bei der Bewältigung der Herausforderungen des Alltags unterstützt. Dazu kommt die – bei fast allen Menschen stark ausgeprägte – Sehnsucht nach sozialer Sicherheit und Geborgenheit in Gemeinschaften. Außerdem benötigen wir das Vertrauen in das Funktionieren der wirtschaftlichen, politischen und gesellschaftlichen Rahmenbedingungen. Dazu passt auch der in vielen Bereichen unseres Rechtswesens geltende Vertrauensgrundsatz.

Im Zusammenhang mit Vertrauen und Beziehungen wird gelegentlich auch der Begriff „soziales Kapital" verwendet. Als Gegengewicht zur Dominanz des ökonomischen Kapitals wurde dieser Begriff durch ein 1983 erschienenes Buch des französischen Soziologen und Philosophen Pierre Bourdieu populär gemacht. (Siehe dazu: Brinskele 2011, Saalmann 2012.) Soziales Kapital ist der Kitt der Gesellschaft. Das weite Spektrum dieses vertrauensstiftenden Kapitals reicht vom Beziehungsleben in der Familie, der Nachbarschaft und in Vereinen über ein mitmenschliches Klima in Betrieben und Schulen bis hin zum Gefühl der Verbundenheit mit dem kommunalen Lebensraum, dem Staat und der Europäischen Union. Zukunftsträchtig ist auch die Verknüpfung zwischen dem sozialen Kapital und dem ökonomischen Kapital im Hinblick auf eine bessere Balance zwischen der wirtschaftlichen *Wertschöpfung* und der sozialen *Wertschätzung*.

Bühler (2016d, S. 40 ff.) weist auf die enge Verbindung zwischen dem *Versprechen,* also einer auf die Zukunft bezogenen Zusage, und dem *Vertrauen* auf die zukünftige Einhaltung des Versprechens hin.

Mehrere Publikationen setzen sich – aus der Sicht unterschiedlicher wissenschaftlicher Disziplinen – mit den vielfältigen Aspekten der unverzichtbaren Bedeutung von Vertrauen für das zwischenmenschliche Zusammenleben auseinander: Bruckner (2015), Frevert (2013), Frings (2010), Hartmann/Offe (2001), Hart-

mann (2011), Krampen/Hank (2004), Lahno (2002), Luhmann (2014), Petermann (2013), Richter (2017), Schaaf (2014), Schweer/Thies (2003), Schweer (1997a und b), Sprenger (2007).
In den psychodynamischen Denkschulen der Psychologie und der Psychotherapiewissenschaft wird vorrangig über die lebenslange Wirksamkeit des Aufbaus eines „Grundvertrauens" (Horney 1975, S. 411 ff.) bzw. eines „Urvertrauens" (Erikson 1981, S. 62) im Kontext frühkindlicher Beziehungsmuster diskutiert; zusammenfassend dazu: Popp/Rieken/Sindelar (2017, S. 35 f.)

RESILIENZ

Offensichtlich wäre es durchaus wünschenswert, wenn sich die gesellschaftlichen und wirtschaftlichen Rahmenbedingungen so tiefgreifend verbessern, dass alle Menschen ohne Kriege, Krisen, Katastrophen und Kriminalität sowie mit wohlwollenden Eltern, Lehrern, Vorgesetzten und Politikern glücklich und zufrieden leben könnten. Nach derartig erfreulichen Verhältnissen sehnen sich viele Menschen seit Jahrtausenden (> Utopien ...) und viele Märchen handeln von diesem Menschheitstraum. Selbstverständlich wussten die meisten Utopisten, dass die von ihnen entworfenen idealen Verhältnisse unter den gesellschaftlichen, wirtschaftlichen und politischen Rahmenbedingungen ihrer jeweiligen Zeit nicht realisierbar waren. Auch heute ist es durchaus sinnvoll, Utopien von einer besseren Welt zu entwerfen und auf die Verwirklichung dieser idealen Verhältnisse langfristig hinzuarbeiten. Für die Perspektive der Lebenszeit eines einzelnen Menschen ist es jedoch realistisch, gleichzeitig einen *resilienten* Lebensstil zu entwickeln. (Buchacher u. a. 2015, Fritz 2014)
„Der Begriff *Resilienz* leitet sich aus dem Englischen ‚resilience' ab und bedeutet ‚Spannkraft, Widerstandsfähigkeit und Elastizität'. In der Psychologie und der Pädagogik wird mit dem Begriff *Resilienz* die Fähigkeit eines Individuums bezeichnet, ‚erfolgreich mit belastenden Lebensumständen und negativen Stressfolgen' (Wustmann 2004, S. 18) umgehen zu können." (Fröhlich-Gildhoff/Rönnau-Böse 2014, S. 9) In diesem Zusammenhang geht es also um die produktive Bewältigung von familiären und beruflichen Herausforderungen, von sozialen Konflikten und von gesellschaftlichen Veränderungen (vertiefend dazu: Zander 2011). Die *poetische* Beschreibung einer *resilienten* Grundhaltung verdanken wir dem französischen Philosophen Albert Camus: *„Mitten im Winter habe ich erfah-*

ren, dass es in mir einen unbesiegbaren Sommer gibt." Der entwicklungspsychologische und pädagogische Resilienzdiskurs geht auf die berühmte *„Kauai-Längsschnittstudie"* zurück, die von der US-amerikanischen Entwicklungspsychologin Emmy Werner (gemeinsam mit Ruth Smith) durchgeführt wurde. In diesem vierzig (!) Jahre lang dauernden Forschungsprojekt wurde die Resilienz aller im Jahr 1955 auf der Hawaiiinsel Kauai geborenen Kinder vergleichend untersucht. (Vertiefend dazu: Sindelar – in: Popp/Rieken/Sindelar 2017, S. 83; Werner/Smith 1992.)

Das Adjektiv „resilient" wird allerdings nicht nur in der Psychologie und der Pädagogik verwendet, sondern auch in Bezug auf Materialeigenschaften wie *elastisch* oder *unverwüstlich*: „Es beschreibt die Fähigkeit eines Werkstoffs, nach einer Verformung durch Druck- oder Zugeinwirkung wieder in seine alte Form zurückzukehren. Der Terminus veranschaulicht also die Toleranz eines Systems gegenüber von innen oder von außen kommenden Störungen. Ein resilientes System kann Irritationen ausgleichen und ertragen, bei gleichzeitiger Aufrechterhaltung der eigenen Integrität. Es übersteht Verformungen, ohne dabei die eigene, ursprüngliche Form einzubüßen. Das assoziierende Bild dabei ist das Stehaufmännchen, das sich aus jeder beliebigen Lage wieder aufzurichten vermag." (Wellensiek 2011, S. 18)

„Resilienz" ist also ein interdisziplinärer Begriff. Er wird in der Technik und den Materialwissenschaften, in der Psychologie, der Pädagogik und der Biologie (für die Widerstandsfähigkeit von Pflanzen oder Tieren) sowie in der Wirtschaftswissenschaft (für die Krisenresistenz von Unternehmen) verwendet.

57

VORGESCHICHTE DER ZUKUNFTS-ORIENTIERTEN FORSCHUNG

Im Folgenden wird – ohne Anspruch auf Vollständigkeit – auf einige wichtige „Meilensteine" der Vorgeschichte der zukunftsorientierten Forschung hingewiesen.

1797: Der – gemeinsam mit Johann Wolfgang von Goethe, Friedrich Schiller und Christoph Martin Wieland zum klassischen literarischen Quartett von Weimar zählende – berühmte Dichter und Kulturphilosoph Johann Gottfried Herder (1744–1803) war fest davon überzeugt, dass eine Zeit kommen wird, „da es eine Wissenschaft der Zukunft wie der Vergangenheit gibt" (zit. nach Hölscher 1999, S. 44). Von Herder stammt übrigens auch der bemerkenswerte Entwurf einer Theorie des Zukunftswissens, nämlich der Aufsatz „Vom Wissen und Nichtwissen der Zukunft", der in der sechsten Folge seiner Schriftensammlung *Zerstreute Blätter* erschien. (Willer 2016d, S. 53)

1831 wurde erstmals aus dem Bereich der *Wissenschaft*, nämlich vom deutschen Nationalökonomen Friedrich List (1789–1846), die Forderung nach der Gründung einer neuen Disziplin *Zukunftswissenschaft* erhoben: „Man sollte eine Wissenschaft stiften, nämlich die Wissenschaft der Zukunft, die zum mindesten so großen Nutzen leisten dürfte als die Wissenschaft der Vergangenheit." (List 1831, S. 842 ff.) Friedrich List selbst beschäftigte sich sehr intensiv mit nationalökonomischer Forschung und publizierte zu Fragen einer innovationsorientierten Wirtschaftsentwicklung und einer zukunftsfähigen Wirtschaftspolitik.

1901 publizierte der englische Schriftsteller H. G. Wells (> Science Fiction) eine Sammlung von Artikeln unter dem Titel „Ausblicke auf die Folgen des technischen und wissenschaftlichen Fortschritts für Leben und Denken des Menschen". Zum aktuellen Stand der Diskussion über den Zusammenhang zwischen *Science Fiction* und *Zukunftsforschung* siehe Steinmüller (2016).

1910 erschien der vom deutschen Wissenschaftsjournalisten Arthur Brehmer herausgegebene Sammelband „Die Welt in 100 Jahren", in dem einige der damals renommierten Wissenschaftlerinnen und Wissenschaftler ihre Vorstellungen von der langfristigen Zukunftsentwicklung präsentierten. (Dieser Sammelband wurde übrigens 102 Jahre später, also 2012, vom Georg-Olms-Verlag neu aufgelegt und gewährt interessante Einblicke in die vor einem Jahrhundert konstruierten Zukunftsbilder.)

1922 legte der US-amerikanische Soziologe William F. Ogburn, auf den der Begriff *Sozialer Wandel* zurückgeht, sein Werk „Social Change" (Ogburn 1922) vor. (Ausführlicher dazu: > Sozialer Wandel, > Trend – Trendforschung, > Megatrend ...) 1929 wurde Ogburn vom damaligen US-Präsidenten Herbert Hoover – u. a. im Zusammenhang mit der schweren Finanz- und Wirtschaftskrise – zum Leiter des renommierten „President's Research Committee on Social Trends" bestellt. Dieser Think-Tank produzierte in den Folgejahren umfassende Studien über zukunftsrelevante gesellschaftliche Veränderungen („Trends") in den USA.

1926 präsentierte Nikolai D. Kondratjew sein Zyklenkonzept, mit dem bis heute – unter dem Titel „Kondratjew-Zyklen" – auch in manchen Publikationen der zukunftsbezogenen Forschung argumentiert wird. (Kritisch dazu: > Historische Analogiebildung ...)

1939/1940 publizierten die US-amerikanischen Autoren Allan Fisher (1939) und Colin Clark (1940) wichtige Arbeiten zur Zukunftsentwicklung. (Vertiefend dazu: > Sozialer Wandel, > Trend – Trendforschung, > Megatrend ...)

Weitere Informationen zur Geschichte der Zukunftsforschung finden sich im vorliegenden Buch unter folgenden Stichworten:

- > Anfänge der prospektiven Forschung in Europa: 1940er bis 1980er Jahre
- > Krise der Zukunftsforschung und Phase der Vielfalt: 1980er Jahre bis heute
- > RAND Corporation – (sozial-)technologische Zukunftsforschung in den USA
- > Futures Research – international.

58

VORSORGE UND VORAUSSCHAUENDE WISSENSCHAFT

FORESIGHT UND VORSORGE

Bei der *Vorausschau, Vorsorge* und *Lebensplanung* im Alltag geht es um das kreative Ausloten zukünftiger Entwicklungsmöglichkeiten einerseits und um die (selbst-)kritische Einschätzung von Ressourcen und Kompetenzen für die Zukunfts*gestaltung* andererseits. Auf der Basis von plausiblen zukunftsbezogenen Annahmen (> Prognosen ...) werden *vorsorgend* und *vorausplanend* die kurz-, mittel- und langfristig wirksamen Entscheidungen für das persönliche Berufs- und Familienleben getroffen, werden die Konzepte der Kindererziehung definiert, die Wohnwelten geplant sowie die finanziellen Rahmenbedingungen geschaffen. Sinngemäß gilt dies auch für die Zukunftsplanung in der Wirtschaft und der Politik. Im Englischen wird diese (*nicht-wissenschaftliche*) Kompetenz des Menschen, sich vorausschauend auf die Zukunft vorzubereiten, als *Foresight* bezeichnet.

PROSPEKTIVE FORSCHUNG ALS BASIS FÜR VORSORGESTRATEGIEN

Prospektive Forschung dient häufig als wissenschaftliche Grundlage für die Entwicklung von Strategien der Vorsorge bzw. Prävention. Vorsorge bzw. „Prävention bezeichnet eine Sorge um etwas, das noch nicht geschehen ist und auch nicht geschehen soll – aber könnte. Stets wird ein möglicher Schaden antizipiert, um ihn durch Anstrengungen im Hier und Jetzt zu verhindern oder abzuschwächen. Prävention aktiviert, indem sie beunruhigt und verunsichert. So wird eine Gegenwart hervorgebracht, die systematisch mit Abwesendem rechnet: Abwesende Erkrankungen, Unfälle, Katastrophen, Straftaten und Wirtschaftskrisen bevölkern den momentanen Augenblick." (Laenza 2016, S. 155)

Im medizinischen, psychologischen und psychotherapeutischen Vorsorgediskurs wird meist zwischen drei Ebenen unterschieden:

- Die *Primärprävention* bezieht sich auf Maßnahmen zur Verringerung der Verbreitung bzw. zur Reduktion des Schweregrades von Krankheiten.

- Die Maßnahmen der *Sekundärprävention* zielen auf die Früherkennung von Krankheiten (z. B. durch Vorsorgeuntersuchungen) ab.
- Die *Tertiärprävention* dient der Vorbeugung (im engeren Sinn) und soll durch geeignete Maßnahmen (z. B. Impfungen) die Entstehung von Krankheiten verhindern. In diesem Zusammenhang ist seit den 1970er Jahren der „Versuch zu beobachten, den Präventionsbegriff zu meiden und eine positive Definition von Gesundheit zu etablieren. Man spricht nunmehr von health promotion, ‚Salutogenese' und ‚Resilienz'."(Ebd., S. 155) (Vertiefend dazu: Eydler/Kolip/Abel 2010, > Vertrauen und Resilienz.)

VORSORGESTAAT

Derartige vorsorgende Überlegungen spielen weit über die Medizin und das Gesundheitswesen hinaus in der Handlungslogik des modernen „Vorsorgestaats" (Ewald 1997) eine zentrale Rolle. Vor allem im Hinblick auf *häufig* und *regelmäßig* auftretende Problemlagen, die sich mit Hilfe der „probabilistischen Vernunft" (ebd., S. 171) statistisch erfassen lassen, werden von der Politik, von Versicherungsgesellschaften und von zivilgesellschaftlichen Institutionen die Dienstleistungen der Wissenschaft nachgefragt. „Mithilfe quantifizierender Verfahren lässt sich die verborgene Regelhaftigkeit von Ereignissen aufdecken; diffuse Gefährdungen werden so in berechenbare Risiken verwandelt. Ausgehend vom Modell des Unfalls lassen sich alle wiederholt auftretenden Ereignisse (Arbeitslosigkeit, Krankheit etc.) als Risiken objektivieren; die Versicherung avanciert zum Modell des gesellschaftlichen Umgangs mit Unsicherheit. Zentrale Momente dieser versicherungstechnischen Anwendung des probabilistischen Dispositivs sind der Imperativ zur Prävention von Schäden und, wo diese dennoch eintreten, das Versprechen auf deren finanzielle Kompensation." (Blum 2016, S. 343. Vertiefend dazu u. a.: Daase/Offermann/Rauer 2012, > Risiko – Risikoforschung.) *Präventive* Überlegungen spielen freilich nicht nur für gesellschaftliche und politisch-administrative Institutionen eine zukunftsweisende Rolle, sondern beeinflussen auch die *Lebensplanung* der meisten Individuen.

GLOBALES VORSORGEPRINZIP

Auf der 1992 in Rio de Janeiro abgehaltenen UN-Konferenz zur Zukunft der globalen Entwicklung wurde im Hinblick auf *ökologische* Herausforderungen in der

Agende 21 (Kapitel 35, Absatz 3) ein globales Vorsorgeprinzip deklariert: „Angesichts der Gefahr irreversibler Umweltschäden soll ein Mangel an vollständiger wissenschaftlicher Gewissheit nicht als Entschuldigung dafür dienen, Maßnahmen hinauszuzögern, die in sich selbst gerechtfertigt sind. Bei Maßnahmen, die sich auf komplexe Systeme beziehen, die noch nicht voll verstanden worden sind und bei denen die Folgewirkungen von Störungen noch nicht vorausgesagt werden können, könnte der Vorsorgeansatz als Ausgangspunkt dienen.“ (Im Hinblick auf die mehrperspektivische – also: ökologische, ökonomische und soziale – Betrachtung des Vorsorgeprinzips siehe > Nachhaltigkeit.)

59

WISSENSCHAFTLICHKEIT DER ZUKUNFTSBEZOGENEN FORSCHUNG: GÜTEKRITERIEN

JEDES WISSENSCHAFTSKONZEPT HAT EIGENE QUALITÄTS- BZW. GÜTEKRITERIEN

Wie aus der Argumentation im vorliegenden Buch deutlich wird, lässt sich der Diskurs über die Qualitätskriterien der Forschung nicht von der Zugehörigkeit eines Forschers bzw. einer Forscherin zu einer der großen wissenschaftlichen Denkschulen entkoppeln (u. a. > Empiristischer Erkenntnisweg, > Hermeneutischer Erkenntnisweg, > Kritische Theorie, > Kritischer Rationalismus, > Konstruktivistischer Erkenntnisweg, > Pragmatismus, > Psychoanalytische Sozialforschung ...).

Jede dieser Denkschulen vertritt bekanntlich

- ein spezifisches Konzept für die Möglichkeiten der menschlichen Erkenntnis,
- eine aus dieser Erkenntnistheorie abgeleitete Wissenschaftstheorie,
- eine daraus abgeleitete Forschungslogik
- mit entsprechenden Qualitäts- bzw. Gütekriterien für die Durchführung der konkreten Forschungsprozesse.

Mit der abstrakten Forderung *„Forschung muss nach den Regeln wissenschaftlichen Arbeitens erfolgen“* ist also nicht viel gewonnen. Denn was ist *Forschung* und was sind *die Regeln des wissenschaftlichen Arbeitens*? Alle möglichen Antworten auf diese Fragen beruhen offensichtlich auf (mehr oder weniger transparenten) Vereinbarungen

- *einerseits* zwischen unterschiedlichen Gruppen von Forscherinnen bzw. Forschern, die sich im Innenverhältnis des gesellschaftlichen Subsystems *Wissenschaft* und auf der Basis ihrer jeweiligen wissenschaftstheoretischen Annahmen auf spezifische Qualitätskriterien und Regeln geeinigt haben, und
- *andererseits* zwischen den Geldgebern und Steuerungsinstanzen für Wissenschaft/Forschung (Politik, Wirtschaft) sowie den Forscherinnen bzw. Forschern.

Diese Vereinbarungen sind – wie alles im menschlichen Zusammenleben – von Interessen geleitet. Erkenntnis und Interesse (Habermas 1973/1991) sind also unauflösbar miteinander verflochten. Wenn man diesen Gedankengang konsequent zu Ende denkt, dann ist kein Regelwerk für Forschung *objektiv wissenschaftlich* oder *objektiv unwissenschaftlich*. Im Zusammenhang mit dem unter den Stichworten > Empiristischer Erkenntnisweg und > Kritischer Rationalismus angesprochenen Alleinvertretungsanspruch für die Wissenschaftlichkeit der Forschung werden jedoch im Rahmen vieler Hochschul- und Universitätsstudien sowie in vielen einschlägigen Lehrbüchern die Kriterien und Regeln der *empiristisch* bzw. *kritisch-rationalistisch* orientierten Forschung als einzig gültiger Kriterienkatalog vorgestellt. Im Sinne des im vorliegenden Buch vertretenen Prinzips der *wissenschaftstheoretischen Vielfalt* sind die in der Logik des *empiristisch* orientierten Forschungskonzepts geltenden Qualitäts- bzw. Gütekriterien keineswegs die Messlatte für alle anderen Forschungskonzepte (z. B. > Hermeneutischer Erkenntnisweg, > Konstruktivistischer Erkenntnisweg, > Pragmatismus, > Psychoanalytische Sozialforschung ...)!

GIBT ES EIGENE QUALITÄTS- BZW. GÜTEKRITERIEN FÜR DIE ZUKUNFTSBEZOGENE FORSCHUNG?

Vor dem Hintergrund der obigen Argumentation ist es auch *nicht* zielführend, *eigene* Qualitätskriterien für die *Zukunftsforschung* zu entwickeln, wie dies von Lars Gerhold u. a. (2015) mit dem Buchtitel „Standards und Gütekriterien der Zukunftsforschung" suggeriert wird. Denn die Kriterien für die Qualität des wissenschaftlichen Arbeitens (auch in der zukunftsbezogenen Forschung) leiten sich weniger davon ab, ob sich die jeweilige Forschungsfrage auf historische, gegenwärtige oder zukünftige Entwicklungen bezieht, sondern von den Logiken des jeweils gewählten wissenschaftstheoretischen Konzepts.

EINIGE ALLGEMEINE QUALITÄTSKRITERIEN GELTEN FREILICH FÜR ALLE FORSCHUNGSKONZEPTE

Dazu zählt jedenfalls das Kriterium der *Kritisierbarkeit* der jeweiligen Forschungstätigkeit. Dies setzt ein gewisses Maß an *Transparenz* in Form der Veröffentlichung wesentlicher Teile der Forschungsprozesse und -produkte voraus. Dabei sollten wenigstens zu folgenden Qualitätsmerkmalen hinreichende Informationen vorliegen:

- Forschungskontext, z. B. Grundlagenforschung (einschließlich der institutionellen Einbindung des Forschers bzw. der Forscherin) oder Auftragsforschung (einschließlich der zeitlichen, organisatorischen und institutionellen Rahmenbedingungen ...),
- Erkenntnisinteressen und Forschungsziele,
- erkenntnis- bzw. wissenschaftstheoretische Grundannahmen,
- gegenstandstheoretische Bezüge,
- Forschungsmethoden (einschließlich wichtiger Spezifika, z. B. bei repräsentativen Befragungen die Zahl der Befragten, die Auswahlkriterien, die Art der Befragung, der Erhebungszeitraum ...),
- Quellenangaben.

Im Hinblick auf *allgemeine* Qualitätskriterien für Forschung gibt es mehrere Empfehlungen, u. a.:

- European Science Foundation – ESF; All European Academies – ALLEA (Hrsg.) (2011) *European Code of Conduct for Research Integrity.*
- Deutsche Forschungsgemeinschaft – DFG (1998/2013) *Vorschläge zur Sicherung guter wissenschaftlicher Praxis. Empfehlungen der Kommission „Selbstkontrolle der Wissenschaft“.*

60

X: DER TAG X

Kurz vor der letzten Jahrhundert- bzw. Jahrtausendwende (1997) gaben drei Historiker (Enno Bünz, Rainer Gries und Frank Möller) einen Sammelband mit dem Titel „Der Tag X in der Geschichte. Erwartungen und Enttäuschungen seit tausend Jahren" heraus. „Der Tag X" war ursprünglich ein militärischer Ausdruck, der sich auf eine entscheidende Schlacht bezog. In der im heutigen Sprachgebrauch üblichen übertragenen Bedeutung bezieht sich dieser Begriff auf zwei Formen von Zeitpunkten: „Zum einen kann das Datum eines ‚Tages X' feststehen. Diese Daten treten zumeist aufgrund der Magie ihrer Ziffern hervor, wie die Jahrhundertwenden zeigen. Auf diese richten sich Erwartungen, sie werden mit symbolischen Gehalten aufgefüllt. Zuweilen kann ein ‚Tag X' aber auch durch grundlegende Erwartungen definiert sein, während sein genaues Datum offenbleiben muss. Hierzu gehört die Erwartung des Weltuntergangs ebenso wie diejenige vom Ende eines Krieges oder von der Wiedervereinigung Deutschlands. Über die den ‚Tag X' bestimmende Grunderwartung hinaus, kommt es auch hier zur Füllung des Termins mit Zukunftszuschreibungen und -vorstellungen. Dabei gibt es offensichtlich ein grundsätzliches Bestreben des Menschen, auch diese nicht festgelegten Zeitpunkte zu terminieren." (Ebd., S. 19)
Im Folgenden werden kurz und ohne Anspruch auf Vollständigkeit *vier* Begriffe vorgestellt, die mit der Annahme eines „Tages X" eng verbunden sind:

APOKALYPSE

„Die Apokalypse ist eines der wirkungsreichsten Zukunftsnarrative der abendländischen Tradition. In Anlehnung an die neutestamentliche Johannes-Apokalypse bezeichnet das Wort die Offenbarung (von gr. *apokalyptein*, ‚enthüllen') der letzten (göttlichen) Wahrheit am Ende der Zeiten. Vom Moment der Enthüllung an ist die Zeit nicht mehr, was sie war: Sie wird in Ausblick auf das unausweichliche Zukünftige gedeutet und bekommt einen *anderen* Sinn, der auf Vollendung hin ausgerichtet ist." (Zolles 2016, S. 275) Mit dem Begriff der Apokalypse sind Begriffe wie „Chiliasmus" (Wiederkehr Christi und Errichtung dessen tausendjährigen Reichs) oder „Messianismus“ (Erwartung der Ankunft eines Erlösers) eng verwandt.

Seit der Aufklärung löst sich das apokalyptische Zukunftsdenken zunehmend von den jenseitsorientierten Endzeitkonzepten der auf das Jüngste Gericht zusteuernden christlichen Heilsgeschichte, und wird – vor allem seit der Französischen Revolution – als diesseitige Erfüllung revolutionärer Utopien umgedeutet. (Vertiefend dazu: Schüle 2012, Sorg/Würffel 2010, Weidner/Willer 2013, Zolles 2016.) Schmieder (2016, S. 330 ff.) weist auf die Verknüpfung apokalyptischer Zukunftsbilder mit der „Futurisierung des Überlebens“ u. a. im Zusammenhang mit der Atomdebatte, der Holocaustdebatte und der Ökologiedebatte hin. Apokalyptische Phantasien finden sich auch im > Transhumanismus und der damit verbundenen Idee der Singularität.

PRODIGIEN – VORZEICHEN

Zu „Prodigien“, also zur Deutung von Vorzeichen bzw. zur „Vorhersage der Zukunft aus Ereignissen oder Gegenständen, die nicht dem Lauf der Natur zu entsprechen scheinen,“ siehe Bergengruen (2016, S. 98). Ein beliebter Anlass für die Deutung eines natürlichen Ereignisses als Vorzeichen für eine zukünftig – am Tag X – drohende große Gefahr war das Auftauchen von Kometen. Dazu auch: > Früherkennung – schwache Signale.

PROPHETIE

In einigen frühgeschichtlichen Gesellschaften (> Geschichte des Zukunftsdenkens: Antike) entwickelte sich der in einer deutlichen Opposition zu den jeweiligen Herrschern und zur herrschaftskonformen Priesterschaft agierende Typus des *Propheten* (Weidner 2016). Ausgehend von gesellschaftlichen Entwicklungen, die von einzelnen Propheten als Missachtung der göttlichen Zukunftsplanung („Vorsehung“) interpretiert wurden, wurde vor den fürchterlichen Folgen der unvermeidlichen Strafe Gottes gewarnt. Vor allem in der (später von der christlichen Theologie weitergeführten) jüdischen Tradition sind Prophezeiungen verbunden mit Warnungen vor dem „Ende der Zeiten“ und „ Ende der Geschichte“ sowie mit Aufrufen „zur Umkehr“ und „mit der Aussicht auf Erlösung. Denkfiguren wie der Messianismus, die Hoffnung auf den Erlöser, oder die Parusie, die Wiederkehr des Erlösers, gehören zum festen Arsenal prophetischer Gesten. Damit wird die Zeit im Hinblick auf die Zukunft hin strukturiert: Es wird etwas geschehen, es wird jemand kommen. Das Warten wird zur Erwartung, leben heißt, die Anzeichen des zukünftigen Untergangs oder des kommenden Erlösers schon jetzt zu erkennen. Seitdem wird Gegenwartsdiagnostik als Hermeneutik der Spuren des Zukünftigen im Hier und Jetzt betrieben. Die späten Nachfahren der biblischen Propheten, die die Zeichen des strafenden Gottes zu deuten wussten, sind die Trendscouts und Futurologen, die, meist in den Jugendkulturen, verzweifelt nach den Spuren der Zukunft suchen." (Liessmann 2007, S. 35) Vertiefend zum Thema *Prophetie und Prophezeiung* siehe u. a. Zenger (1998). Zum Thema *Prophetie und Prognostik*: Weidner/Willer (2013) und Weidner (2016).

ZYKLISCHES DENKEN

Im engeren Sinn des Begriffs „Zyklus" geht das *zyklische Denken* geht davon aus, dass sich bestimmte zeitliche Muster in der Geschichte und in der Zukunft regelmäßig wiederholen. „Das zyklische Naturverständnis ist geprägt durch die Wiederkehr des immer Gleichen. Die ständige Veränderung erfolgt in den stets gleichen Bahnen, es existiert kein Fortschritt." (Rieken – in: Popp/Rieken/Sindelar 2017, S. 182)

Im erweiterten Sinn werden auch wellenförmige Entwicklungsprozesse als *Zyklen* bezeichnet. In der Antike und im Mittelalter war die Annahme zyklischer Entwicklungen weit verbreitet. Als „Tag X" gilt in diesem Zusammenhang der Zeitpunkt des Übergangs zu einem neuen Zyklus. (> Historische Analogiebildung – Kondratjew-Zyklen)

61

Y: GENERATION Y – UND DER ZUKUNFTSBEZOGENE GENERATIONENDISKURS

Im Zusammenhang mit dem Diversity-Diskurs erlangte der Blick auf die Spezifika der unterschiedlichen Altersgruppen bzw. *Generationen* in den vergangenen Jahren – vor allem mit dem Ziel *prognostischer* Aussagen – eine erhebliche Bedeutung. Dieser Zukunftsbezug scheint etwa bereits im Titel des Buches von Anders Parment (2013) auf: „Die Generation Y. Mitarbeiter der *Zukunft* motivieren, integrieren, führen" (Hervorhebung durch R. P.). Vertiefend: Hungenberg (2001), Hurrelmann/Albrecht (2014), Klaffke (2014).

GENERATION Y

In diesem Sinne werden etwa der Generation Y (Geburtsjahre 1980 bis 1995) folgende altersspezifische Merkmale zugeschrieben (Popp 2018, S. 152):
Diese Altersgruppe ist mit den neuen Medien aufgewachsen und bildet die erste Generation der Digital Natives. Viele Mitglieder dieser Generation halten die Digitalisierung der Arbeits- und Freizeitwelt für ein selbstverständliches und unverzichtbares Merkmal der Gegenwart und der Zukunft. Die Jugendphase dieser Bevölkerungsgruppe war u. a. vom dynamischen Ausbau vielfältiger Bildungsangebote geprägt. Entsprechend gilt lebenslange Bildung in dieser Generation als wichtigste Voraussetzung für ein qualitätsvolles Leben. Ebenso hat eine starke internationale Orientierung – und damit verbunden das Erlernen von Fremdsprachen – eine große Bedeutung. Die Generation Y weist eine intensive Familienorientierung auf, wünscht sich eine möglichst harmonische Balance zwischen Beruf, Familie und Freizeit und pflegt häufig eine über die Jugendphase hinausgehende gute Beziehung zu den Eltern. Dennoch verfolgt auch diese Generation durchaus hartnäckig tiefgreifende Veränderungsinteressen. Dabei geht es um die konsequente Umsetzung einer mehrperspektivischen Lebensqualität mit der Kombination von Geld und Genuss, Familie und Freundeskreis, sinnvolle und persönlich befriedigende Arbeit, lebenslange Bildung und vielfältige kulturelle Aktivitäten sowie Engagement für mehr Humanität und ökologische Sensibilität.

Für die Realisierung dieser Ziele übernehmen die meisten Mitglieder der Generation Y auch gerne Verantwortung. Im Gegensatz zur Erfahrung vieler junger Menschen in den 1960er und 1970er Jahren, dass die jugendlichen Lebenskonzepte nur im Konflikt mit den Eltern und mit dem gesellschaftlichen Establishment durchzusetzen sind, glaubt die Generation Y an die normative Kraft des Faktischen. Nach dem vom ehemaligen US-Präsidenten Barack Obama geprägten Motto „Yes we can“ machen sie einfach, was sie für richtig halten. Wegen dieses unspektakulären, selbstbewussten und pragmatischen Idealismus halten die Jugend- und Sozialisationsforscher Hurrelmann und Albrecht (2014) viele Mitglieder der Generation Y für „heimliche Revolutionäre“, die in den kommenden Jahrzehnten für nachhaltige Veränderungen in der Arbeits- und Lebenswelt sorgen werden. Jedoch gilt dies nicht uneingeschränkt für alle Menschen in dieser Altersgruppe.

„GENERATION“ IST EIN VAGER BEGRIFF

Meist ist damit eine bestimmte Altersgruppe gemeint, z. B. die Generation 60 plus, also alle Mitglieder einer Gesellschaft, die 60 Jahre und älter sind. Manchmal wird dem Generationenbegriff auch eine inhaltliche Bedeutung zugeschrieben, etwa *68er Generation*. Im Hinblick auf bestimmte Geburtsjahrgänge wird häufig die folgende grobe Typisierung versucht, wobei es in der einschlägigen Literatur keine einheitliche Zuordnung von Geburtsjahrgängen zu den jeweiligen Generationen gibt. Deshalb ist es erforderlich, die in der vorliegenden Publikation für die Einteilung der *sechs „Generationen“* verwendeten Alterskriterien transparent zu machen (angelehnt an Reinhardt/Popp 2018):

- Kriegs- und Nachkriegsgeneration: vor 1952 geboren,
- Babyboomer-Generation: Geburtsjahre 1952 bis 1965,
- Generation X: Geburtsjahre 1966 bis 1979,
- Generation Y: Geburtsjahre 1980 bis 1995,
- Generation Z: Geburtsjahre 1996 bis 2010,
- Generation ? (evtl. „A“): ab 2011 geboren.

Bei diesen Typisierungen wird also angenommen, dass die jeweiligen Altersgruppen durch prägende historische Ereignisse und/oder durch veränderte gesellschaftliche bzw. ökonomische Entwicklungen ähnliche Sicht- und Verhaltens-

weisen entwickelt haben. In den vergangenen Jahren richtete sich der Blick mancher Autorinnen bzw. Autoren vor allem auf die *Gemeinsamkeiten* der jeweiligen Altersgruppen bzw. *Generationen*.
In der Soziologie und der Sozialpsychologie gibt es eine Vielzahl von Definitionen des Begriffs „Generation", u. a. die folgende: Als Generation bezeichnet man „die Gesamtheit von Menschen ungefähr gleicher Altersstufe mit ähnlicher sozialer Orientierung und einer Lebensauffassung, die ihre Wurzeln in den prägenden Jahren einer Person hat." (Mangelsdorf 2015, S. 12) Diese Prägung findet vor allem während der Kindheit, der Jugend und des frühen Erwachsenenalters statt, da in dieser Phase die Motivation für die Veränderung der individuellen Wertesysteme am stärksten ausgeprägt ist. Der damit verbundene generationenspezifische *Wertewandel* (> Sozialer Wandel) ermöglicht neue Sichtweisen, die wiederum zu modifizierten Lebens- und Arbeitsweisen führen.

KRITIK AM GENERATIONENKONZEPT

Vor den Gefahren einer allzu rigiden gegenwarts- oder zukunftsbezogenen Anwendung des Generationenkonzepts muss in aller gebotenen Deutlichkeit gewarnt werden! Denn niemandem sollten nur aufgrund des Geburtsjahres oder äußerer Einflussfaktoren bestimmte Eigenschaften ab- oder zugesprochen werden. Umstandslose Verallgemeinerungen sind auch deshalb nicht angebracht, weil es innerhalb jeder Generation ähnlich viele Unterschiede (z. B. im Hinblick auf Bildung, familiäre Herkunft oder Einkommen) wie Gemeinsamkeiten gibt. Eine noch stärkere Differenzierung als bei der Einteilung in Altersgruppen ergibt sich, wenn man vom Sinus-Konzept der verschiedenen Milieus und der darin dominierenden Lebensstile ausgeht. (Vertiefend zu Sinus-Milieus: www.sinus-institut.de.) In *Deutschland* kommen zu all diesen differenzierenden Einflussfaktoren noch die unterschiedlichen Prägungen durch die bis zum Beginn der 1990er Jahre getrennten Lebenswelten und Lebenserfahrungen einerseits in der BRD und andererseits in der DDR.
Die typisierende Beschreibung von *Generationen* hat durchaus Vorteile, weil sie ein *grobes Orientierungsmuster* für die *zukunftsrelevanten* Veränderungen von Wertesystemen durch gesellschaftliche Wandlungsprozesse anbietet und somit eine Reduktion der Komplexität ermöglicht. Allerdings sollte dabei die differenzierte Betrachtung der Individuen nicht zu kurz kommen. Obwohl die Mitglieder

einer bestimmten Altersgruppe manche Ähnlichkeiten aufweisen, gilt sowohl heute als auch zukünftig für alle menschlichen Beziehungen der folgende Leitsatz: Jedes Individuum ist einzigartig!

GENERATIONENVERHÄLTNIS

In enger Verbindung mit der Analyse der spezifischen Bedürfnisse, Werthaltungen und Lebensziele der Mitglieder der einzelnen Generationen sind auch die *Beziehungen* zwischen den unterschiedlichen Altersgruppen, also das Generationenverhältnis, ein wichtiges zukunftsbezogenes Forschungsgebiet.

62

ZUKUNFT – BILDUNG – ARBEITSWELT

WANDEL DER ARBEITSWELT

Das komplexe Thema „Zukunft der Arbeitswelt" wird im vorliegenden Buch aus Platzgründen nicht explizit und ausführlich diskutiert. Die folgenden Publikationen bieten sowohl wissenschaftlich fundierte als auch allgemein verständliche Informationen: Popp (2012b), (2015a), (2018), (2019a), (2019b); Popp/Reinhardt (2019); Reinhardt/Popp (2018, 2019); Weissenberger-Eibl (2018), (2019). (Vertiefend: Fortmann/Kolocek 2018, König/Schmidt/Sicking 2009, Papmehl/Tümmers 2013, Rinne/Zimmermann 2016, Tempel/Ilmarinen 2013, Thüsing 2015, Vogler-Ludwig/Düll/Kriechel 2016.)

In der Arbeitswelt der Zukunft werden in wirtschaftlich hoch entwickelten Ländern wie Deutschland und Österreich – sowohl in der Produktion als auch im Dienstleistungssektor – *wissensintensive* Berufe dominieren. Dieser Berufstypus ist durch folgende Merkmale gekennzeichnet:

- kontinuierliche Innovationsprozesse,
- Teamwork,
- internationale und interkulturelle Bezüge,
- anspruchsvolle Kunden und Kooperationspartner,
- flexible und überwiegend eigenverantwortliche Arbeitsorganisation,
- Digitalisierung (> Digitaler Wandel).

62

WANDEL DER KOMPETENZEN

Die Fähigkeiten und Fertigkeiten sowohl der Führungskräfte als auch deren Mitarbeiterinnen und Mitarbeiter müssen auf die Bewältigung der oben kurz skizzierten Herausforderungen ausgerichtet sein.

Im Zusammenhang mit der Diskussion über die Frage, was sowohl die Arbeitnehmer als auch die Arbeitgeber im weiten Spektrum der Arbeitswelt wissen und können sollten, werden die früher üblichen Begriffe wie z. B. „Fachwissen", „Fähigkeiten" oder „Fertigkeiten" zunehmend durch den übergeordneten Begriff *Kompetenzen* abgelöst. Dabei wird meist zwischen den folgenden zwei großen Kompetenztypen unterschieden:

- den seit jeher und auch zukünftig unverzichtbaren *Fachkompetenzen* sowie
- den zukünftig immer wichtiger werdenden *Schlüsselkompetenzen.*

Fachkompetenzen

Mit diesem Begriff werden die vielfältigen Wissensbestände, Fähigkeiten und Fertigkeiten bezeichnet, die für die professionelle Bewältigung der Herausforderungen in spezifischen Berufen erforderlich sind. Im Hinblick auf diese funktionalen Kompetenzen gibt es naturgemäß große Unterschiede zwischen den Berufsfeldern (z. B. zwischen Technikberufen, wirtschaftlichen Berufen, persönlichen Dienstleistungen, Gesundheits- und Sozialberufen, pädagogischen Berufen, künstlerischen Berufen).

Schlüsselkompetenzen

Bereits in der heutigen – und noch viel mehr in der zukünftigen – Arbeitswelt genügt es in nahezu allen Berufen nicht mehr, nur über die jeweils berufsspezifischen Fachkompetenzen zu verfügen. Vielmehr ist über dieses fachliche Wissen und Können hinaus zunehmend ein Bündel von Wissensbeständen, Fähigkeiten und Fertigkeiten erforderlich, das unter den Bedingungen der dynamischen gesellschaftlichen und wirtschaftlichen Wandlungsprozesse in der Arbeitswelt die flexible Lösung von Problemen ermöglicht. Die Bedeutung dieser quer durch alle Berufe zunehmend unverzichtbaren Kompetenzen wurde erstmals 1974 in einem vorausschauenden Zeitschriftenbeitrag von Dieter Mertens, dem Gründungsdirektor des Instituts für Arbeitsmarkt- und Berufsforschung und der deutschen Bundesanstalt für Arbeit, hervorgehoben. Mertens verwendete damals noch den Terminus „Schlüsselqualifikationen", der ab den 1990er Jahren von dem heute üblichen Begriff „Schlüsselkompetenzen" abgelöst wurde. Der heutige Diskurs zu diesem zukunftsweisenden Kompetenztypus geht überwiegend auf die Ergebnisse des im Jahr 1997 von der OECD gestarteten Projekts „Definition and Selection of Competencies – DeSeCo" zurück. Unter dem Überbegriff „Schlüsselkompetenzen" werden meist folgende Kompetenzen subsumiert:

- *Reflexive Kompetenzen*, z. B.: vernetztes Denken (Denken in Zusammenhängen), allgemeines Orientierungswissen (möglichst breit gestreutes Wissen über gesellschaftliche, wirtschaftliche und politische Rahmenbedingungen), > Intuition und Entscheidungsfähigkeit, Fähigkeit zum selbstorganisierten lebenslangen Lernen, mediale Kompetenz (Fähigkeit zur kritischen Wissensaneignung mit Hilfe unterschiedlicher Medien) ...
- *Personale Kompetenzen*, z. B.: Fähigkeit zur Selbstreflexion, emotionale Stabilität, Kreativität, > Phantasie, Selbstständigkeit, Flexibilität, Engagement, Initiative, Verantwortungsbewusstsein, Werteorientierung, Leistungsbereitschaft, Zeitmanagement, Zuverlässigkeit, Ausdauer, Fleiß, Selbstdisziplin, Belastungsfähigkeit, Stressresistenz, Selbstwirksamkeit (= Glaube an die eigene Durchsetzungsfähigkeit) ...
- *Soziale Kompetenzen*, z. B.: Empathie, Sprachkompetenz (muttersprachlich und fremdsprachlich), Fähigkeit zur medialen Kommunikation, Konfliktfähigkeit, Kritikfähigkeit (Fähigkeit, Kritik zu üben und anzunehmen), Teamfähigkeit, Toleranz, interkulturelle Kompetenz, Fähigkeit zur Weitergabe und Präsentation von Wissen (mit und ohne mediale Unterstützung), Beratungskompetenz, Gesprächsführung, Durchsetzungsvermögen, Führungskompetenz ...

Zukünftig wird dieses weite Verständnis des Kompetenzprofils einer Person – im Spannungsfeld zwischen Fachkompetenzen und Schlüsselkompetenzen – sowohl bei Bewerbungen am Arbeitsmarkt als auch bei der innerbetrieblichen Karriere eine deutlich größere Rolle spielen als heute. Wo und wie diese Kompetenzen erworben wurden, ob in einer Schule oder Hochschule, im dualen Bildungssystem, im Bereich der Weiterbildung oder in der betrieblichen Praxis, wird zunehmend zur Nebensache werden, und schulische bzw. hochschulische Zeugnisse werden kontinuierlich an Bedeutung verlieren.

WANDEL DER BERUFSBEZOGENEN BILDUNG?

Die Strukturen, Methoden und Inhalte der berufsbezogenen Bildung in Schulen, Hochschulen, im dualen Bildungssystem und in der Erwachsenenbildung verändern sich deutlich langsamer als die sich dynamisch wandelnde Arbeitswelt. Vertiefend zur Zukunft der (berufsbezogenen) Bildung – m. b. B. von Deutschland und Österreich: Popp (2011a) und (2015b, S. 38–81), Popp/Pausch/Reinhardt (2011), Popp/Reinhardt (2015b, S. 37–68).

Die Bildungskarriere bringt der Storch: Ungleiche Chancen in der Bildung und für die berufliche Karriere

Wer etwa in einer Akademikerfamilie aufwächst, hat sowohl in Deutschland als auch in Österreich deutlich größere Chancen, eine höhere Schule und anschließend eine Hochschule zu besuchen, als der Nachwuchs von Eltern mit niedrigem formalem Bildungsabschluss. Die Unterschiede setzen sich meist im Berufsleben fort. Beim Thema Chancengerechtigkeit spielt auch die *interkulturelle* Dimension der Bildungsarbeit eine wichtige Rolle. Kinder aus Familien mit Migrationshintergrund besuchen in Deutschland und Österreich bisher viel zu selten höhere Schulen. In schulischen und universitären Bildungsprozessen werden Kinder, Jugendliche und junge Erwachsene mit Migrationshintergrund nach wie vor benachteiligt. Diese integrationshemmenden Nachteile setzen sich häufig beim Berufseinstieg fort (Liebig/Widmaier 2009).

Vergeudung von Talenten durch mangelnde Chancengerechtigkeit

Mangelnde Chancengerechtigkeit ist nicht nur ein humanitäres oder moralisches Problem und nicht nur ein Problem der individuellen Lebensqualität der Betroffenen, sondern auch ein volkswirtschaftliches Problem. Verbesserungen sind also auch im Hinblick auf die Herausforderungen der zukünftigen Wirtschafts- und Arbeitswelt dringend vonnöten. Denn die Ausschöpfung aller Bildungspotenziale und somit die bessere Qualifizierung bisher bildungsbenachteiligter Bevölkerungsgruppen ist – nicht nur in Bezug auf den demografischen Wandel – eine der wichtigsten Voraussetzungen für den nachhaltigen Erfolg der jeweiligen Wirtschaftsstandorte. Im Hinblick auf diesbezügliche Reformen muss freilich hinreichend bedacht werden, dass sich die Wirkungen von innovationsorientierten Maßnahmen im Bildungssektor erst in mittelfristiger Perspektive einstellen und die Veränderung von *mentalen* Prägungen noch länger dauert.

Duale Berufsausbildung

Seit den 1980er Jahren reduzierte sich sowohl in Deutschland als auch in Österreich die Zahl jener jungen Menschen, die ihre Berufsausbildung in Form des sogenannten dualen Bildungssystems absolvieren, in erheblichem Ausmaß. Der kontinuierliche Bedeutungsverlust dieser traditionsreichen Kombination von Berufsschule einerseits und berufspraktischer Qualifizierung in einem Lehrbetrieb andererseits lässt sich nur zum Teil mit den niedrigen Geburtenraten der vergangenen Jahre erklären. Ein weiterer Grund für das verringerte Interesse an der dualen Berufsausbildung besteht darin, dass dieses Qualifizierungssystem in der deutschen und österreichischen Bevölkerung unter Imageproblemen leidet. Flotte Marketingsprüche wie etwa „Karriere mit Lehre" werden wenig Wirkung zeigen. Vielmehr müsste zukünftig mit einer ehrlichen Informationsoffensive gegengesteuert werden. Gleichzeitig muss es freilich zu einer attraktiveren Gestaltung und Modernisierung des Alltags der dualen Ausbildung im Spannungsfeld zwischen Betrieb und Berufsschule kommen.

Außerdem müsste die duale Bildung stärker als Teil des gesamten deutschen und österreichischen *Bildungs*systems wahrgenommen werden. Dies würde die (*vertikale* und *horizontale*) Durchlässigkeit zu den ausschließlich *schulischen* Teilen des gesamten Bildungsangebots wesentlich erleichtern. Im Bereich der sogenannten *vertikalen* Durchlässigkeit geht es dabei um eine sinnvolle Regelung des Bildungsweges vom Lehrabschluss hin zu einem facheinschlägigen Bachelorstudium an Fachhochschulen oder Universitäten sowie zur Einordnung der Meisterprüfung in das „Bologna-System" der EU-weit geregelten Bildungsabschlüsse (Bachelor, Master, PhD). Im Bereich der *horizontalen* Durchlässigkeit geht es zukünftig um die bessere Vernetzung zwischen dem dualen Bildungssystem und den – vor allem in Österreich sehr stark ausgebauten – berufsbildenden höheren Schulen (für Technik, Tourismus, Soziales und Wirtschaft).

Hochschulen und Universitäten: Reduzieren sich die Bildungsziele zukünftig auf den Bedarf am Arbeitsmarkt?

In Anbetracht der wachsenden Komplexität von beruflichen Funktionen wird sich zukünftig der Bedarf an Universitäts- bzw. Hochschulabsolventinnen und -absolventen am deutschen und österreichischen Arbeitsmarkt deutlich erhöhen. Im Zusammenhang mit den Bildungszielen der Hochschulen fordern nahe-

zu alle realpolitisch relevanten Kräfte in Deutschland und Österreich seit mehreren Jahren die stärkere Orientierung des akademischen Lehrangebots (und der Forschung) an der konkreten Nachfrage der Wirtschaft. Gleichzeitig wünscht sich ein stark wachsender Anteil der Studierenden einen perfekt durchorganisierten Lehr- und Prüfungsbetrieb, der stromlinienförmig zum akademischen Abschluss und mit möglichst wenigen Umwegen in einen gut bezahlten Beruf führt. In Anbetracht dieser Bedürfnis- und Bedarfslage verengte sich der öffentliche Bildungsdiskurs immer stärker auf die Forderung nach der kurzfristig wirksamen wirtschaftlichen Verwertung von wissenschaftlichem Wissen für die *gegenwärtige* berufliche Praxis. Bei dieser *keineswegs vorausschauenden* Engführung der Bildungsziele fungierten und fungieren die Fachhochschulen als Trendsetter. (Deutschland und Österreich zählen weltweit zu den wenigen Ländern, die ihr Hochschulangebot in zwei strukturell getrennte Systeme zersplittern: Universitäten und Fachhochschulen.)
Eine verschulte Anpassungsqualifizierung für die Jobs von heute wird jedoch dem Zweck einer grundsätzlich *zukunftsorientierten* akademischen Ausbildung nicht gerecht. Denn der Sinn eines Hochschulstudiums besteht in der Entwicklung eines Kompetenzprofils für die flexible und kreative Zukunftsgestaltung in einer vom permanenten Wandel gekennzeichneten Arbeits- und Lebenswelt. Neben dem jeweils spezifischen Fachwissen geht es dabei um interdisziplinäres Querschnittswissen, fundierte Persönlichkeitsbildung, gemeinsames projektbezogenes Arbeiten und Lernen sowie um die Sehnsucht, neue Lösungen zu finden.

Lebenslanges Lernen: Lebensbegleitende Bildung jenseits von Schulen

Bildung wird zukünftig immer öfter außerhalb von Schulen und Hochschulen stattfinden und die digitalen Medien beschleunigen die Flexibilisierung und Individualisierung des lebenslangen Lernens. (> Digitaler Wandel .../digitale Bildung) Viele Einrichtungen der Erwachsenenbildung klammern sich jedoch noch an die Didaktik des schulischen und lehrerzentrierten Unterrichts. Gleichzeitig bereiten sich jedoch innovative Pädagoginnen und Pädagogen auf eine bessere Zukunft des lebensbegleitenden Lernens vor. Dabei spielen die Produktion interaktiver und unterhaltsamer E-Learning-Kurse sowie die kompetente Beratung für das Lernen mit Hilfe neuer Medien eine wichtige Rolle. Auch die erwachsenengerechte Begleitung der individuellen Lernprozesse bildungswilliger Menschen wird immer wichtiger. Inhaltlich betrachtet dient derzeit ein sehr großer Teil der Angebote der Erwachsenenbildung dem Erwerb von Fähigkeiten und Fertigkeiten für den Beruf. Dagegen hat das Segment der allgemein- und persönlichkeitsbildenden Angebote der Erwachsenenbildung in den vergangenen Jahren an Bedeutung verloren. Zukünftig bleibt die Anpassung der Kompetenzen an die immer rascher voranschreitenden Veränderungen des Berufslebens zwar wichtig, aber Bildung für den großen Rest des Lebens darf dabei nicht vernachlässigt werden. Nicht nur die Dynamik der Arbeitswelt, sondern auch die Beziehungs- und Erziehungsprobleme in der Familie, die bunte Vielfalt des modernen Freizeit-, Konsum- und Geldlebens, die Gestaltung eines gesundheitsbewussten Alltags sowie die politische Partizipation im konkreten Wohnumfeld und das ehrenamtliche Engagement für den sozialen Zusammenhalt erfordern immer wieder neues Wissen und Können. Auch der Bildungsbedarf in der Altersgruppe 50 plus wird zukünftig eine deutlich größere Rolle spielen, u. a. im Hinblick auf die *mentale Altersvorsorge*.

Lebensbegleitende Bildung, die mehr sein will als zeitgeistige Anpassungsqualifizierung, ermöglicht das Verstehen von komplexen Zusammenhängen. Dieses Verstehen ist eine der wesentlichen Ressourcen für die Gestaltung zukünftiger Lebensqualität. Zukünftige Lernprozesse in einer auf viele Lernorte und auf mehrere Lebensphasen verteilten *Schule des Lebens* beziehen sich nur mehr zum kleineren Teil auf die Kinder- und Jugendzeit. Vielmehr geht es um *lebenslange* Lebensqualität in der Arbeitswelt, in der Familie und der Freizeit sowie in der immer länger dauernden nachberuflichen Lebenszeit (> Lebensqualitätsforschung).

63

ZUKUNFTSANGST UND PROSPEKTIVE FORSCHUNG

„Die Angst lässt sich, wenn man an sich arbeitet, in Sorge verwandeln; und die Sorge ist eine Quelle der Vorsorge – und der Fürsorge.“
(Joachim Radkau 2017, S. 439)

„ZUKUNFTSANGST“ – EIN INTERDISZIPLINÄRES THEMA

Das Thema Angst wird in unterschiedlichen Disziplinen diskutiert, wobei der spezifische Aspekt der *Zukunftsangst* nur selten *explizit* angesprochen wird.

- Eine *interdisziplinäre* Auseinandersetzung findet sich in Koch (2013).
- Eine *philosophische* Behandlung des Themas Angst findet sich u. a. bei Balzereit (2010), Markl (1998), Oeser (2015).
- Eine interessante *theologisch* fundierte Aufforderung zur „Entängstigung“ stammt von Zulehner (2016).
- In der *Soziologie* wird Angst vor allem mit Fragen des sozialen Abstiegs verknüpft, z. B.: Bax (2016), Bude (2016), Dehne (2017), Piper (2012), Schüle (2012), Strasser (2013). Mehrere interessante soziologische Beiträge zum Thema Angst finden sich in dem von Lübke/Delhey (2019) herausgegebenen Sammelband „Diagnose Angstgesellschaft“.
- Die *Kulturgeschichte* erinnert an die seit jeher bedeutsame Wirkmacht kollektiver Ängste z. B.: Böhme (2003), Böhme u. a. (2013), Delumeau (1985), Radkau (2017), Rieken (2019b).
- In den *Neurowissenschaften* stehen die vielfältigen biologischen und hirnphysiologischen Aspekte von Ängsten im Vordergrund. Weit über die Frage der Zukunftsangst hinaus könnten die Neuro*biologie* (z. B. Hüther 2014) sowie die Neuro*psychologie* (z. B. Bauer 2009, Benetka/Guttmann 2006, Rabenstein 2016) interessante Beiträge zur prospektiven Forschung leisten. Nicht nur in manchen Zeitgeistmedien wird jedoch die Erklärungskraft der Neurowissenschaften häufig stark überschätzt. (Ausführlicher dazu: Hasler 2012, Werbik/Benetka 2016.)

- Die *Sozialpsychologie* setzt sich vor allem mit *Ängsten in Verbindung mit Identität unter bedrohlichen gesellschaftlichen Bedingungen* (z. B. Migration, Globalisierung ...) auseinander. Vertiefend dazu u. a.: Baring (2011), Egner (1994), Fromm (2014), Lahartinger/Wechselberger (2012), Strenger (2016).
- In der *klinischen Psychologie* und der *Psychotherapiewissenschaft* wird über Angst vor allem in zwei Kontexten reflektiert:
  - Der dominante psychotherapiewissenschaftliche und klinisch-psychologische Diskurs über Angst bezieht sich auf *Ängste im Zusammenhang mit den vielfältigen Ausprägungsformen von Angststörungen, Phobien* u. Ä. (Systematisch dazu aus einer kognitiv-behavioristischen Perspektive: Krohne 2010.)
  - Im *psychodynamischen* Diskurs (> Psychoanalytische Sozialforschung) wird vor allem der *Zusammenhang zwischen Ängsten und individuellen Bewältigungsstrategien* – auch im Kontext der Forschung (Devereux 1984) analysiert, z. B.: Beland (2014), Bohleber (2015), Fabian (2013), Rieken (2007) und (2019c) sowie (2015a) und (2015b), Riemann (2013). Siehe dazu auch Popp/Rieken/Sindelar (2017, S. 15 ff.). Zur „Angstlust" siehe Balint (1999).

UNGEWISSHEIT, ZUKUNFTSANGST UND DIE ILLUSION DER GEWISSHEIT

Niemand kann wissen, wie die Zukunft wirklich wird. Die mit der Zukunft unvermeidbar verbundene Ungewissheit erzeugt bei vielen Menschen Zukunftsangst. Deshalb sehnen wir uns nach Gewissheit. „Deshalb schließen wir Versicherungen gegen alles ab, schwören auf Horoskope oder beten zu Gott. Wir sammeln Terabytes von Informationen, um unsere Computer in Kristallkugeln zu verwandeln. Aber stellen Sie sich einmal vor, was geschehen würde, wenn Ihre Wünsche in Erfüllung gingen. Würden wir mit Gewissheit alles über die Zukunft wissen, so gäbe es in unserem Leben kaum Anlass für Gefühle mehr. Weder Überraschung noch Vergnügen, weder Freude noch Aufregung – wir wüssten ja alles schon längst. Der erste Kuss, der erste Heiratsantrag, die Geburt eines gesunden Kindes wären so aufregend wie der Wetterbericht des vergangenen Jahres. Sollte unsere Welt jemals gewiss werden, wäre unser Leben todlangweilig." (Gigerenzer 2013, S. 30) Vertiefend zum Thema Ungewissheit im interdisziplinären Diskurs: Jeschke/Jakobs/Dröge (2013). Zum Zusammenhang zwischen Ungewissheit und Ambivalenz- bzw. Ambiguitäts(in)toleranz: > Subjektiver Faktor ...

ZUKUNFTSANGST ALS ANGST VOR DEM NEUEN

Im Kontext psychodynamischer Theorien betrachtet Egon Fabian (2013, S. 105) die Zukunftsangst vor allem als Angst vor dem Neuen und diese wiederum als „eine unmittelbare Form der Verlassenheitsangst. Alles Neue droht mit dem Unbekannten, dem Unsicheren, zwingt den Menschen, der unter Angst leidet, sich von Altem und Vertrautem zu trennen. Er weiß aber nicht, wohin der Weg nach der Trennung führt, leidet unter der Unsicherheit, fühlt sich beängstigt und verlassen. Die Angst vor dem Neuen ist vielleicht die häufigste konkrete Manifestationsform der Angst überhaupt, wenn auch oft in verhüllter Form – etwa als Entscheidungsschwäche oder Ambivalenz, und ganz besonders in der Psychotherapie –, sie zeigt sich in konservativer, ängstlicher Lebensform und in vielen Gewohnheiten, Routinen, Alltagsritualen." Zum Zusammenhang zwischen Angst und Risiken: > Risiko – Risikoforschung.

KRISE UND ZUKUNFTSANGST

Selbst in wirtschaftlich und politisch stabilen Ländern wie Deutschland und Österreich befinden sich viele Menschen in einem permanenten Krisenmodus. Damit ist ein beachtliches Ausmaß an Zukunftsangst verbunden: Angst vor dem Verlust des Arbeitsplatzes durch die Digitalisierung, vor Terror, vor Flüchtlingen, vor dem Ausbruch eines Atomkriegs, vor ökologischen Katastrophen oder vor dem Zusammenbruch des Euros, des Finanzsystems und der Wirtschaft. Im alltäglichen Sprachgebrauch klingt das Wort *Krise* wie eine gefährliche Drohung. Im Altgriechischen hingegen war *Krisis* ein neutraler Begriff für den *Wendepunkt* in einem Entwicklungsprozess. So gesehen ist zum Zeitpunkt einer Krise niemals klar, ob sich die Lage positiv oder negativ entwickelt. Jede Krise kann demnach die Wende in Richtung einer besseren Zukunft einläuten. In diesem Fall sprechen wir gerne von der *Krise als Chance*. Eine Krise kann aber auch der Anfang vom Ende sein. Solche Formen des nachhaltigen Niedergangs bezeichneten die alten Griechen als *Katastrophe*. (Zur Annahme der schlechtest möglichen Zukunftsentwicklung – also *worst case*: Blum 2016.) Offensichtlich wird das menschliche Leben durch eine Serie von Wendepunkten bzw. Krisen geprägt. Nüchtern betrachtet ist also die Ungewissheit der Normalfall. Aber Ungewissheit aktiviert Zukunftsangst. Kein Wunder, dass wir uns nach mehr linearer Logik und weniger Wendepunkten sehnen. Deshalb klammern wir uns allzu gerne an unsere Gewohnheiten, die Stabilität suggerieren und Sicherheit spenden. Gewohntes Verhalten ändern wir meist nur dann, wenn es *not-wendig* ist, also der *Abwendung von Not* dient. Dies gilt nicht nur für unser individuelles Verhalten, sondern auch für unsere gesellschaftlichen Verhältnisse. Eine wachsende Zahl von Expertinnen und Experten lebt sehr gut von Verfahren zur Reduktion der kollektiven Krisenangst. Man denke nur an die beruhigende Wirkung von Risikomanagement, Trendforschung und Wirtschaftsprognostik, die uns die Illusion eines wissenschaftlich abgesicherten Wissens über die Zukunft vermitteln. Vielleicht müssten wir uns aber gar nicht so sehr fürchten. Denn „Krise kann ein produktiver Zustand sein. Man muss ihr nur den Beigeschmack der Katastrophe nehmen" (Max Frisch).

64

ZUKUNFTSGURUS

Mit der Veröffentlichung des Buches „Future Shock" (Alvin Toffler; dt.: „Der Zukunftsschock. Strategien für die Welt von morgen", 1971), das (laut Rust 2008, S. 82) weltweit sechs Millionen Mal (!) verkauft wurde, war ein neuer Typus von Zukunftsliteratur geboren, in der (willkürlich ausgewählte) Ergebnisse der prospektiven Forschung (Trends, Prognosen ...) anekdotisch-journalistisch zugespitzt werden.

Der Erfolg Tofflers animierte den US-amerikanischen Schriftsteller John Naisbitt, der sich selbst vorerst als „Trendforscher" und später als „Zukunftsforscher" sah, zur Produktion seines – scheinwissenschaftlichen – Bestsellers „Megatrends. Ten New Directions Transforming Our Lives" (1982). Die Serie der Versuche, mit ähnlichen Zukunftspublikationen vergleichbare Verkaufserfolge zu erzielen, wurde vorerst nur in den USA fortgesetzt, erreichte jedoch ab den 1990er Jahren auch den deutschsprachigen Raum. In diesem Sinne werden die Erfolgsrezepte der US-amerikanischen Zukunfts- und Trendgurus mit beachtlicher medialer Wirkung nachgeahmt.

ZUKUNFTSGURUS ALS TRITTBRETTFAHRER DER WISSENSCHAFTLICHEN FORSCHUNG

Bei den Exponenten der Zukunftsguru-Szene fehlt in den meisten Fällen sowohl eine gediegene wissenschaftliche Sozialisation als auch die Einbindung in die Scientific Community – und damit auch das qualitätssichernde wissenschaftliche Korrektiv. Als medial sehr präsente Trittbrettfahrer des außerordentlich mühevollen Prozesses der *wissenschaftlichen* Wissensproduktion schmücken sie sich mit dem vertrauenserweckenden *Forscher*image, um ihren Marktwert als Berater, Vortragende und Sachbuchautoren zu steigern. Ohne selbst etwas zur Weiterentwicklung der (zukunftsbezogenen) Forschung beizutragen, entnehmen sie einzelne besonders öffentlichkeitswirksame Versatzstücke aus seriösen wissenschaftlichen Studien, wobei diese Analysen meist nur aus der journalistisch verkürzten Präsentation in Tageszeitungen, Zeitschriften und Internettexten rezipiert werden. In den wissenschaftsfernen Zukunftsinstituten der Zukunftsgurus werden diese Massenmedien für „das global operierende Forschungszentrum" gehalten, wie dies etwa Naisbitt (2007, S. 34) unumwunden zugibt. Diese Recherchemethode der Trendszene wird als *Mindset* bezeichnet (Naisbitt 2007).

Ein offensichtlich wirkungsvolles Erfolgsrezept der Selbstvermarktung dieser Zukunftsgurus besteht in der Erfindung und Veröffentlichung von neuen Begriffen („Naming"). Der Wirtschaftssoziologe Holger Rust (2009, S. 3) hat einige dieser skurrilen Wortneuschöpfungen zusammengestellt, die der im deutschsprachigen Raum bekannteste Repräsentant des Megatrend-Marketings, Matthias Horx, für die Beschreibung der anscheinend zukunftsweisenden Akteurstypen erfunden hat: Groundworkers, High Skill Workers, Hobbyworkers, Freeployees, Selbstpreneure, Pleasure Parents, Cool Cats, Sex Gourmets, Tiger Ladies, Silver Grannys, Health-Hedonisten, Self-Designer, Work-Life-Venturists, Every-Day-Manager, CommuniTeens, Inbetweens, Young Globalists, Silverpreneure, Greyhopper, Latte-Macchiato-Familien, Bike-Mania-Trend. Insbesondere für die Zeitgeist-Formate in den Print-, Bild- und Tonmedien signalisieren diese Neologismen den so dringend ersehnten News-Wert. Vertiefend dazu: > **Trends – Trendforschung**, > **Megatrend** – ein fragwürdiger Begriff. Eine fundierte Kritik dieser modernen Wahrsagerszene findet sich in Rust (2008) und (2009). Kritisch zur „prognostischen Kompetenz" der sogenannten Trendforscher: Pfadenhauer

(2005). Die seriöse Wissenschaft distanziert sich selbstverständlich sowohl von den radikal pessimistischen Prognosen der zeitgeistigen Weltuntergangspropheten als auch von den undifferenziert-optimistischen Alles-wird-gut-Prognosen der scheinwissenschaftlichen Zukunftsgurus.

Um nicht missverstanden zu werden: Aus wissenschaftlicher Sicht gibt es selbstverständlich nichts dagegen einzuwenden, wenn auch *Nicht-Wissenschaftlerinnen* und *-Wissenschaftler* ihre persönlichen Meinungen zu wichtigen Zukunftsfragen in Form von Vorträgen, Büchern oder Zeitungsinterviews veröffentlichen. Ihre Aussagen können durchaus klug, anregend, unterhaltsam und literarisch qualitätsvoll sein. Es ist jedoch eine Frage der Seriosität, den Kontext solcher Meinungsäußerungen darzulegen. Wenn die Aussagen in der Rolle als Berater, Manager, Journalist, Schriftsteller oder Science-Fiction-Autor getroffen werden, sollte dies ehrlich und offen kommuniziert und nicht durch die unzutreffende Selbstdefinition als „Forscher" verschleiert werden. Allerdings ist die Verwendung der Berufsbezeichnung „Forscherin bzw. Forscher" rechtlich nicht geschützt und es ist fraglich, ob ein derartiger Schutz für die freie und offene Zukunftsentwicklung von Wissenschaft und Forschung förderlich wäre.

65

ZUKUNFTSWISSENSCHAFT – EIN ZUKUNFTSPROJEKT?

MERKMALE EINER EIGENSTÄNDIGEN WISSENSCHAFTLICHEN DISZIPLIN

Das wichtigste Merkmal einer *wissenschaftlichen Disziplin* ist die Existenz einer (internationalen) Community, bestehend aus Wissenschaftlerinnen und Wissenschaftlern, die jedenfalls

- ein thematisch abgrenzbarer und komplexer Forschungsgegenstand sowie
- ein wissenschaftliches Diskurssystem verbindet.

Im Hinblick auf den abgrenzbaren Forschungsgegenstand ist die *Zukunftswissenschaft* vor allem mit der *Geschichtswissenschaft* vergleichbar.

Bezüglich des wissenschaftlichen Diskurssystems kann auf eine Vielzahl von Tagungen, Kongressen, Publikationen, Schriftenreihen und wissenschaftlichen Zeitschriften verwiesen werden (> Futures Research – international).

Gut entwickelte Disziplinen verfügen außerdem

- über universitäre Qualifizierungsangebote (Studiengänge) für die systematische Aus- und Weiterbildung des wissenschaftlichen Nachwuchses (> Futures Research – international) sowie
- in vielen Fällen auch über eine spezifische Fachterminologie, die jedoch in der prospektiven Forschung nur ansatzweise entwickelt ist.

Im Gegensatz zu manchen diesbezüglichen Vorurteilen ist eine *eigenständige Forschungsmethodik* keineswegs ein Kriterium für die Existenz einer wissenschaftlichen Disziplin. Wäre dies der Fall, gäbe es den allergrößten Teil der Disziplinen nicht! Denn die meisten Disziplinen nützen die Vielfalt der im Laufe der Wissenschaftsgeschichte entwickelten Forschungsmethoden. (Vertiefend dazu: > Methodik der zukunftsbezogenen Forschung.)

ZUKUNFTSWISSENSCHAFT – EINE EIGENSTÄNDIGE WISSENSCHAFTLICHE DISZIPLIN?

Wie unter dem Stichwort > RAND Corporation im vorliegenden Buch dargestellt, entstand die *explizite* zukunftsbezogene Forschung in der Mitte des 20. Jahrhunderts in den USA und verbreitete sich von dort aus weltweit. Die erste offizielle Professur für Zukunftswissenschaft („Futuristics") wurde 1973 an der University of Southern California eingerichtet und mit Olaf Helmer besetzt. Im amerikanischen und asiatischen Raum erlebte die prospektive Forschung (Forecasting, Futures Research ...) in den vergangenen Jahren eine durchaus expansive Entwicklung, blieb jedoch bis heute nur eines der sehr kleinen Segmente in der vielfältigen globalen Forschungslandschaft. (Zur Entwicklung der zukunftsbezogenen Forschung in Europa: > Anfänge der prospektiven Forschung ...)

Im weltweiten Vergleich konnte sich die *explizite* zukunftsbezogene Forschung in den USA am stärksten entwickeln. Die *World Future Society*, die weltweit mitgliederstärkste Vereinigung von Zukunftsforschern, Beratern und Planern wird deshalb auch von US-amerikanischen Expertinnen und Experten dominiert.

Als international vernetzte *wissenschaftliche* Fachgesellschaft fungiert die *World Futures Studies Federation*. (Zur internationalen Vernetzung der zukunftsbezogenen Forschung siehe u. a. Øverland 2016, Popper R. 2009 sowie unter > Futures Research – international.)

Zukunftsbezogene Forschung wird außerdem in verwandten *Forschungsrichtungen* – z. B.: > Innovationsforschung ..., Risikoforschung (> Risiko ...), > Technikfolgenforschung ... – sowie *innerhalb* der meisten *großen wissenschaftlichen Disziplinen* (z. B.: Architektur, Demografie, Geschichtswissenschaft, Ökologie, Pädagogik, Politikwissenschaft, Psychologie, Soziologie, Wirtschaftswissenschaften ...) realisiert.

ZUKUNFTSWISSENSCHAFT: PRO UND CONTRA

Der wissenschaftliche Leiter des Beratungsunternehmens Z_punkt, Karlheinz Steinmüller (2014, S. 17 f.) hält die Zukunftswissenschaft für eine „Disziplin im Werden". Als Begründung werden vor allem „Theorielosigkeit" (ebd.) und „defizitäre wissenschaftstheoretische Fundierung" (ebd.) angeführt. In dieser allgemeinen Form ist die Kritik Steinmüllers allerdings nicht nachvollziehbar. Denn die Zukunftswissenschaft könnte selbstverständlich auf eine Vielzahl von Theorien zurückgreifen (siehe z. B. Tiberius 2012a und 2012b; zusammenfassend: > Sozialer Wandel/Zukunftsgenese). Möglicherweise meint Steinmüller mit „Theorielosigkeit" den Mangel an Theorien, die im Kontext der expliziten prospektiven

Forschung (z. B. in der „Zukunftsforschung") entstanden sind. Dieser Vorwurf würde jedoch auf viele Disziplinen zutreffen. Denn nahezu alle jüngeren *Querschnittswissenschaften* (z. B. Sportwissenschaft, Politikwissenschaft, Ernährungswissenschaft, Tourismuswissenschaft, Psychotherapiewissenschaft ...) nutzen sinnvollerweise nicht nur jene *Gegenstands*theorien, die in der eigenen disziplinären Community entwickelt wurden. Und für die *erkenntnis-* und *wissenschafts*theoretische Grundlegung benötigt *keine* wissenschaftliche Disziplin ein *eigenständiges* Konzept. Außerdem wird in der Kritik Steinmüllers die Tatsache vernachlässigt, dass die Gründung neuer Wissenschaftsdisziplinen weniger eine Frage der Wissenschaftstheorie, sondern vor allem eine wissenschafts- und hochschul*politische* Frage ist! Steinmüller (2014, S. 19) befürchtet auch, dass durch die Etablierung des Begriffs „Zukunftswissenschaft" die Ansprüche an die wissenschaftliche Fundierung der Zukunftsforschung höher werden und „eine gewisse Distanz zur Praxis postuliert" werden könnte. Dabei lässt er allerdings offen, welche „Praxis" gemeint ist.

Im vorliegenden Buch wird die Position vertreten, dass die *Zukunftswissenschaft* – jedenfalls im Hinblick auf die internationale Entwicklung – *grundsätzlich* betrachtet alle Kriterien einer eigenständigen Disziplin erfüllt. Allerdings ist es bisher – auch im weltweiten Vergleich – *nicht* gelungen, die vielfältigen *impliziten* Zukunftsbezüge in den großen wissenschaftlichen Disziplinen sowie die *explizit zukunftsbezogenen* Forschungsrichtungen (Innovationsforschung, Risikoforschung, Technologiefolgenforschung, Zukunftsforschung) zu einer Querschnittsdisziplin „Zukunftswissenschaft" zusammenzuführen. (Ähnliche Positionen vertreten u. a. Opaschowski 2013, S. 762 ff.; Tiberius 2011c, S. 36 ff.)

Vertiefende Überlegungen zu den Grundlagen und Grundfragen einer möglichen Disziplin *Zukunftswissenschaft* finden sich u. a. in folgenden Publikationen: Bell (2003), Glenn/Gordon (2009), Grunwald (2012a) und (2013), Helmer (1983), Kreibich (2008b), Popp (2016c).

66

ZUKUNFTSWÜNSCHE – SEHNSÜCHTE – ZUKUNFTSTRÄUME

Für die zukunftsbezogene Forschung ist die Auseinandersetzung mit den vielfältigen Aspekten der Phänomene *Wunsch*, *Sehnsucht* und *Traum* jedenfalls ein bedeutsames Thema.

ZUKUNFTSWÜNSCHE

Ohne „den Wunsch nach etwas anderem, verbunden mit dem Wissen, wie er realisiert werden kann, gibt es keine Zukunft" (Fraisse 1985, S. 174). Ähnlich argumentiert Stefan Willer (2016d, S. 51): „Wünsche sind gedanklich-sprachliche Repräsentationen von abwesenden Dingen oder Zuständen, deren Anwesenheit für den Wünschenden erstrebenswert – *wünschenswert, wünschbar* – ist. Dabei ergibt sich eine enge Verbindung von Wünschbarkeit und Zukünftigkeit: Es gehört zum Charakteristikum vieler Wünsche, dass in ihnen das Erwünschte *noch nicht* anwesend, aber als in Zukunft erreichbar vorgestellt wird." (Vertiefend dazu: Galliker 2009, > Lebensqualitätsforschung.)

SEHNSÜCHTE

Mit der Wünschbarkeit der Zukunft ist die *Sehnsucht* eng verwandt. Paul B. Baltes (2008, S. 77; hier zitiert aus Sindelar – in: Popp/Rieken/Sindelar 2017, S. 93 f.) charakterisiert das zukunftsbezogene Phänomen *Sehnsucht* „durch sechs zusammenhängende Merkmale:
1) die Unerreichbarkeit einer persönlichen Utopie, die die jeweils individuelle Vorstellung vom ‚perfekten Leben' meint;
2) das Gefühl der Unvollkommenheit und Unfertigkeit des Lebens, das dem Abstand zwischen der Realität und dem Ersehnten entspringt;
3) der Dreizeitigkeitsfokus, der in der Sehnsucht die Vergangenheit, die Gegenwart und die Zukunft verbindet, indem das Glückvolle aus der Vergangenheit, das in der Gegenwart fehlt, für die Zukunft ersehnt wird;
4) die ambivalenten (‚bittersüßen') Emotionen, die aus dem Wissen um die Uner-

reichbarkeit dessen, was das Leben vermeintlich perfekt machen würde, erwächst;
5) die Rückschau und die Lebensbewertung, die durch die Feststellung, was im bisherigen Leben gefehlt hat, den weiteren Lebensweg ausrichtet;
6) der Symbolcharakter, der den Objekten der Sehnsucht, wie zum Beispiel dem Haus am Meer als Symbol für Freiheit oder auch dem optimalen Lebenspartner aus der Phantasie als Garant für Sicherheit und Geborgenheit, oft innewohnt, sodass das Unerfüllbare durch die Materialisierung im Objekt in die Nähe der Realität rückt, auch wenn die Unrealisierbarkeit erhalten bleibt."

Sowohl mit *Wünschen* als auch mit *Sehnsüchten* ist das prospektive Gefühl der *Vorfreude* verbunden. (Hantel-Quitmann 2011, S. 17) Ausführlich zum Zukunftsthema Sehnsucht: Scheibe/Freund/Baltes (2016).

ZUKUNFTSTRÄUME

- In der empirischen psychologischen Schlafforschung wird vor allem die biopsychische Funktion des Träumens betont (u. a. Schredl 2008). Der Traum gilt dabei als ein lebenswichtiges Phänomen.
- Historisch und anthropologisch betrachtet wurde dem Traum in vielen Kulturen eine *prospektive* Funktion zugeordnet, etwa in den explizit zukunftsbezogenen mesopotamischen, ägyptischen oder griechischen Traumritualen und Traumdeutungen.
- In der Kunst sind Träume nicht nur Quelle der Inspiration, sondern auch Gegenstand des künstlerischen Ausdrucks, etwa im magischen Realismus oder im Surrealismus. Dazu passt die Wortspende des surrealistischen Malers Salvador Dalí: „Eines Tages wird man offiziell zugeben müssen, dass das, was wir Wirklichkeit getauft haben, eine noch größere Illusion ist als die Welt des Traumes."
- In der Psychotherapiewissenschaft ist der therapeutische Umgang mit Träumen seit Sigmund Freud ein wesentliches Thema der Reflexion und Theoriebildung. (Siehe dazu u. a. Bohleber 2012.) In der *Freud'schen* Psychoanalyse gelten Träume als wichtiger Austragungsort verdrängter psychodynamischer Konflikte. In der auf Alfred Adler zurückgehenden individualpsychologischen Psychoanalyse ist der Traum eine Ausdrucksform der Konfliktdynamik des Lebensstils – im Spannungsfeld zwischen Gemeinschaftsgefühl und Machtstreben – und in

der *Jung'schen* Variante der Psychoanalyse werden Traumbilder als Archetypen – in enger Verbindung mit dem Konzept des „kollektiven Unbewussten" – gedeutet.

- In den prospektiven Konzepten der positiven Psychologie (Seligman u. a. 2016) sowie in Gabriele Oettingens „Psychologie des Zukunftsdenkens" (1997, 2000, 2017) spielen Tagträume im Zusammenhang mit Kreativität, optimistischen Phantasien und zuversichtlichen Zukunftserwartungen eine zentrale Rolle. (Gabriele Oettingen entwickelte in diesem Zusammenhang u. a. die Methode „WOOP". Diese vier Buchstaben stehen für **W**ish-**O**utcome-**O**bstacle-**P**lan, also: Wunsch-Ergebnis-Hindernis-Plan.)
- In einem erweiterten Sinne wird der Begriff „Zukunftstraum" in der Alltagssprache in Verbindung mit *individuellen* Wunschvorstellungen, Hoffnungen und Entwicklungszielen verwendet. Aber auch bei vielen großen *gesellschaftlichen* Modernisierungs- und Humanisierungsprozessen erfüllten und erfüllen emanzipatorische Zukunftsträume eine unverzichtbare motivationale Funktion.

LITERATUR

Acatech – Deutsche Akademie der Technikwissenschaften (Hrsg.) (2012) *Technikzukünfte. Vorausdenken – Erstellen – Bewerten.* München.

Ackermann, Rolf (2001) *Pfadabhängigkeit, Institutionen und Regelreform.* Tübingen.

Ackoff, Russel L. (1981) *Creating the Corporate Future – Plan or be Planned For.* New York.

Aderhold, Jens (2010) *Probleme mit der Unscheinbarkeit sozialer Innovationen in Wissenschaft und Gesellschaft.* In: Howaldt, Jürgen; Jacobsen, Heike (Hrsg.) Soziale Innovation. Auf dem Weg zu einem postindustriellen Innovationsparadigma. Wiesbaden, 109–126.

Aderhold, Jens; John, René (Hrsg.) (2005) *Innovation. Sozialwissenschaftliche Perspektiven.* Konstanz.

Adler, Alfred (1927/2007) *Menschenkenntnis.* Alfred Adler Studienausgabe, Band 5. Herausgegeben von Jürg Rüedi. Göttingen.

Adler, Alfred (1933/2008) *Der Sinn des Lebens.* In: Alfred Adler Studienausgabe, Band 6. Herausgegeben von Reinhard Brunner. Göttingen, 7–176.

Adorno, Theodor W.; Dahrendorf, Ralf; Pilot, Harald; Albert, Hans; Habermas, Jürgen; Popper, Karl R. (Hrsg.) (1969) *Der Positivismusstreit in der deutschen Soziologie.* Darmstadt, Neuwied.

Adorno, Theodor W.; Frenkel-Brunswik, Else; Levinson, Daniel J.; Sanford, R. Nevitt (1950) *The Authoritarian Personality.* Studies in Prejudice Series. New York.

Adorno, Theodor W.; Horkheimer, Max (1944/1987) *Dialektik der Aufklärung. Philosophische Fragmente.* Frankfurt a. M.

Aengenheyster, Stefan; Holz, Jana; Krüger, Ina (2016) *Eine Zukunft für die Zukunftsforschung. Status quo, Herausforderungen und Zukunftsbilder der Zukunftsforschung in Lehre und Praxis.* In: Popp, Reinhold – gemeinsam mit: Fischer, Nele; Heiskanen-Schüttler, Maria; Holz, Jana; Uhl, Andre (Hrsg.) Einblicke, Ausblicke, Weitblicke. Perspektiven der Zukunftsforschung. Wien, Zürich, Münster, 111–134.

Ahrend, Christine (2009) *Spotlights – Zukünfte in Mobilitätsroutinen.* In: Popp, Reinhold; Schüll, Elmar (Hrsg.) Zukunftsforschung und Zukunftsgestaltung. Beiträge aus Wissenschaft und Praxis. Zum 70. Geburtstag von Prof. Dr. Rolf Kreibich. Berlin, Heidelberg, 307–312.

Albert, Hans (1980a) *Theorie und Prognose in den Sozialwissenschaften.* In: Topitsch, Ernst (Hrsg.) Logik der Sozialwissenschaften. Hanstein, 126–143.

Albert, Hans (1980b) *Wertfreiheit als methodisches Prinzip.* In: Topitsch, Ernst (Hrsg.) Logik der Sozialwissenschaften. Hanstein, 196–225.

Albert, Hans; Topitsch, Ernst (Hrsg.) (1971) *Werturteilsstreit.* Darmstadt.

Allardt, Erik (1976) *Dimensions of Welfare in a Comparative Scandinavian Study.* In Acta Sociologica, 19/3/1979, 227–239.

Allianz SE; Allianz Global Corporate & Speciality SE (2016) *Allianz Risk Barometer. Die 10 größten Geschäftsrisiken 2016.* München.

Altrichter, Herbert; Gstettner, Peter (1993) *Aktionsforschung – ein abgeschlossenes Kapitel in der Geschichte der deutschen Sozialwissenschaft?* In: Sozialwissenschaftliche Literatur Rundschau, 26/1993, 67–83.

Amann, Anton; Ehgartner, Günther; Felder, David (2010) *Sozialprodukt des Alters. Über Produktivitätswahn, Alter und Lebensqualität.* Wien, Köln, Weimar.

Ammann, Walter J. (2004) *Die Entwicklung des Risikos infolge Naturgefahren und die Notwendigkeit eines integralen Risikomanagements.* In: Gamerith, Werner; Messerli, Paul; Meusburger, Peter; Wanner, Heinz (Hrsg.) Alpenwelt – Gebirgswelten. Inseln Brücken, Grenzen. Tagungsbericht und wissenschaftliche Abhandlungen (54. Deutscher Geographentag, Bern, 28. September bis 4. Oktober 2003). Heidelberg, Bern, 259–267.

Anderson, Kai; Volkens, Bettina (Hrsg.) (2018) *Digital human. Der Mensch im Mittelpunkt der Digitalisierung.* Frankfurt a. M.

Ansbacher, Heinz L.; Ansbacher, Rowena R. (Hrsg.) (1987) *Alfred Adlers Individualpsychologie. Eine systematische Darstellung seiner Lehre in Auszügen aus seinen Schriften.* München, Basel.

Ansoff, Harry Igor (1976) *Managing Surprise and Discontinuity. Strategic Response to Weak Signals.* In: ZfbF – Schmalenbachs Zeitschrift für betriebswirtschaftliche Forschung, 28/1976, 129–152.

Arbinger, Roland; Hoffmann, Hans-Viktor; Reithner, Franz (2005) *Die Entwicklung des Denkens nach Jean Piaget.* DVD. Göttingen.

Arendt, Hannah (1981) *Vita activa oder Vom tätigen Leben.* München.

Argyris, Cris; Putnam, Robert; McLain-Smith, Diana M. (1987) *Action Science. Concepts, Methods and Skills for Research and Intervention.* San Francisco, London.

Aries, Philippe (1985) *Geschichte der Kindheit.* 7. Auflage. München.

Armstrong, J. Scott (Hrsg.) (2001) *Principles of Forecasting. A Handbook for Researchers an Practitioners.* Boston, Dortrecht, London.

Arnswald, Ulrich (Hrsg.) (2005) *Die Zukunft der Geisteswissenschaften.* Heidelberg.

Atteslander, Peter (2008) *Methoden der empirischen Sozialforschung.* Berlin.

Bacher, Johann; Müller, Werner; Ruderstorfer, Sandra (2016) *Statistische Prognoseverfahren für die Sozialwissenschaften.* In: Bachleitner, Reinhard; Weichbold, Martin; Pausch, Markus (Hrsg.) Empirische Prognoseverfahren in den Sozialwissenschaften. Wissenschaftstheoretische und methodologische Problemlagen. Wiesbaden, 97–129.

Bachhiesl, Christian; Bachhiesl, Sonja Maria; Köchel, Stefan (Hrsg.) (2018) *Intuition und Wissenschaft. Interdisziplinäre Perspektiven.* Weilerswist.

Bachleitner, Reinhard (2016a) *Methodologische Grundlagen der Prognostik.* In: Bachleitner, Reinhard; Weichbold, Martin; Pausch, Markus (Hrsg.) Empirische Prognoseverfahren in den Sozialwissenschaften. Wissenschaftstheoretische und methodologische Problemlagen. Wiesbaden, 75–96.

Bachleitner, Reinhard (2016b) *Zur Methodologie und Methodik interpretativer Prognoseverfahren.* In: Bachleitner, Reinhard; Weichbold, Martin; Pausch, Markus (Hrsg.) Empirische Prognoseverfahren in den Sozialwissenschaften. Wissenschaftstheoretische und methodologische Problemlagen. Wiesbaden, 152–164.

Bachleitner, Reinhard; Weichbold, Martin; Pausch, Markus (Hrsg.) (2016) *Empirische Prognoseverfahren in den Sozialwissenschaften. Wissenschaftstheoretische und methodologische Problemlagen.* Wiesbaden.

Baecker, Dirk; Dievernich, Frank E. P.; Schmidt, Torsten (Hrsg.) (2004) *Management der Organisation. Handlung – Situation – Kontext.* Wiesbaden.

Baier, Lothar (2000) *Keine Zeit! 18 Versuche über die Beschleunigung.* München.

Balint, Michael (1999) *Angstlust und Regression.* 5. Auflage. Stuttgart.

Balmer, Hans Peter (2017) *Figuren der Finalität. Zum teleologischen Denken der Philosophie.* Münster. http://nbn-resolving.de/urn:nbn:de:bvb:19-epub-38464-2.

Baltes, Paul B. (2008) *Positionspapier: Entwurf einer Lebensspannen-Psychologie der Sehnsucht. Utopie eines vollkommenen und perfekten Lebens.* In: Psychologische Rundschau, 59/2008, 77–86.

Balzereit, Marcus (2010) *Kritik der Angst. Zur Bedeutung von Konzepten der Angst für eine reflexive Soziale Arbeit.* Wiesbaden.

Bammé, Arno; Feuerstein, Günter; Genth, Renate; Holling, Eggert; Kahle, Renate; Kempin, Peter (1983) *Maschinen-Menschen, Mensch-Maschinen. Grundrisse einer sozialen Beziehung.* Reinbek b. H.

Barber, Larissa K.; Munz, David C.; Bagsby, Patricia G.; Grawitch, Matthew J. (2009) *When does time perspective matter? Self-control as a moderator between time perspective and academic achievement.* In: Personality and Individual Differences, 46/2/2009, 250–253.

Baring, Gabriele (2011) *Die geheimen Ängste der Deutschen.* Berlin, München.

Barwinski, Rosemarie; Bering, Robert; Eichenberg, Christiane (Hrsg.) (2010) *Dialektische Psychologie und die Zukunft der Psychotherapiewissenschaft. Von der Rückkehr der Geisteswissenschaften in Psychologie und Psychotherapie. Festschrift für Gottfried Fischer.* Kröning.

Bauer, Joachim (2009) *Warum ich fühle, was du fühlst. Intuitive Kommunikation und das Geheimnis der Spiegelneurone.* 12. Auflage. München.

Bauer, Reinhold (2006) *Gescheiterte Innovationen. Fehlschläge und technologischer Wandel.* Frankfurt a. M., New York.

Bauer, Stephanie; Kordy, Hans (Hrsg.) (2008) *E-Mental-Health. Neue Medien in der psychosozialen Versorgung.* Heidelberg.

Baumann, Zygmunt (2003) *Flüchtige Moderne.* Frankfurt a. M.

Baumeister, Roy F.; Hofmann, Wilhelm; Vohs, Kathleen D. (2015) *Everyday thoughts about the past, present, and future: An experience sampling study of mental time travel.* Manuscript submitted for publication.

Baumeister, Roy F.; Vohs, Kathleen D.; Oettingen, Gabriele (2016) *Pragmatic prospection: How and why people think about the future.* Review of General Psychology, 20/1/2016, 3–16. https://doi.org/10.1037/gpr0000060.

Baumgartner, Katrin; Kolland, Franz; Wanka, Anna (2013) *Altern im ländlichen Raum. Entwicklungsmöglichkeiten und Teilhabepotentiale.* Stuttgart.

Bax, Daniel (2016) *Angst ums Abendland. Warum wir uns nicht vor Muslimen, sondern vor den Islamfeinden fürchten sollten.* Frankfurt a. M.

Beal, Sarah J.; Crockett, Lisa J.; Peugh, James (2016) *Adolescents' changing future expectations predict the timing of adult role transitions.* In: Developmental Psychology, 52/10/2016, 1606–1618.

Bebie, Hans (1997). *Die Zeit in der Welt der Materie.* In: Rusterholz, Peter; Moser, Rupert (Hrsg.) Zeit: Zeitverständnis in Wissenschaft und Lebenswelt. Bern, Wien, 137–160.

Beck, Ulrich (1986) *Risikogesellschaft. Auf dem Weg in eine andere Moderne.* Frankfurt a. M.

Beck, Ulrich (Hrsg.) (1997) *Kinder der Freiheit.* Frankfurt a. M.

Beck, Ulrich (2007a) *Risikogesellschaft. Auf dem Weg in eine andere Moderne.* Frankfurt a. M.

Beck, Ulrich (2007b) *Weltrisikogesellschaft. Auf der Suche nach der verlorenen Sicherheit.* Frankfurt a. M.

Beck, Ulrich (2017) *Die Metamorphose der Welt.* Berlin.

Beck, Ulrich; Beck-Gernsheim, Elisabeth (1993) *Nicht Autonomie, sondern Bastelbiographie. Anmerkungen zur Individualisierungsdiskussion am Beispiel des Aufsatzes von Günter Burkart.* In: Zeitschrift für Soziologie, 22/1993, 178–187.

Beck, Ulrich; Giddens, Antony; Lash, Christopher (1996) *Reflexive Modernisierung.* Frankfurt a. M.

Beckert, Jens (2018) *Imaginierte Zukunft. Fiktionale Erwartungen und die Dynamik des Kapitalismus.* Berlin.

Behrendt Siegfried (2009) *Integriertes Technologie-Roadmapping. Ein Instrument zur Nachhaltigkeits-orientierung von Unternehmen und Verbänden in frühen Innovationsphasen.* In: Popp, Reinhold; Schüll, Elmar (Hrsg.) Zukunftsforschung und Zukunftsgestaltung. Beiträge aus Wissenschaft und Praxis. Zum 70. Geburtstag von Prof. Dr. Rolf Kreibich. Berlin, Heidelberg, 255–268.

Behrens, Roger (2002) *Kritische Theorie.* Hamburg.

Behringer, Luise (1898) *Lebensführung als Identitätsarbeit. Der Mensch im Chaos des modernen Alltags.* Frankfurt a. M., New York.

Beland, Hermann (2014) *Die Angst vor Denken und Tun. Psychoanalytische Aufsätze I zu Theorie, Klinik und Gesellschaft.* Gießen.

Bell, Daniel (1963) *Douze modes de Prevision.* Bulletin Sedeis 863, Supplement Futuribles 64.

Bell, Daniel (1969) *Toward the Year 2000. Work in Progress.* Boston.

Bell, Daniel (1975) *Die nachindustrielle Gesellschaft.* Frankfurt a. M.

Bell, Daniel (1979) *Die Zukunft der westlichen Welt. Kultur und Technologie im Widerstreit.* Frankfurt a. M.

Bell, Wendell (2003) *Foundations of Futures Studies. Volume 1: History, Purposes, and Knowledge.* Somerset.

Belsey, Catherine (2013) *Poststrukturalismus.* Stuttgart.

Benetka, Gerhard; Guttmann, Giselher (2006) *Neuropsychologie in Österreich. Die universitäre Perspektive.* Wien, New York.

Bergengruen, Maximilian (2016) *Prodigien.* In: Bühler, Benjamin; Willer, Stefan (Hrsg.) Futurologien. Ordnungen des Zukunftswissens. Paderborn, 99–110.

Berger, Peter L.; Berger, Brigitte; Kellner, Hansfried (1975) *Das Unbehagen in der Modernität.* Frankfurt a. M.

Bergmann, Mattias; Jahn, Thomas; Knobloch, Tobias; Krohn, Wolfgang; Pohl, Christian; Schramm, Engelbert (Hrsg.) (2010) *Methoden transdisziplinärer Forschung – Ein Überblick mit Anwendungsbeispielen.* Frankfurt a. M., New York.

Bergson, Henri (1889/2012) *Zeit und Freiheit.* Hamburg.

Bergson, Henri (2013) *Philosophie der Dauer. Textauswahl von Gilles Deleuze.* Frankfurt a. M.

Berk, Laura E. (2005) *Entwicklungspsychologie.* 3. Auflage. München.

Bertalanffy, Ludwig von (1950) *An Outline of General System Theory.* In: The British Journal for the Philosophy of Science, 1/2/1950, 134–165.

Bertino, Andrea; Poljakova, Ekaterina; Rupschus, Andreas; Alberts, Benjamin (2016) *Zur Philosophie der Orientierung.* Berlin, Boston.

Beyer, Daniela; Schieck, Meike; Weissenberger-Eibl, Marion (2019) *Der Weg in die Zukunft. Warum Deutschland eine Zukunftsvision braucht.* In: Weissenberger-Eibl, Marion (Hrsg.) Zukunftsvision Deutschland. Innovation für Fortschritt und Wohlstand. Berlin, 3–13.

Beyer, Jürgen (2005) *Pfadabhängigkeit ist nicht gleich Pfadabhängigkeit! Wider den impliziten Konservatismus eines gängigen Konzepts.* In: Zeitschrift für Soziologie, 34/2005, 5–21.

Beyer, Jürgen (2006) *Pfadabhängigkeit. Über institutionelle Kontinuität, anfällige Stabilität und fundamentalen Wandel.* Frankfurt a. M.

Biedermann, Annette; Dreher, Carsten; Scheel, Andreas (2016) *Vom Methodenmix zur Strategie – Instrumente der Zukunftsforschung zur Strategieentwicklung in Verbundprojekten.* In: Popp, Reinhold – gemeinsam mit: Fischer, Nele; Heiskanen-Schüttler, Maria; Holz, Jana; Uhl, Andre (Hrsg.) Einblicke, Ausblicke, Weitblicke. Perspektiven der Zukunftsforschung. Wien, Zürich, Münster, 289–310.

Bilden, Helga (1997) *Das Individuum – ein dynamisches System vielfältiger Selbste. Zur Pluralität in Individuum und Gesellschaft.* In: Keupp, Heiner; Höfer, Renate (Hrsg.) Identitätsarbeit heute. Klassische und aktuelle Perspektiven der Identitätsforschung. Frankfurt a. M., 227–250.

Birnbacher, Dieter (1979) *Plädoyer für eine Ethik der Zukunft.* In: Zeitschrift für Didaktik der Philosophie, 1/1979, 119–123.

Birnbacher, Dieter (1980) *Futurologie – Rückblick und Ausblick.* In: Philosophische Rundschau, 27/1980, 269–293.

Birnbacher, Dieter; Brudermüller, Gerd (Hrsg.) (2001) *Zukunftsverantwortung und Generationensolidarität.* Würzburg.

Blättel-Mink, Birgit (2006) *Kompendium der Innovationsforschung.* Wiesbaden.

Blättel-Mink, Birgit; Menez, Raphael (2015) *Kompendium der Innovationsforschung.* Wiesbaden.

Bleibtreu, Karl (1890) *Zur Psychologie der Zukunft.* Leipzig.

Bleicher, Knut (1994) *Leitbilder. Orientierungsrahmen für eine integrative Managementphilosophie.* 2. Auflage. Stuttgart.

Bloch, Ernst (1959) *Das Prinzip Hoffnung.* Frankfurt a. M.

Block, Richard A. (1990) *Models of Psychological Time.* In: Block, Richard A. (Hrsg.) Cognitive Models of Psychological Time. New York, 1–35.

Blum, Sabina (2016) *Worst Case.* In: Bühler, Benjamin; Willer, Stefan (Hrsg.) Futurologien. Ordnungen des Zukunftswissens. Paderborn, 339–349.

Bock-Schappelwein, Julia; Böheim, Michael; Christen, Elisabeth; Ederer, Stefan; Firgo, Matthias; Friesenbichler, Klaus S.; Hölzl, Werner; Kirchner, Mathias; Köppl, Angela; Kügler, Agnes; Mayrhuber, Christine; Piribauer, Philipp; Schratzenstaller, Margit (2018) *Politischer Handlungsspielraum zur optimalen Nutzung der Vorteile der Digitalisierung für Wirtschaftswachstum, Beschäftigung und Wohlstand.* WIFO. Wien.

Böhlemann, Peter (Hrsg.) (2010) *Der machbare Mensch?* Berlin.

Böhme, Hartmut (2003) *Theoretische Überlegungen zur Kulturgeschichte der Angst und der Katastrophe.* In: Fuchs, Anne; Strümper-Kropp, Sabine (Hrsg.) Sentimente, Gefühle, Empfindungen. Zur Geschichte und Literatur des Affektiven von 1770 bis heute. Würzburg, 27–45.

Böhme, Hartmut; Bähr, Andreas; Briese, Olaf; Talafuss-Koch, Petra; Schmidt, Hans Jörg; Kretzschmar, Dirk; Payk, Marcus M. ; Rusinek, Bernd-A.; Petersen, Christer; Knobloch, Clemens; Schäfer, Martin Jörg; Lickhardt, Maren; Werber, Niels (2013) *Kulturgeschichte der Angst.* In: Koch, Lars (Hrsg.) Angst. Ein interdisziplinäres Handbuch. Stuttgart, Weimar, 275–381.

Böschen, Stefan; Weis, Kurt (2007) *Die Gegenwart der Zukunft. Perspektiven zeitkritischer Wissenspolitik.* Wiesbaden.

Boghossian, Paul (2015) *Angst vor der Wahrheit. Ein Plädoyer gegen Relativismus und Konstruktivismus.* 3. Auflage. Frankfurt a. M.

Bogner, Alexander; Kastenhofer, Karen; Torgersen, Helge (Hrsg.) (2010) *Inter- und Transdisziplinarität im Wandel? Neue Perspektiven auf problemorientierte Forschung und Politikberatung.* Baden-Baden.

Bogner, Alexander; Littig, Beate; Menz, Wolfgang (Hrsg.) (2009) *Experteninterviews. Theorien, Methoden, Anwendungsfelder.* Wiesbaden.

Bohleber, Werner (Hrsg.) (2012) *Traum. Theorie und Deutung.* Sonderheft PSYCHE – Zeitschrift für Psychoanalyse und ihre Anwendungen, 66/9–10/2012.

Bohleber, Werner (Hrsg.) (2013) *Das Unbewusste. Metamorphosen eines Kernkonzepts.* Sonderheft PSYCHE – Zeitschrift für Psychoanalyse und ihre Anwendungen. 67/9–10/2013.

Bohleber, Werner (Hrsg.) (2015) *Angst. Neubetrachtung eines psychoanalytischen Konzepts.* Sonderheft PSYCHE – Zeitschrift für Psychoanalyse und ihre Anwendungen. 69/9–10/2015.

Bohnsack, Ralf (2008a) *Qualitative Bild- und Videointerpretation.* Opladen.

Bohnsack, Ralf (2008b) *Rekonstruktive Sozialforschung. Einführung in qualitative Methoden.* Opladen.
Bollmann, Ralph (2008) *Reform. Ein deutscher Mythos.* Berlin.

Bonhoeffer, Tobias; Gruss, Peter (Hrsg.) (2011) *Zukunft Gehirn. Neue Erkenntnisse, neue Herausforderungen. Ein Report der Max-Planck-Gesellschaft.* München.

Boniwell, Ilona; Zimbardo, Philip (2003) *Time to Find the Right Balance.* In: The Psychologist, 16/3/2003, 129–131.

Borchardt, Andreas; Göthlich, Stephan E. (2007) *Erkenntnisgewinnung durch Fallstudien.* In: Albers, Sönke; Klapper, Daniel; Konradt, Udo; Walter, Achim; Wolf, Joachim (Hrsg.) Methodik der empirischen Forschung. Wiesbaden, 33–48.

Borgards, Roland (2016) *Teleologie.* In: Bühler, Benjamin; Willer, Stefan (Hrsg.) Futurologien. Ordnungen des Zukunftswissens. Paderborn, 73–83.

Bormann, Inka (2011) *Zwischenräume der Veränderung. Innovation und ihr Transfer im Feld von Bildung und Erziehung.* Wiesbaden.

Borsched, Peter (2004) *Das Tempo-Virus. Eine Kulturgeschichte der Beschleunigung.* Frankfurt a. M., New York.

Bortz, Jürgen; Döring, Nicola (2006) *Forschungsmethoden und Evaluation für Human- und Sozialwissenschaftler.* 4. Auflage. Heidelberg.

Bosbach, Gerd; Bingler, Klaus (2009) *Demografische Modellrechnungen. Fakten und Interpretationsspielräume.* In: Popp, Reinhold; Schüll, Elmar (Hrsg.) Zukunftsforschung und Zukunftsgestaltung. Beiträge aus Wissenschaft und Praxis. Zum 70. Geburtstag von Prof. Dr. Rolf Kreibich. Berlin, Heidelberg, 523–537.

Bossel, Hartmut (2005) *Systeme, Dynamik, Simulation. Modellbildung, Analyse und Simulation komplexer Systeme.* Norderstedt.

Botthof, Alfons; Hartmann, Ernst Andreas (Hrsg.) (2015) *Zukunft der Arbeit in Industrie 4.0.* Berlin, Heidelberg.

Bourdieu, Pierre (1983) *Ökonomisches Kapital – Kulturelles Kapital – Soziales Kapital.* In: Kreckel, Richard (Hrsg.) Soziale Ungleichheiten. Göttingen.

Bourdieu, Pierre (1993) *Soziologische Fragen.* Frankfurt a. M.

Bowie, Malcolm (1993) *Psychoanalysis and the Future of Theory.* Oxford.

Bowie, Malcolm (2007) *Eine psychoanalytische Theorie der Zukunft und die Zukunft der psychoanalytischen Theorie.* Gießen.

Bowlby, John (1953/2005) *Frühe Bindung und kindliche Entwicklung (Orig.: Child Care and the Growth of Love, Second Edition, Penguin Books, 1953).* München.

Bowlby, John (2008) *Bindung als sichere Basis. Grundlagen und Anwendung der Bindungstheorie.* München.

Brand, Karl-Werner (Hrsg.) (2000) *Nachhaltige Entwicklung und Transdisziplinarität. Besonderheiten, Probleme und Erfordernisse der Nachhaltigkeitsforschung.* Berlin.

Brandt, Stefan; Granderath, Christian; Hattendorf, Manfred (Hrsg.) (2019) *2029 – Geschichten von morgen. Mit einem Nachwort von Reinhold Popp.* Berlin.

Brandtstädter, Jochen (2000) *Zeit, Handeln und Sinn: Veränderungen der Zeit- und Zukunftsperspektive im Alter.* In: Möller, Jens; Strauß, Bernd; Jürgensen, Silke (Hrsg.) Psychologie und Zukunft. Prognosen, Prophezeiungen, Pläne. Göttingen, 241–253.

Braudel, Fernand (1977) *Geschichte und Sozialwissenschaften. Die longue durée.* In: Bloch, Marc; Braudel, Fernand; Febvre, Lucien (Hrsg.) Schrift und Materie der Geschichte. Vorschläge zu einer systematischen Aneignung historischer Prozesse. Frankfurt a. M.

Braun-Thürmann, Holger (2005) *Innovation – Eine Einführung.* Bielefeld.

Brehmer, Arthur (1910/Nachdruck 2012) *Die Welt in 100 Jahren.* Berlin (1910), Hildesheim (2012).

Breuer, Franz; Allmers, Antja; Muckel, Petra (2018) *Reflexive Grounded Theory: Eine Einführung in die Forschungspraxis.* Wiesbaden.

Brinskele, Herta (2011) *„Die feinen Unterschiede". Alfred Adlers Lebensstilkonzept und der Begriff des Habitus bei Pierre Bourdieu.* In: Rieken, Bernd (Hrsg.) Alfred Adler heute. Zur Aktualität der Individualpsychologie. Psychotherapiewissenschaft in Forschung, Profession und Kultur, Band 1. Münster, New York, 221–235.

Brockman, John (Hrsg.) (2011) *Welche Idee wird alles verändern? Die führenden Wissenschaftler unserer Zeit über Entdeckungen, die unsere Zukunft bestimmen werden.* Frankfurt a. M.

Bröchler, Stefan; Simonis, Georg; Sundermann, Karsten (Hrsg.) (1999) *Handbuch Technologiefolgen-abschätzung.* Bände 1–3. Berlin.

Bruckner, Beatrice K. (2015) *Organisationales Vertrauen initiieren. Determinanten des intraorganisationalen Vertrauens von Beschäftigten in Großunternehmen.* Wiesbaden.

Brunner, Markus; Lohl, Jan; Pohl, Rolf; Schwietring, Marc; Winter, Sebastian (Hrsg.) (2012) *Politische Psychologie heute? Themen, Theorien und Perspektiven der psychoanalytischen Sozialforschung.* Gießen.

Buchacher, Walter; Kölblinger, Judith; Roth, Helmut; Wimmer, Josef (2015) *Das Resilienz-Training. Für mehr Sinn, Zufriedenheit und Motivation im Job.* Wien.

Buchholz, Michael (Hrsg.) (2001) *Metaphernanalyse.* Göttingen.

Bude, Heinz (2016) *Gesellschaft der Angst*. 6. Auflage. Hamburg.

Bühler, Benjamin (2016a) Ökologie. In: Bühler, Benjamin; Willer, Stefan (Hrsg.) Futurologien. Ordnungen des Zukunftswissens. Paderborn, 431–441.

Bühler, Benjamin (2016b) *Politische Arithmetik*. In: Bühler, Benjamin; Willer, Stefan (Hrsg.) Futurologien. Ordnungen des Zukunftswissens. Paderborn, 393–403.

Bühler, Benjamin (2016c) *Utopie*. In: Bühler, Benjamin; Willer, Stefan (Hrsg.) Futurologien. Ordnungen des Zukunftswissens. Paderborn, 297–306.

Bühler, Benjamin (2016d) *Versprechen*. In: Bühler, Benjamin; Willer, Stefan (Hrsg.) Futurologien. Ordnungen des Zukunftswissens. Paderborn, 39–50.

Bühler, Benjamin; Willer, Stefan (Hrsg.) (2016) *Futurologien. Ordnungen des Zukunftswissens*. Paderborn.

Bünz, Enno; Gries, Rainer; Möller, Frank (Hrsg.) (1997) *Der Tag X in der Geschichte. Erwartungen und Enttäuschungen seit tausend Jahren*. Stuttgart.

Büttner, Urs (2016) *Meteorologie*. In: Bühler, Benjamin; Willer, Stefan (Hrsg.) Futurologien. Ordnungen des Zukunftswissens. Paderborn, 405–415.

Bützer, Peter (1991) *Risiko-Management. Methodik zum Umgang mit Risiken*. In Berichte der St. Gallischen Naturwissenschaftlichen Gesellschaft, Band 85, 185–240.

Bullinger, Hans-Jörg (Ed.) (2009) *Technology Guide. Principles – Applications – Trends*. Heidelberg.

Bullinger, Hans-Jörg; Röthlein, Brigitte (2012) *Morgenstadt. Wie wir morgen leben: Lösungen für das urbane Leben der Zukunft*. München.

Bundesministerium für Arbeit und Soziales (2016) *Arbeitsmarktprognose 2030. Eine strategische Vorausschau auf die Entwicklung von Angebot und Nachfrage in Deutschland*. Bonn.

Bundesministerium für Bildung und Forschung (Hrsg.) (2003) *Auf dem Weg zur Stadt 2030. Leitbilder, Szenarien und Konzepte für die Zukunft der Stadt*. Berlin.

Burckhardt, Jacob (1976) *Die Kultur der Renaissance in Italien*. 10. Auflage. Stuttgart.

Burmeister, Klaus; Canzler, Weert; Kreibich, Rolf (Hrsg.) (1991) *Netzwerke. Vernetzung und Zukunftsgestaltung*. Weinheim.

Burmeister, Klaus; Fink, Alexander; Schulz-Montag, Beate; Steinmüller, Karlheinz (2018) *Deutschland neu Denken. Acht Szenarien für unsere Zukunft*. München.

Burmeister, Klaus; Schulz-Montag, Beate (2009) *Corporate Foresight. Praxis und Perspektiven*. In: Popp, Reinhold; Schüll, Elmar (Hrsg.) Zukunftsforschung und Zukunftsgestaltung. Beiträge aus Wissenschaft und Praxis. Zum 70. Geburtstag von Prof. Dr. Rolf Kreibich. Berlin, Heidelberg, 277–292.

Burns, Patrick; Russel, James (2016) *Children's predictions of future perceptual experiences: Temporal reasoning and phenomenology*. In: Developmental Psychology, 52/11/2016, 1820–1831.

Burow, Olaf-Axel (2015) *Team-Flow. Gemeinsam wachsen im kreativen Feld*. Weinheim.

Burr, Wolfgang (Hrsg.) (2004) *Innovation. Theorien, Konzepte und Methoden der Innovationsforschung*. Stuttgart.

Butterwegge, Christoph (2012) *Krise und Zukunft des Sozialstaats*. Wiesbaden.

Canzler, Weert (2009) *Mobilität, Verkehr, Zukunftsforschung.* In: Popp, Reinhold; Schüll, Elmar (Hrsg.) Zukunftsforschung und Zukunftsgestaltung. Beiträge aus Wissenschaft und Praxis. Zum 70. Geburtstag von Prof. Dr. Rolf Kreibich. Berlin, Heidelberg, 313–322.

Canzler, Weert (2015) *Zukunft der Mobilität: An der Dekarbonisierung kommt niemand vorbei.* In: Aus Politik und Zeitgeschichte, 65/31–32/2015, 19–25.

Clark, Colin (1940) *The Condition of Econonomic Progress.* London.

Coenen, Chrisopher (2015) *Der alte Traum vom mechanischen Menschen.* www.spektrum.de/artikel/1343316.

Coenen, Chrisopher; Gammel, Stefan; Heil, Reinhard; Woyke, Andreas (Hrsg.) (2010) *Die Debatte über „Human Enhancement". Historische, philosophische und ethische Aspekte der technologischen Verbesserung des Menschen.* Bielefeld.

Cremerius, Johannes (Hrsg.) (1995) *Die Zukunft der Psychoanalyse.* Frankfurt a. M.

Crespi, Barbara; Raderschall, Lisanne (2016) *Die Institutionen und das Selbstverständnis der gesellschaftlich-politischen Zukunftsforschung – eine Momentaufnahme.* In: Popp, Reinhold – gemeinsam mit: Fischer, Nele; Heiskanen-Schüttler, Maria; Holz, Jana; Uhl, Andre (Hrsg.) Einblicke, Ausblicke, Weitblicke. Perspektiven der Zukunftsforschung. Wien, Zürich, Münster, 47–74.

Crutzen, Paul J.; Stoermer, Eugene F. (2000) *The Anthropocene.* In: Global Change Newsletter, 41/2000, 17–18.

Cube, Felix von (2000) *Gefährliche Sicherheit. Lust und Frust des Risikos.* 3. Auflage. Stuttgart.

Cuhls, Kerstin (2008) *Methoden der Technikvorausschau. Eine internationale Übersicht.* Stuttgart.

Cuhls, Kerstin (2009) *Delphi-Befragungen in der Zukunftsforschung.* In: Popp, Reinhold; Schüll, Elmar (Hrsg.) Zukunftsforschung und Zukunftsgestaltung. Beiträge aus Wissenschaft und Praxis. Zum 70. Geburtstag von Prof. Dr. Rolf Kreibich. Berlin, Heidelberg, 207–221.

Cuhls, Kerstin (2012) *Zu den Unterschieden zwischen Delphi-Befragungen und „einfachen" Zukunftsbefragungen.* In: Popp, Reinhold (Hrsg.) Zukunft und Wissenschaft. Wege und Irrwege der Zukunftsforschung. Heidelberg, 139–157.

Cuhls, Kerstin (2016) *Vom Umgang mit Zeit und Zukunft – Zeitreisen in der Zukunftsforschung.* In: Popp, Reinhold – gemeinsam mit: Fischer, Nele; Heiskanen-Schüttler, Maria; Holz, Jana; Uhl, Andre (Hrsg.) Einblicke, Ausblicke, Weitblicke. Perspektiven der Zukunftsforschung. Wien, Zürich, Münster, 235–252.

Cuhls, Kerstin; Dönitz, Ewa; Schirrmeister, Elna; Behlau, Lothar (2013) *Fraunhofer-Zukunftsforschung für die Fraunhofer-Gesellschaft.* In: Popp, Reinhold; Zweck, Axel (Hrsg.) Zukunftsforschung im Praxistest. Wiesbaden, 143–169.

Cuhls, Kerstin; Ganz, Walter; Warnke, Philine (Hrsg.) (2009) *Zukunftsfelder neuen Zuschnitts. Foresight-Prozess im Auftrag des BMBF.* Karlsruhe, Stuttgart.

Daase, Christopher; Offermann, Philipp; Rauer, Valentin (Hrsg.) (2012) *Sicherheitskultur. Soziale und politische Praktiken der Gefahrenabwehr.* Frankfurt a. M.

Daheim, Cornelia; Neef, Andreas; Schulz-Montag, Beate; Steinmüller, Karlheinz (2013) *Foresight in Unternehmen. Auf dem Weg zur strategischen Kernaufgabe.* In: Popp, Reinhold; Zweck, Axel (Hrsg.) Zukunftsforschung im Praxistest. Wiesbaden, 81–101.

Dahms, Hans-Joachim (1998) *Positivismusstreit. Die Auseinandersetzung der Frankfurter Schule mit dem logischen Positivismus, dem amerikanischen Pragmatismus und dem kritischen Rationalismus.* Frankfurt a. M.

Dalbert, Claudia (1999) *Die Ungewißheitstoleranzskala: Skaleneigenschaften und Validierungsbefunde.* Halle.

Daryan, Bita (2017) *Futures Intelligence und Futures Thinking – Prototypen von Zukunftsforschung.* Unveröffentlichte Dissertationsschrift, Freie Universität Berlin.

Daston, Lorraine; Galison, Peter (2007) *Objektivität.* Frankfurt a. M.

Dator, James A. (Ed.) (2002) *Advancing Futures Studies in Higher Education.* Westport.

Defila, Rico; Di Giulio, Antonietta (1989) *Interdisziplinarität und Disziplinarität.* In: Olbertz, Jan H. (Hrsg.) Zwischen den Fächern über den Dingen? Universalisierung versus Spezialisierung akademischer Bildung. Opladen, 111–137.

Defila, Rico; Di Giulio, Antonietta; Scheuermann, Michael (2006) *Forschungsverbundmanagement. Handbuch für die Gestaltung inter- und transdisziplinärer Projekte. Management transdisziplinärer Forschungsprozesse.* Basel.

de Haan, Gerhard (2002) *Die Leitbildanalyse. Ein Instrument zur Erfassung zukunftsbezogener Orientierungsmuster.* In: de Haan, Gerhard; Lantermann, Ernst-Dieter; Linneweber, Volker; Reusswig, Fritz (Hrsg.) Typenbildung in der sozialwissenschaftlichen Umweltforschung. Opladen, 69–106.

de Haan, Gerhard (2008) *Nachhaltigkeit und Gerechtigkeit. Grundlagen und schulpraktische Konsequenzen.* Berlin, Heidelberg.

de Haan, Gerhard (2012) *Der Masterstudiengang „Zukunftsforschung" an der Freien Universität Berlin: Genese und Kontext.* In: Popp, Reinhold (Hrsg.) Zukunft und Wissenschaft. Wege und Irrwege der Zukunftsforschung. Berlin, Heidelberg, 25–33.

de Haan, Gerhard (Interview von Andre Uhl mit Gerhard de Haan) (2016) *Die Pointe der Zukunftsforschung.* In: Popp, Reinhold - gemeinsam mit: Fischer, Nele; Heiskanen-Schüttler, Maria; Holz, Jana; Uhl, Andre (Hrsg.) Einblicke, Ausblicke, Weitblicke. Perspektiven der Zukunftsforschung. Wien, Zürich, Münster, 135–140.

de Haan, Gerhard; Rülcker, Tobias (Hrsg.) (2002) *Hermeneutik und Geisteswissenschaftliche Pädagogik. Ein Studienbuch.* Frankfurt a. M.

de Haan Gerhard; Rülcker, Tobias (2009) *Der Konstruktivismus als Grundlage der Pädagogik.* Frankfurt a. M.

Dehne, Max (2017) *Soziologie der Angst. Konzeptuelle Grundlagen, soziale Bedingungen und empirische Analysen.* Wiesbaden.

de Jouvenel, Bertrand (1967) *Die Kunst der Vorausschau.* Neuwied, Berlin.

de Libera, Alain (2005) *Der Universalienstreit. Von Platon bis zum Ende des Mittelalters.* München.

Della Schiava-Winkler, Ursula (2019) *Arbeit anders. Plädoyer für eine zukunftsfähige Unternehmenskultur: agil – digital – kooperativ.* In: Popp, Reinhold (Hrsg.) Die Arbeitswelt im Wandel! Der Mensch im Mittelpunkt? Perspektiven für Deutschland und Österreich. Münster, New York, 137–168.

Delumeau, Jean (1985) *Angst im Abendland. Die Geschichte kollektiver Ängste im Europa des 14. bis 18. Jahrhunderts.* 2 Bände. Reinbek b. H.

Demandt, Alexander (1972) *Geschichte als Argument. Drei Formen des politischen Zukunftsdenkens im Altertum.* Konstanz.

Demandt, Alexander (2005) *Ungeschehene Geschichte. Ein Traktat über die Frage: Was wäre geschehen, wenn ...?* Göttingen.

Demandt, Alexander (2010) *Es hätte auch anders kommen können. Wendepunkte deutscher Geschichte.* Berlin.

Deppermann, Arnulf (2008) *Gespräche analysieren. Eine Einführung in konversationsanalytische Methoden.* Opladen.

Dernbach, Beatrice; Kleinert, Christian; Münder, Herbert (Hrsg.) (2012) *Handbuch Wissenschafts-kommunikation.* Wiesbaden.

Descartes, René (2007) *Die Prinzipien der Philosophie. Lateinisch-Deutsch.* Übers. und hrsg. von Christian Wohlers. Hamburg.

Deutsche Forschungsgemeinschaft – DFG (1998/2013) *Vorschläge zur Sicherung guter wissenschaftlicher Praxis. Empfehlungen der Kommission „Selbstkontrolle der Wissenschaft".* Bonn.

Devereux, Georges (1984) *Angst und Methode in den Verhaltenswissenschaften.* Frankfurt a. M.

Dewey, John (1917) *The Need for a Recovery of Philosophy.* In: Menand, Louise (Hrsg.) (1997) Pragmatism. A reader. New York, 219–232.

Dewey, John (2008) *Logik. Die Theorie der Forschung. (Orig.: Logic: The Theory of Inquiry, Southern Illinois University Press, 1986)* Frankfurt a. M.

Diamond, Jared M. (2005) *Kollaps. Warum Gesellschaften überleben oder untergehen.* Frankfurt a. M.

Dickel, Sascha (2011) *Enhancement-Utopien. Soziologische Analysen zur Konstruktion des Neuen Menschen.* Baden-Baden.

Dienel, Hans-Liudger (2015) *Transdisziplinarität.* In: Gerhold, Lars; Holtmannpötter, Dirk; Neuhaus, Christian; Schüll, Elmar; Schulz-Montag, Beate; Steinmüller, Karlheinz; Zweck, Axel (Hrsg.) Standards und Gütekriterien der Zukunftsforschung: Ein Handbuch für Wissenschaft und Praxis. Wiesbaden, 71–82.

Dienel, Peter C. (2002) *Die Planungszelle. Der Bürger als Chance.* Wiesbaden.

Dießl, Katharina (2012) *Der Corporate-Foresight-Prozess. Zukunftsforschung in Unternehmen erfolgreich gestalten.* Saarbrücken.

Dietz, Heike (2016) *Interdisziplinarität in der Zukunftsforschung.* In: Popp, Reinhold – gemeinsam mit: Fischer, Nele; Heiskanen-Schüttler, Maria; Holz, Jana; Uhl, Andre (Hrsg.) Einblicke, Ausblicke, Weitblicke. Perspektiven der Zukunftsforschung. Wien, Zürich, Münster, 311–318.

Dievernich, Frank E. P. (2012) *Pfadabhängigkeitstheoretische Beiträge zur Zukunftsgestaltung.* In: Tiberius, Victor (Hrsg.) Zukunftsgenese. Theorien des zukünftigen Wandels. Wiesbaden, 57–72.

Dijksterhuis, Eduard Jan (2002) *Die Mechanisierung des Weltbildes.* Berlin, Heidelberg, New York.

Dilthey, Wilhelm (1910/1968) *Der Aufbau der geschichtlichen Welt in den Geisteswissenschaften.* Frankfurt a. M.

Ditfurth, Hoimar von (1981) *Wir sind nicht von dieser Welt: Naturwissenschaft, Religion und die Zukunft des Menschen.* Hamburg.

Dörner, Dietrich (2003) *Die Logik des Misslingens. Strategisches Denken in komplexen Situationen.* Bamberg.

Dörner, Dietrich (2004) *Der Mensch als Maschine.* In: Jüttemann Gerd (Hrsg.) Psychologie als Humanwissenschaft. Ein Handbuch. Göttingen, 32–44.

Dolata, Ulrich; Schrape, Jan-Felix (2018) *Kollektivität und Macht im Internet. Soziale Bewegungen – Open Source Communities – Internetkonzerne.* Wiesbaden.

Dornblüth, Otto; Pschyrembel, Willibald; Amberger, Susanne (2004) *Pschyrembel Klinisches Wörterbuch.* Berlin.

Druyen, Thomas (Hrsg.) (2018) *Die ultimative Herausforderung – über die Veränderungsfähigkeit der Deutschen.* Wiesbaden.

Dupuy, Jean-Pierre (2000) *The Mechanization of the Mind. On the Origins of Cognitive Science.* Princeton, Oxford.

Durkheim, Émile (1994) *Die elementaren Formen des religiösen Lebens.* Frankfurt a. M.

Duttweiler, Stefanie (2011) *Figuren des Glücks in aktuellen Lebenshilferatgebern. Vom Glück durch sich selbst.* In: Thomä, Dieter; Henning, Christoph; Mitscherlich-Schönherr, Olivia (Hrsg.) Glück. Ein interdisziplinäres Handbuch. Stuttgart, 308–312.

Easterlin, Richard (2004) *The Reluctant Economist: Perspectives on Economics, Economic History, and Demography.* New York.

Eberl, Ulrich (2011) *Wie wir schon heute die Zukunft erfinden.* Weinheim, Basel.

Eberl, Ulrich (2016) *Smarte Maschinen. Wie Künstliche Intelligenz unser Leben verändert.* München.

Eberspächer, Achim R. (2011) *Zukunftsforscher in Anführungszeichen. Grundwerte in Robert Jungks Entwürfen und Gegenentwürfen zum Umgang mit Zukunft (von den 1950er- bis zu den 1980er-Jahren).* S:Z:D Arbeitspapiere Theorie der Robert-Jungk-Stiftung. Salzburg.

Egner, Helga (Hrsg.) (1994) *Das Eigene und das Fremde. Angst und Faszination.* Hamburg.

Ehlers, Eckart (2008) *Das Anthropozän. Die Erde im Zeitalter des Menschen.* Darmstadt.

Ehrenberg, Alain (2004) *Das erschöpfte Selbst. Depression und Gesellschaft in der Gegenwart.* Franfurt a. M.

Eichenberg, Christiane; Kühne, Stefan (2014) *Einführung Onlineberatung und -therapie.* München.

Eichenberg, Christiane; Küsel, Cornelia; Sindelar, Brigitte (2016) *Computerspiele im Kindes- und Jugendalter. Geschlechtsspezifische Unterschiede in der Präferenz von Spielgenres, Spielanforderungen und Spielfiguren und ihre Bedeutung für die Konzeption von Serious Games.* In: Merz (Medien + Erziehung) Zeitschrift für Medienpädagogik, 60/6, 97–109.

Eichenberg, Christiane; Marx, Sarah (2014a) *Therapeutischer Einsatz von Computerspielen.* In: Deutsches Ärzteblatt, PP 2, S. 66–68.

Eichenberg, Christiane; Marx, Sarah (2014b) *Serious Games: Zum Einsatz und Nutzen in der Psychotherapie.* In: Verhaltenstherapie & Psychosoziale Praxis, 4/2014, 1007–1017.

Ekstein, Rudolf; Motto, Rocco L. (1969) *From Learning for Love to Love of Learning, Essays on Psychoanalysis and Education.* New York.

Engelbrecht, Martin (2005) *Die dichte Beschreibung des Möglichen.* In: Hitzler, Ronald; Pfadenhauer, Michaela (Hrsg.) Gegenwärtige Zukünfte. Interpretative Beiträge zur sozialwissenschaftlichen Diagnose und Prognose. Wiesbaden, 187–202.

Engelhardt, Michael von (2012) *Möglichkeiten und Grenzen der Prognose im symbolischen Interaktionismus.* In: Tiberius, Victor (Hrsg.) Zukunftsgenese. Theorien des zukünftigen Wandels. Wiesbaden, 73–90.

Engelmann, Peter (Hrsg.) (2007) *Postmoderne und Dekonstruktion. Texte französischer Philosophen der Gegenwart.* Stuttgart.

Epikur (2005) *Wege zum Glück.* Hrsg. von Rainer Nickel. Düsseldorf, Zürich.

Erikson, Erik H. (1981) *Identität und Lebenszyklus. Drei Aufsätze.* Frankfurt a. M.

Erikson, Erik H. (2005) *Kindheit und Gesellschaft.* 14. Auflage. Stuttgart.

Esposito, Elena (2007) *Die Fiktion der wahrscheinlichen Realität.* Frankfurt a. M.

European Science Foundation (ESF); All European Academies (ALLEA) (Hrsg.) (2011) *The European Code of Conduct for Research Integrity.* Strasbourg.

Ewald, Francois (1997) *Der Vorsorgestaat.* Frankfurt a. M.

Eydler, Hans; Kolip, Petra; Abel, Thomas (Hrsg.) (2010) *Salutogenese und Kohärenzgefühl. Grundlagen, Empirie und Praxis eines gesundheitswissenschaftlichen Konzepts.* Weinheim.

Fabian, Egon (2013) *Die Angst. Geschichte, Psychodynamik, Therapie.* Psychotherapiewissenschaft in Forschung, Profession und Kultur. Band 5. Münster, New York.

Farmer, J. Doyne; Foley, Duncan (2009) *The economy needs agent-based modelling.* In: Nature, 460 (7256), 685–686.

Felgentreff, Carsten; Glade, Thomas (Hrsg.) (2008) *Naturrisiken und Sozialkatastrophen.* Berlin, Heidelberg.

Fellmann, Ferdinand (2011) *Glück in Theorien der Lebenskunst. Zwischen Spiel und Erfüllung.* In: Thomä, Dieter; Henning, Christoph; Mitscherlich-Schönherr, Olivia (Hrsg.) Glück. Ein interdisziplinäres Handbuch. Stuttgart, 303–307.

Ferchland-Mahlzahn, Editha (2000) *Abhängigkeit und Macht in der psychotherapeutischen Ausbildung.* In: Buchheim, Peter; Cierpka, Manfred (Hrsg.) Macht und Abhängigkeit. Berlin, Heidelberg, 17–31.

Fergnani, Alessandro (2018) *Mapping futures studies scholarship from 1968 to present: A bibliometric review of thematic clusters, research trends, and research gaps.* In: Futures, 105, 104–123. https://doi.org/10.1016/j.futures.2018.09.007.

Ferraris, Maurizio (2014) *Manifest des neuen Realismus.* Frankfurt a. M.

Feyerabend, Paul (1976) *Wider den Methodenzwang.* Frankfurt a. M.

Feyerabend, Paul (1978) *Das Märchen Wissenschaft. Plädoyer für einen Supermarkt der Ideen.* Kursbuch Nr. 153. Berlin, 47–70.

Feyerabend, Paul (1984) *Wissenschaft als Kunst.* Frankfurt a. M.

Fidora, Alexander (Hrsg.) (2013) *Die mantischen Künste und die Epistemologie prognostischer Wissenschaften im Mittelalter.* Köln.

Fiedler, Klaus (2000) *Die psychologische Funktion von Prognosen.* In: Möller, Jens; Strauß, Bernd; Jürgensen, Silke (Hrsg.) Psychologie und Zukunft. Prognosen, Prophezeiungen, Pläne. Göttingen, 75–91.

Fieulaine, Nicolas; Martinez, Frederic (2010) *Time under control: Time perspective and desire for control in substance use.* In: Addictive Behaviors, 35/8, 799–802.

Fink, Alexander; Siebe, Andreas (2006) *Handbuch Zukunftsmanagement. Werkzeuge der strategischen Planung und Früherkennung.* Frankfurt a. M.

Fischer Gottfried (2008) *Logik der Psychotherapie. Philosophische Grundlagen der Psychotherapiewissenschaft.* Kröning.

Fischer Gottfried (2011) *Psychotherapiewissenschaft. Einführung in eine neue humanwissenschaftliche Disziplin.* Gießen.

Fischer, Nele (2016) *Erzählte Zukünfte. Zum Potenzial eines semiotischen Zugangs in der Zukunftsforschung.* In: Popp, Reinhold – gemeinsam mit: Fischer, Nele; Heiskanen-Schüttler, Maria; Holz, Jana; Uhl, Andre (Hrsg.) Einblicke, Ausblicke, Weitblicke. Perspektiven der Zukunftsforschung. Wien, Zürich, Münster, 197–208.

Fischler, Franz; Lutz, Wolfgang (2014) *Zukunft denken. Werden es unsere Kinder besser haben?* Etsdorf a. K.

Fisher, Allan C. B. (1939) *Production – Primary, Secondary and Tertiary.* In: The Economic Record, 15/1, 24–38.

Fissler, Patrick; Kolassa, Iris-Tatjana; Schrader, Claudia (2015) *Educational games for brain health: revealing their unexplored potential through a neurocognitive approach.* In: Frontiers in Psychology, 6, 1–6.

Flechtheim, Ossip K. (1969) *Futurologie – eine Antwort auf die Herausforderung der Zukunft?* In: Jungk, Robert (Hrsg.) Menschen im Jahr 2000. Frankfurt a. M., 43–49.

Flechtheim, Ossip K. (1970) *Futurologie. Der Kampf um die Zukunft.* Köln.

Fleck, Ludwik (1993) *Entstehung und Entwicklung einer wissenschaftlichen Tatsache. Einführung in die Lehre vom Denkstil und Denkkollektiv.* Frankfurt a. M.

Flick, Uwe; Kardorff, Ernst von; Keupp, Heiner; Rosenstiel, Lutz von; Wolff, Stephan (Hrsg.) (2013) *Handbuch Qualitative Sozialforschung. Grundlagen, Konzepte, Methoden und Anwendungen.* Weinheim.

Fortmann, Harald R.; Kolocek, Barbara (Hrsg.) (2018) *Arbeitswelt der Zukunft. Trends – Arbeitsraum – Menschen – Kompetenzen.* Wiesbaden.

Foucault, Michel (1974) *Die Ordnung der Dinge. Eine Archäologie der Humanwissenschaften.* Frankfurt a. M.

Fourastié, Jean (1949) *Le grand espoir du XXe siecle.* Paris.

Fourastié, Jean (1955) *La prevision economique et la direction des enterprises.* Paris.

Fourastié, Jean (1966) *Die 40.000 Stunden. Aufgaben und Chancen der sozialen Evolution.* Düsseldorf.

Fowles, Jib (1978) *Handbook of Futures Research.* Westport.

Fraisse, Paul (1985) *Psychologie der Zeit. Konditionierung, Wahrnehmung, Kontrolle, Zeitschätzung, Zeitbegriff.* München.

Frank, Lawrence K. (1939) *Time perspectives.* In: Journal of Social Philosophy, 4/1939, 293–312.

Frehe, Hardy (2012) *Baumanns Soziologie der flüchtigen Moderne.* In: Tiberius, Victor (Hrsg.) Zukunftsgenese. Theorien des zukünftigen Wandels. Wiesbaden, 91–105.

Frenkel-Brunswik, Else (1949) *Intolerance of Ambiguity as an Emotional and Perceptual Personality Variable.* In: Journal of Personality, 18/1949, 108–143.

Frevert, Ute (2013) *Vertrauensfrage. Eine Obsession der Moderne.* München.

Frey, Dieter; von Rosenstiel, Lutz; Hoyos, Carl Graf (Hrsg.) (2005) *Wirtschaftspsychologie.* Weinheim, Basel.

Frey, Oliver; Koch, Florian (Hrsg.) (2010) *Die Zukunft der europäischen Stadt. Stadtpolitik, Stadtplanung und Stadtgesellschaft im Wandel.* Wiesbaden.

Freyermuth, Gundolf S. (2015) *Übermenschenbilder.* www.spektrum.de/artikel/1343315

Frick, Jürg (2009) *Ergebnisse der Resilienzforschung und Transfermöglichkeiten für die Selbstentwicklung als Erziehungspersonen.* In: Zeitschrift für Individualpsychologie, 34/2009, 391–409.

Friebe, Cord (2007) *Zeit in der modernen Physik.* In: Müller, Thomas (Hrsg.) Philosophie der Zeit: neue analytische Ansätze. Frankfurt a. M., 175–191.

Friedrichs, Jürgen; Lepsius, Rainer M.; Mayer, Karl Ulrich (1998) *Diagnose und Prognose in der Soziologie.* In: Friedrichs, Jürgen; Lepsius, Rainer M.; Mayer, Karl Ulrich (Hrsg.) Die Diagnosefähigkeit der Soziologie. Opladen, 9–29.

Frings, Cornelia (2010) *Soziales Vertrauen. Eine Integration der soziologischen und der ökonomischen Vertrauenstheorie.* Wiesbaden.

Fritz, Florian (2014) *Resilienz als sicherheitspolitisches Gestaltungsleitbild. Faktoren und Metaphern in Fallbeispielen.* Wien, Münster.

Fröhlich-Gildhoff, Klaus; Rönnau-Böse, Maike (2009/2014) *Resilienz.* München, Basel.

Fromm, Erich (1960) *Der moderne Mensch und seine Zukunft.* Frankfurt a. M.

Fromm, Erich (1978) *Haben oder Sein. Die seelischen Grundlagen einer neuen Gesellschaft.* Stuttgart.

Fromm, Erich (2014) *Die Furcht vor der Freiheit.* München.

Fry, Stephen (1997) *Making History.* London.

Füllsack, Manfred (2011) *Gleichzeitige Ungleichzeitigkeiten: Eine Einführung in die Komplexitätsforschung.* Wiesbaden.

Fukuyama, Francis (2002) *Our Posthuman Future: Consquences of the Biotechnology Revolution.* New York.

Furedi, Frank (2007) *Das Einzige, vor dem wir uns fürchten sollten, ist die Kultur der Angst selbst.* In: NOVO, 89, 42–47.

Furnham, Adrian; Marks, Joseph (2013) *Tolerance of Ambiguity: A Review of the Recent Literature.* In: Psychology, 04/2013, 717–728.

Gabriel, Johannes (2013) *Der wissenschaftliche Umgang mit Zukunft. Eine Ideologiekritik am Beispiel von Zukunftsstudien über China.* Wiesbaden.

Gadamer, Hans-Georg (1960) *Wahrheit und Methode.* Band 1. Tübingen.

Gadamer, Hans-Georg (1963) *Wahrheit und Methode.* Band 2. Tübingen.

Gäbler, Gerhard; Steidl, Roland (Hrsg.) (2016) *Soziale Strategien für morgen. Ein Plädoyer für die Menschenwürde.* Salzburg, Wien.

Galliker, Mark (2009) *Psychologie der Gefühle und Bedürfnisse. Theorien, Erfahrungen, Kompetenzen.* Stuttgart.

Gamper, Michael (2016) *Experiment.* In: Bühler, Benjamin; Willer, Stefan (Hrsg.) Futurologien. Ordnungen des Zukunftswissens. Paderborn, 123–132.

Garhammer, Manfred (2001) *Wie die Europäer ihre Zeit nutzen: Zeitstrukturen im Zeichen der Globalisierung.* Berlin.

Gassner, Robert; Steinmüller, Karlheinz (2005) *Freizeit mit Agenten, Avataren und virtuellen Butlern.* In: Popp, Reinhold (Hrsg.) Zukunft : Freizeit : Wissenschaft. Wien, Münster, 99–112.

Gauger, Jörg-Dieter; Rüther, Günther (Hrsg.) (2007) *Warum die Geisteswissenschaften Zukunft haben. Ein Beitrag zum Wissenschaftsjahr 2007.* Freiburg i. Brg.

Geels, Frank W. (2004) *From sectoral systems of innovation to socio-technical systems: Insights about dynamics and change from sociology and institutional theory.* In: Research Policy, 33, 897–920.

Geels, Frank W. (2005) *Processes and patterns in transitions and system innovations: Refining the coevolutionary multi-level perspective.* In: Technological Forecasting and Social Change, 72, 681–696.

Gehlen, Arnold (1997) *Der Mensch. Seine Natur und seine Stellung in der Welt.* 13. Auflage. Wiesbaden.

Gehmacher, Ernst (1968) *Report 1998. So leben wir in 30 Jahren.* Stuttgart.

Geiselberger, Heinrich; Moorstedt, Tobias (Hrsg.) (2013) *Big Data. Das neue Versprechen der Allwissenheit.* Berlin.

Geißler, Karlheinz (1999) *Vom Tempo der Welt. Am Ende der Uhrzeit.* Freiburg i. Brg.

Geißler, Peter; Heisterkamp, Günter (2007) *Psychoanalyse der Lebensbewegungen. Zum körperlichen Geschehen in der psychoanalytischen Therapie – Ein Lehrbuch.* Wien, New York.

Gellert, Paul; Ziegelmann, Jochen; Lippke, Sonia; Schwarzer, Ralf (2012) *Future time perspective and health behaviors: Temporal framing of self-regulatory processes in physical exercise and dietary behaviors.* In: Annals of Behavioral Medicine, 43/2, 208–218.

Gelo, Omar C. G.; Pritz, Alfred; Rieken, Bernd (Hrsg.) (2015) *Psychotherapy Research. Fundations, Process, and Outcome.* Wien, Heidelberg, New York.

Gergen, Kenneth J. (1996) *Das übersättigte Selbst. Identitätsprobleme im heutigen Leben.* Heidelberg.

Gergen, Kenneth J.; Gergen, Mary (2009) *Einführung in den sozialen Konstruktionismus.* Heidelberg.

Gerhard, Volker; Nida-Rümelin, Julian (2010) *Evolution in Natur und Kultur.* Berlin.

Gerhold, Lars (2009) *Für eine Subjektorientierung in der Zukunftsforschung.* In: Popp, Reinhold; Schüll, Elmar (Hrsg.) Zukunftsforschung und Zukunftsgestaltung. Beiträge aus Wissenschaft und Praxis. Zum 70. Geburtstag von Prof. Dr. Rolf Kreibich. Berlin, Heidelberg, 235–244.

Gerhold, Lars; Holtmannspötter, Dirk; Neuhaus, Christian; Schüll, Elmar; Schulz-Montag, Beate; Steinmüller, Karlheinz; Zweck, Axel (Hrsg.) (2015) *Standards und Gütekriterien der Zukunftsforschung. Ein Handbuch für Wissenschaft und Praxis.* Wiesbaden.

Geschka, Horst; Reibnitz, Ute von (1981) *Die Szenario-Technik als Grundlage von Planungen.* Frankfurt a. M.

Gessmann, Martin (2012) *Zur Zukunft der Hermeneutik.* München.

Giampieri-Deutsch, Patrizia (2016) *Ansätze zur Frage der Voraussage in der Psychoanalyse und in der Psychotherapiewissenschaft vom geschichtsphilosophischen, klinischen und empirischen Standpunkt.* In: Bachleitner, Reinhard; Weichbold, Martin; Pausch, Markus (Hrsg.) Empirische Prognoseverfahren in den Sozialwissenschaften. Wissenschaftstheoretische und methodologische Problemlagen. Wiesbaden, 202–220.

Giedion, Sigfried (1987) *Die Herrschaft der Mechanisierung. Ein Beitrag zur anonymen Geschichte.* Frankfurt a. M.

Giesecke, Susanne; van der Gießen, Annelieke; Elkins, Stephan (Hrsg.) (2012) *The role of forward-looking activities for the governance of Grand Challenges. Insights from the European Foresight Platform.* Wien.

Giesel, Katharina D. (2007) *Leitbilder in den Sozialwissenschaften. Begriffe, Theorien und Forschungskonzepte.* Wiesbaden.

Gigerenzer, Gerd (2013) *Risiko. Wie man die richtigen Entscheidungen trifft.* München.

Glaser, Barney; Strauss, Anselm (1998) *Grounded Theory. Strategien qualitativer Forschung.* Bern.

Glenn, Jerome C.; Gordon, Theodore J. (Hrsg.) (2009) *Futures Research Methodology. Version 3.0.* (The Millennium Project). Washington, D. C. (CD-Rom).

Gloy, Karen (1995) *Das Verständnis der Natur, 1. Band: Die Geschichte des wissenschaftlichen Denkens.* München.

Gloy, Karen (2001) *Vernunft und das Andere der Vernunft.* Freiburg, München.

Gloy, Karen (2008) *Philosophiegeschichte der Zeit.* Paderborn.

Gloy, Karen; Bachmann, Manuel (Hrsg.) (2000) *Das Analogiedenken. Vorstöße in ein neues Gebiet der Rationalitätstheorie.* Freiburg, München.

Godet, Michel (2000) *Creating Futures.* Paris.

Godet, Michel; Durance, Philippe (2011) *Strategische Vorausschau. Für Unternehmen und Regionen.* Saint-Jean de Braye.

Godet, Michel; Monti, Regine; Meunier, Francis; Roubelat, Fabrice (1997) *Scenarios and Strategies. A Toolbox for Problem Solving.* Paris.

Göll, Edgar (2009) *Zukunftsforschung und -gestaltung. Anmerkungen aus interkultureller Perspektive.* In: Popp, Reinhold; Schüll, Elmar (Hrsg.) Zukunftsforschung und Zukunftsgestaltung. Beiträge aus Wissenschaft und Praxis. Zum 70. Geburtstag von Prof. Dr. Rolf Kreibich. Berlin, Heidelberg, 343–354.

Göll, Edgar (2016) *Zukunftsfähige Zivilisierung? Nachhaltige Entwicklung als zentrales Themenfeld für Zukunftsforschung im 21. Jahrhundert.* In: Popp, Reinhold – gemeinsam mit: Fischer, Nele; Heiskanen-Schüttler, Maria; Holz, Jana; Uhl, Andre (Hrsg.) Einblicke, Ausblicke, Weitblicke. Perspektiven der Zukunftsforschung. Wien, Zürich, Münster, 276–288.

Götz, Klaus; Weßner, Andreas (2009) *Strategic Foresight: Zukunftsorientierung im strategischen Management.* Frankfurt a. M.

Goldschmidt, Nils; Wohlgemuth, Michael (Hrsg.) (2004) *Die Zukunft der Sozialen Marktwirtschaft.* Tübingen.

Goodman, Nelson (1988) *Tatsache, Fiktion, Voraussage.* Frankfurt a. M.

Gore, Al (2014) *Die Zukunft. Sechs Kräfte, die unsere Welt verändern.* München.

Graf, Hans G. (1999) *Prognosen und Szenarien in der Wirtschaftspraxis.* Zürich.

Graf, Hans G.; Klein, Gereon (2003) *In die Zukunft führen. Strategieentwicklung mit Szenarien.* Zürich.

Gramelsberger, Gabriele (2007) *Berechenbare Zukünfte – Computer, Katastrophen und Öffentlichkeit. Eine Inhaltsanalyse futurologischer und klimatologischer Artikel der Wochenzeitschrift „Der Spiegel".* In: CCP Communication Cooperation Participation, E-Journal für nachhaltige gesellschaftliche Transformationsprozesse, 1, 28–51.

Gramelsberger, Gabriele (2010) *Computerexperimente. Zum Wandel der Wissenschaften im Zeitalter des Computers.* Bielefeld.

Gregersen, Jan (2009) *Hochschule@Zukunft 2030. Ergebnisse einer Delphi-Studie.* In: Popp, Reinhold; Schüll, Elmar (Hrsg.) Zukunftsforschung und Zukunftsgestaltung. Beiträge aus Wissenschaft und Praxis. Zum 70. Geburtstag von Prof. Dr. Rolf Kreibich. Berlin, Heidelberg, 467–482.

Greiner, Kurt; Jandl, Martin J. (Hrsg.) (2015) *Bizarrosophie. Radikalkreatives Forschen im Dienste der akademischen Psychotherapie.* Nordhausen.

Greiner, Kurt; Jandl, Martin J.; Wallner, Friedrich (Hrsg.) (2010) *Aus dem Umfeld des Konstruktiven Realismus. Studien zu Psychotherapiewissenschaft, Neurokritik und Philosophie.* Frankfurt a. M.

Gros, Daniel; Sagmeister, Sonja (2010) *Nachkrisenzeiten. Wie die erfolgreichste Denkfabrik Europas unsere Welt für die nächsten Generationen sieht.* Salzburg.

Gross, Peter (1994) *Die Multioptionsgesellschaft.* Frankfurt a. M.

Gross, Peter (2013) *Wir werden älter. Vielen Dank. Aber wozu? 4 Annäherungen.* Freiburg, Basel, Wien.

Grossmann, Klaus; Grossmann, Karin (2008) *Bindungen. Das Gefüge psychischer Sicherheit.* Stuttgart.

Grüne, Matthias (2013) *Technologiefrühaufklärung im Verteidigungsbereich.* In: Popp, Reinhold; Zweck, Axel (Hrsg.) Zukunftsforschung im Praxistest. Wiesbaden, 195–230.

Grundnig, Julia S. (2017) *Zeiterleben und individuelle Zeitperspektive. Vergangenheit – Gegenwart – Zukunft.* In: Popp, Reinhold; Rieken, Bernd; Sindelar, Brigitte (2017) Zukunftsforschung und Psychodynamik. Zukunftsdenken zwischen Angst und Zuversicht. Münster, New York,124–139.

Grunwald, Armin (2009) *Wovon ist die Zukunftsforschung eine Wissenschaft?* In: Popp, Reinhold; Schüll, Elmar (Hrsg.) Zukunftsforschung und Zukunftsgestaltung. Beiträge aus Wissenschaft und Praxis. Zum 70. Geburtstag von Prof. Dr. Rolf Kreibich. Berlin, Heidelberg, 25–35.

Grunwald, Armin (2012a) *Ist Zukunft erforschbar? Zum Gegenstandsbereich der Zukunftsforschung.* In: Koschnick, Wolfgang J. (Hrsg.) Prognosen, Trend- und Zukunftsforschung. München, 171–195.

Grunwald, Armin (2012b) *Technikzukunfte als Medium von Zukunftsdebatten und Technikgestaltung.* Karlsruhe.

Grunwald, Armin (2013) *Modes of orientation provided by futures studies: making sense of diversity and divergence.* In: European Journal of Futures Studies. DOI: 10.1007/s40309-013-0030-5.

Grunwald, Armin (2014) *The hermeneutic side of responsible research and innovation.* In: Journal of Responsible Innovation. DOI: 10.1080/23299460.2014.968437.

Grunwald, Armin (2016) *Technikfolgenabschätzung: Orientierungswissen für die Zukunft.* In: Popp, Reinhold – gemeinsam mit: Fischer, Nele; Heiskanen-Schüttler, Maria; Holz, Jana; Uhl, Andre (Hrsg.) Einblicke, Ausblicke, Weitblicke. Perspektiven der Zukunftsforschung. Wien, Zürich, Münster, 257–273.

Gurjewitsch, Aaron J. (1994) *Das Individuum im europäischen Mittelalter.* München.

Guse, Nils (2017) *Zukunftsdominanz und Identitätsentwicklung. Eine individuelle Herausforderung zwischen Selbstverwirklichung und Orientierungsverlust.* In: Popp, Reinhold; Rieken, Bernd; Sindelar, Brigitte (2017) Zukunftsforschung und Psychodynamik. Zukunftsdenken zwischen Angst und Zuversicht. Münster, New York, 139–150.

Haag, Fritz; Krüger, Helga; Schwarzel, Wiltrud (1972) *Aktionsforschung. Forschungsstrategien, Forschungsfelder, Forschungspläne.* München.

Haas, Claude (2016) *Suspense.* In: Bühler, Benjamin; Willer, Stefan (Hrsg.) Futurologien. Ordnungen des Zukunftswissens. Paderborn, 63–72.

Habermas, Jürgen (1963) *Analytische Wissenschaftstheorie und Dialektik. Ein Nachtrag zur Kontroverse zwischen Popper und Adorno.* In: Adorno, Theodor W.; Dahlendorf, Ralf; Pilot, Harald; Albert, Hans; Habermas, Jürgen; Popper, Karl R. (Hrsg.) Der Positivismusstreit in der deutschen Soziologie. Darmstadt, Neuwied, 155–191.

Habermas, Jürgen (1973/1991) *Erkenntnis und Interesse.* Frankfurt a. M.

Habermas, Jürgen (1982a) *Theorie des kommunikativen Handelns. Handlungsrationalität und gesellschaftliche Rationalität.* Band 1. Frankfurt a. M.

Habermas, Jürgen (1982b) *Theorie des kommunikativen Handelns. Zur Kritik der funktionalistischen Vernunft.* Band 2. Frankfurt a. M.

Habermas, Jürgen (1998) *Die postnationale Konstellation.* Frankfurt a. M.

Habermas, Jürgen; Luhmann, Niklas (1971) *Theorie der Gesellschaft oder Sozialtechnologie.* Frankfurt a. M.

Häder, Michael (2009) *Delphi-Befragungen. Ein Arbeitsbuch.* Wiesbaden.

Händeler, Erik (2011) *Die Geschichte der Zukunft. Sozialverhalten heute und der Wohlstand von morgen / Kondratieffs Globalsicht.* Moers.

Hahn, Alois (2003) *Erinnerung und Prognose.* Opladen.

Hamann, Alexandra; Leinfelder, Reinhold; Trischler, Helmuth; Wagenbreth, Henning (Hrsg.) (2014) *Anthropozän. 30 Meilensteine auf dem Weg in ein neues Erdzeitalter. Eine Comic-Anthologie.* (In Kooperation mit einer Seminarklasse der Universität der Künste Berlin). München.

Hamberger, Erich; Luger, Kurt (Hrsg.) (2008) *Transdisziplinäre Kommunikation. Aktuelle Be-Deutungen des Phänomens Kommunikation im fächerübergreifenden Dialog.* Wien.

Handler, Leonard; Clemence, Amanda Jill (2005) *The Rorschach Prognostic Scale.* In: Bornstein, Robert F.; Masling, Joseph M. (Hrsg.) Scoring The Rorschach. Seven Validated Systems. Mahwah, 25–54.

Hantel-Quitmann, Wolfgang (2011) *Sehnsucht. Das unstillbare Gefühl.* Stuttgart.

Harari, Yuval Noah (2015) *Eine kurze Geschichte der Menschheit.* 17. Auflage. München.

Harari, Yuval Noah (2017) *Homo Deus. Eine Geschichte von morgen.* 3. Auflage. München.

Hart, Elizabeth; Bond, Meg (1995) *Action research for health and social care. A guide to practice.* Buckingham.

Hart, Elizabeth; Bond, Meg (2001) *Aktionsforschung. Handbuch für Pflege-, Gesundheits- und Sozialberufe.* Bern.

Hartmann, Heinrich; Vogel, Jakob (Hrsg.) (2010) *Zukunftswissen. Prognosen in Wirtschaft, Politik und Gesellschaft seit 1900.* Frankfurt a. M.

Hartmann, Martin (2011) *Die Praxis des Vertrauens.* Berlin.

Hartmann, Martin; Offe, Claus (Hrsg.) (2001) *Vertrauen: Die Grundlage des sozialen Zusammenhalts.* Frankfurt, New York.

Hartmann, Nicolai (1966) *Teleologisches Denken.* Berlin 1966.

Haslauer, Eva; Strobl, Josef (2016) *GIS-basiertes Backcasting: Ein Instrument zur effektiven Raumplanung und für ein nachhaltiges Ressourcenmanagement.* In: Bachleitner, Reinhard; Weichbold, Martin; Pausch, Markus (Hrsg.) Empirische Prognoseverfahren in den Sozialwissenschaften. Wissenschaftstheoretische und methodologische Problemlagen. Wiesbaden, 278–302.

Hasler, Felix (2012) *Neuromythologie. Eine Streitschrift gegen die Deutungsmacht der Hirnforschung.* Bielefeld.

Hastedt, Heiner (Hrsg.) (2019) *Deutungsmacht von Zeitdiagnosen. Interdisziplinäre Perspektiven.* Bielefeld.

Hawking, Stephen (2013) *Die illustrierte kurze Geschichte der Zeit.* Reinbek b. H.

Heinen, Armin; Mai, Vanessa; Müller, Thomas (Hrsg.) (2009) *Szenarien der Zukunft. Technikvisionen und Gesellschaftsentwürfe im Zeitalter globaler Risiken.* Berlin.

Heiniger, Yvonne; Straubhaar, Thomas; Rentsch, Hans; Flückiger, Stefan; Held, Thomas (2004) *Ökonomik der Reform. Wege zu mehr Wachstum in Deutschland.* Zürich.

Heinisch, Klaus J. (Hrsg.) (2004) *Der utopische Staat. Morus: Utopia. Campanella: Sonnenstaat. Bacon: Neu-Atlantis.* Reinbek b. H.

Heintel, Peter (2000) *Innehalten: Gegen die Beschleunigung – für eine andere Zeitkultur.* Freiburg i. Brg.

Heintel, Peter (2009) *Zukunftsgestaltung. Ein philosophisches Essay.* In: Popp, Reinhold; Schüll, Elmar (Hrsg.) Zukunftsforschung und Zukunftsgestaltung. Beiträge aus Wissenschaft und Praxis. Zum 70. Geburtstag von Prof. Dr. Rolf Kreibich. Berlin, Heidelberg, 87–98.

Heintzeler, Rolf (2008) *Strategische Frühaufklärung im Kontext effizienter Entscheidungsprozesse.* München.

Heinze, Rolf G.; Naegele, Gerhard (Hrsg.) (2010) *EinBlick in die Zukunft. Gesellschaftlicher Wandel und Zukunft des Alterns.* Berlin.

Heinze, Thomas; Müller, Ernst; Stickelmann, Bernd; Zinnecker Jürgen (1975) *Handlungsforschung im pädagogischen Feld.* München.

Heinze, Thomas; Parthey, Heinrich; Spur, Günter; Wink, Rüdiger (2013) *Kreativität in der Forschung.* Wissenschaftsforschung, Jahrbuch 2012. Berlin.

Heitmeyer, Wilhelm (Hrsg.) (2015a) Was treibt die Gesellschaft auseinander? *Bundesrepublik Deutschland: Auf dem Weg von der Konsens- zur Konfliktgesellschaft.* Band 1. Frankfurt a. M.

Heitmeyer, Wilhelm (Hrsg.) (2015b) Was hält die Gesellschaft zusammen? *Bundesrepublik Deutschland: Auf dem Weg von der Konsens- zur Konfliktgesellschaft.* Band 2. Frankfurt a. M.

Helbig, Björn; Stegmann, Bernd (2012) *Zukünfte erforschen und gestalten – Der Masterstudiengang Zukunftsforschung.* In: Dusseldorp, Marc; Beecroft, Richard (Hrsg.) Technikfolgen abschätzen lehren: Bildungspotenziale transdisziplinärer Methoden. Wiesbaden, 339–356.

Hellbrück, Jürgen; Kals, Elisabeth (2012) *Umweltpsychologie. Lehrbuch.* Wiesbaden.

Helmer, Olaf (1966) *50 Jahre Zukunft. Bericht über eine Langfrist-Vorhersage für die Welt der nächsten 5 Jahrzehnte.* Hamburg.

Helmer, Olaf (1983) *Looking Foreward. A Guide to Futures Research.* Beverly Hills.

Hempel, Carl G.; Oppenheim, Paul (1948) *Studies in the Logic of Explanation.* In: Philosophy of Science 15, 135–175.

Henson, James M.; Carey, Michael P.; Carey, Kate B.; Maisto, Stephen A. (2006) *Associations among health behaviors and time perspective in young adults: Model testing with boot-strapping replication.* In: Journal of Behavioral Medicine, 29/2, 127–137.

Hernegger, Rudolf (1978) *Der Mensch auf der Suche nach Identität. Kulturanthropologische Studien über Totemismus, Mythos, Religion.* Bonn.

Herzog, Walter (2012) *Wissenschaftstheoretische Grundlagen der Psychologie.* Wiesbaden.

Hetzel, Andreas (2008) *Zum Vorrang der Praxis.* In: Hetzel, Andreas; Kertscher, Jens; Rölli, Marc (Hrsg.) Pragmatismus – Philosophie der Zukunft? Weilerswist, 17–57.

Hetzel, Andreas; Kertscher, Jens; Rölli, Mark (Hrsg.) (2008) *Pragmatismus. Philosophie der Zukunft?* Weilerswist.

Hewitt, Kenneth (1997) *Regions of Risk. A Geographical Introduction to Disasters.* Harlow.

Heyer, Andreas (2008) *Sozialutopien der Neuzeit. Bibliographisches Handbuch. Band 1: Bibliographie der Forschungsliteratur.* Berlin.

Heyer, Andreas (2009) *Sozialutopien der Neuzeit. Bibliographisches Handbuch. Band 2: Bibliographie der Quellen des utopischen Diskurses von der Antike bis zur Gegenwart.* Berlin.

Hierdeis, Helmwart (Hrsg.) (2013) *Psychoanalytische Skepsis – Skeptische Psychoanalyse.* Göttingen.

Hierdeis, Helmwart (2014) *Der „Neue Mensch" – Notwendigkeit oder Obsession?* In: Korczak, Dieter (Hrsg.) (2014) Visionen statt Illusionen. Wie wollen wir leben? Kröning.

Hilger, Annaliesa; Rose, Michael; Wanner Matthias (2018) *Changing Faces – Factors Influencing the Roles of Researchers in Real-World Laboratories.* In: GAIA 27/1, 138–145.

Hinz, Arnold (2000) *Psychologie der Zeit: Umgang mit der Zeit, Zeiterleben und Wohlbefinden.* Münster.

Hitzler, Ronald (2003) *Die Bastelgesellschaft.* In: Prisching, Manfred (Hrsg.) Modelle der Gegenwartsgesellschaft. Wien, 65–80.

Hitzler, Ronald (2005) *Möglichkeitsräume. Aspekte des Lebens am Übergang zu einer anderen Moderne.* In: Hitzler, Ronald; Pfadenhauer, Michaela (Hrsg.) Gegenwärtige Zukünfte. Interpretative Beiträge zur sozialwissenschaftlichen Diagnose und Prognose. Wiesbaden, 257–272.

Hitzler, Ronald; Honer, Anne (1994) *Bastelexistenz.* In: Beck, Ulrich; Beck-Gernsheim, Elisabeth (Hrsg.) Riskante Freiheiten. Frankfurt a. M.

Hitzler, Ronald; Pfadenhauer, Michaela (Hrsg.) (2005) *Gegenwärtige Zukünfte. Interpretative Beiträge zur sozialwissenschaftlichen Diagnose und Prognose.* Wiesbaden.

Höffe, Otfried (2009) *Ist die Demokratie zukunftsfähig?* München.

Hölscher, Lucian (1999) *Die Entdeckung der Zukunft.* Frankfurt a. M.

Hof, Hagen; Wengenroth, Ulrich (Hrsg.) (2010) *Innovationsforschung. Ansätze, Methoden, Grenzen und Perspektiven.* Berlin.

Hoffmann, Reiner; Bogedan, Claudia (Hrsg.) (2015) *Arbeit der Zukunft. Möglichkeiten nutzen – Grenzen setzen.* Frankfurt, New York.

Hofstadter, Douglas; Sander, Emmanuel (2014) *Die Analogie. Das Herz des* Denkens. Darmstadt.

Hofstetter, Yvonne (2016) *Das Ende der Demokratie. Wie die künstliche Intelligenz die Politik übernimmt und uns entmündigt.* München.

Homann, Rolf (1998) *Zukünfte. Heute denken morgen sein.* Zürich.

Horn, Christoph (2011a) *Glück bei Aristoteles. Der Güterpluralismus und seine Deutungen.* In: Thomä, Dieter; Henning, Christoph; Mitscherlich-Schönherr, Olivia (Hrsg.) Glück. Ein interdisziplinäres Handbuch. Stuttgart, 121–124.

Horn, Christoph (2011b) *Glück im Hellenismus. Zwischen Tugend und Lust.* In: Thomä, Dieter; Henning, Christoph; Mitscherlich-Schönherr, Olivia (Hrsg.) Glück. Ein interdisziplinäres Handbuch. Stuttgart, 125–132.

Horn, Eva (2016) *Klima.* In: Bühler, Benjamin; Willer, Stefan (Hrsg.) Futurologien. Ordnungen des Zukunftswissens. Paderborn, 351–351.

Horney, Karen (1975) *Neurose und menschliches Wachstum. Das Ringen um Selbstverwirklichung.* München.

Horn, Klaus (1979a) *Aktionsforschung. Balanceakt ohne Netz? Methodische Kommentare.* Frankfurt a. M.

Horn, Klaus (1979b) *Zur politischen Bedeutung psychoanalytischer „Technik". Hinweise für eine kritische Sozialwissenschaft.* In: Horn, Klaus (Hrsg.) Aktionsforschung. Balanceakt ohne Netz? Frankfurt a. M., 320–376.

Horster, Detlef (2012) *Luhmann und die nächste Gesellschaft.* In: Tiberius, Victor (Hrsg.) Zukunftsgenese. Theorien des zukünftigen Wandels. Wiesbaden, 107–127.

House, Robert J.; Hanges, Paul J.; Javidan, Mansour; Dorfman, Peter W.; Gupta, Vipin (2004) *Culture, leadership, and organizations: The GLOBE study of 62 societies.* Thousand Oaks.

Howaldt, Jürgen; Jacobsen, Heike (Hrsg.) (2010) *Soziale Innovation. Auf dem Weg zu einem postindustriellen Innovationsparadigma.* Wiesbaden.

Howaldt, Jürgen; Schwarz, Michael (2010) *Soziale Innovation – Konzepte, Forschungsfelder und Perspektiven.* In: Howaldt, Jürgen; Jacobsen, Heike (Hrsg.) Soziale Innovation. Auf dem Weg zu einem postindustriellen Innovationsparadigma. Wiesbaden, 87–108.

Huber, Franz; Werndl, Charlotte (2016) *Kontroversen zur Schätzung und Prognosefähigkeit am Beispiel globaler Klimawandel- sowie wirtschaftswissenschaftlicher Vorhersagestudien.* In: Bachleitner, Reinhard; Weichbold, Martin; Pausch, Markus (Hrsg.) Empirische Prognoseverfahren in den Sozialwissenschaften. Wissenschaftstheoretische und methodologische Problemlagen. Wiesbaden, 167–184.

Hübner, Kurt (1971) *Philosophische Fragen der Zukunftsforschung.* In: Studium generale: Zeitschrift für interdisziplinäre Studien, 24/8, 851–864.

Hübner, Kurt (1982) *Die Einheit der Wissenschaft in neuer Sicht.* In: Good, Paul; Feyerabend, Paul (Hrsg.) Von der Verantwortung des Wissens: Positionen der neueren Philosophie der Wissenschaft. Frankfurt a. M., 58–85.

Hübner, Kurt (2002) *Kritik der wissenschaftlichen Vernunft.* Freiburg i. Brg., München.

Hülswitt, Tobias; Brinzanik, Roman (2010) *Werden wir ewig leben? Gespräche über die Zukunft von Mensch und Technologie.* Berlin.

Hüther, Gerald (2005) *Bedienungsanleitung für ein menschliches Gehirn.* 5. Auflage. Göttingen.

Hüther, Gerald (2014) *Biologie der Angst. Wie aus Stress Gefühle werden.* Göttingen.

Hug, Theo (Hrsg.) (2001a) *Wie kommt die Wissenschaft zu Wissen. Band 1: Einführung in das wissenschaftliche Arbeiten.* Hohengehren.

Hug, Theo (Hrsg.) (2001b) *Wie kommt die Wissenschaft zu Wissen. Band 2: Einführung in die Forschungsmethodik und Forschungspraxis.* Hohengehren.

Hug, Theo (Hrsg.) (2001c) *Wie kommt die Wissenschaft zu Wissen. Band 3: Einführung in die Methodologie der Sozial- und Kulturwissenschaften.* Hohengehren.

Hug, Theo (Hrsg.) (2001d) *Wie kommt die Wissenschaft zu Wissen. Band 4: Einführung in die Wissenschaftstheorie und Wissenschaftsforschung.* Hohengehren.

Hug, Theo; Poscheschnik, Gerald (2010) *Empirisch forschen. Die Planung und Umsetzung von Projekten im Studium.* Konstanz.

Hume, David (1993) *Eine Untersuchung über den menschlichen Verstand.* Hamburg.

Hungenberg, Harald (2001) *Strategisches Management in Unternehmen.* Wiesbaden.

Hurrelmann, Klaus; Albrecht, Erik (2014) *Die heimlichen Revolutionäre. Wie die Generation Y unsere Welt verändert.* Weinheim, Basel.

Husserl, Edmund (2013) *Zur Phänomenologie des inneren Zeitbewusstseins.* Hamburg.

Hutter, Claus-Peter; Goris, Eva (2009) *Die Erde schlägt zurück. Wie der Klimawandel unser Leben verändert.* München.

Huyssen, Andreas; Scherpe, Klaus R. (Hrsg.) (1993) *Postmoderne. Zeichen eines kulturellen Wandels.* Reinbek b. H.

Illich, Ivan (1983) *Fortschrittsmythen.* Reinbek b. H.

Inayatullah, Sohail (1998) *Causal layered analysis. Poststructuralism as method.* In: Futures 30, 815–829.

Inayatullah, Sohail (Hrsg.) (2004) *The Causal Layered Analysis (CLA) Reader. Theory and Case Studies of an Integrative and Transformative Methodology.* New Taipei City.

Inayatullah,Sohail (2004) *Causal Layered Analysis: Theory, historical context, and case studies.* In: Inayatullah, Sohail (Hrsg.) The Causal Layered Analysis (CLA) Reader. Theory and Case Studies of an Integrative and Transformative Methodology. New Taipei City, 8–49.

Jahoda, Marie; Lazarsfeld, Paul; Zeisel, Hans (1933/1975) *Die Arbeitslosen von Marienthal. Ein soziographischer Versuch.* Frankfurt a. M.

James, William (1890/1984) *The Principles of Psychology.* Chicago.

James , William (1907) *Der Wahrheitsbegriff des Pragmatismus.* In: Martens, Ekkehard (Hrsg.) (1992) Pragmatismus, ausgewählte Texte. Stuttgart, 161–187.

Janning, Frank; Toens, Katrin (Hrsg.) (2008) *Die Zukunft der Policy-Forschung. Theorien, Methoden, Anwendungen.* Wiesbaden.

Jansen, Markus (2015) *Digitale Herrschaft. Über das Zeitalter der globalen Kontrolle und wie Transhumanismus und Synthetische Biologie das Leben neu definieren.* Stuttgart.

Jantsch, Erich (1967) *Technological Forecasting in Perspective.* OECD. Paris.

Jeschke, Sabina; Jakobs, Eva-Maria; Dröge, Alicia (Hrsg.) (2013) *Exploring Uncertainty. Ungewissheit und Unsicherheit im interdisziplinären Diskurs.* Wiesbaden.

Jeschke, Sabina; Schröder, Stefan; Zimmer, Inna; Jooß, Claudia; Leisten, Ingo; Vossen, René; Hees, Frank (Hrsg.) (2013) *Demografie Atlas. Deutschland. Land der demografischen Chancen.* Aachen.

Ji Sun, Miriam; Kabus, Andreas (Hrsg.) (2013) *Reader zum Transhumanismus.* Berlin.

Jischa, Michael F. (2005) *Herausforderung Zukunft. Technischer Fortschritt und Globalisierung.* 2. Auflage. München.

Jischa, Michael F. (2009) *Gedanken zur Wahrnehmung der Zukunft.* In: Popp, Reinhold; Schüll, Elmar (Hrsg.) Zukunftsforschung und Zukunftsgestaltung. Beiträge aus Wissenschaft und Praxis. Zum 70. Geburtstag von Prof. Dr. Rolf Kreibich. Berlin, Heidelberg, 37–50.

Joas, Hans (Hrsg.) (2000) *Philosophie der Demokratie: Beiträge zum Werk von John Dewey.* Frankfurt a. M.

Jonas, Hans (1979) *Das Prinzip Verantwortung. Versuch einer Ethik für die technische Zivilisation.* Frankfurt a. M.

Jordan, Stefan (2013) *Theorien und Methoden der Geschichtswissenschaft.* Paderborn.

Jungk, Robert (1952) *Die Zukunft hat schon begonnen. Amerikas Allmacht und Ohnmacht.* Stuttgart.

Jungk, Robert (Hrsg.) (1969) *Menschen im Jahr 2000.* Frankfurt a. M.

Jungk, Robert; Müllert, Norbert R. (1995) *Zukunftswerkstätten. Mit Phantasie gegen Routine und Resignation.* 5. Auflage. München.

Kahn, Herman (1977) *Vor uns die guten Jahre. Ein realistisches Modell unserer Zukunft.* Wien.

Kahn, Herman; Wiener, Anthony J. (1967) *Ihr werdet es erleben. Voraussagen der Wissenschaft bis zum Jahr 2000.* Reinbek b. H.

Kahneman, Daniel (2015) *Schnelles Denken, langsames Denken.* München.

Kahneman, Daniel; Deaton, Angus (2010) *High income improves evaluation of life but not emotional well-being.* PNAS 107/38, 16489–16493.

Kaku, Michio (1998) *Zukunftsvisionen. Wie Wissenschaft und Technik des 21. Jahrhunderts unser Leben revolutionieren.* München.

Kaku, Michio (2013) *Die Physik der Zukunft: Unser Leben in 100 Jahren.* Reinbek b. H.

Kant, Immanuel (1781/1986) *Kritik der reinen Vernunft.* Ditzingen.

Kappelhoff, Peter (2002) *Komplexitätstheorie. Neues Paradigma für die Managementforschung?* In: Schreyögg, Georg; Conrad, Peter (Hrsg.) Theorien des Managements. Wiesbaden, 49–101.

Karl, Fred (Hrsg.) (2012) *Das Altern der „neuen" Alten. Eine Generation im Strukturwandel des Alters.* Münster.

Kasakos, Gerda (1971) *Zeitperspektive, Planungsverhalten und Sozialisation: Überblick über internationale Forschungsergebnisse.* München.

Kastenbaum, Robert (1961) *The dimensions of future time perspective. An experimental analysis.* In: The Journal of General Psychology, 65/2, 203–218.

Keese, Christoph (2016) *Silicon Valley. Was aus dem mächtigsten Tal der Welt auf uns zukommt.* München.

Kehrbaum, Tom (2009) *Innovation als sozialer Prozess. Die Grounded Theory als Methodologie und Praxis in der Innovationsforschung.* Wiesbaden.

Keisinger, Florian; Seischab, Steffen (Hrsg.) (2003) *Wozu Geisteswissenschaften? Kontroverse Argumente für eine überfällige Debatte.* Frankfurt, New York.

Keller, Reiner (2005) *Diskursforschung und Gesellschaftsdiagnose.* In: Hitzler, Ronald; Pfadenhauer, Michaela (Hrsg.) Gegenwärtige Zukünfte. Interpretative Beiträge zur sozialwissenschaftlichen Diagnose und Prognose. Wiesbaden, 169–186.

Keller, Reiner (2010) *Diskursforschung. Eine Einführung für SozialwissenschaftlerInnen.* Wiesbaden.

Keller, Reiner (2011) *Wissenssoziologische Diskursanalyse. Grundlegung eines Forschungsprogramms.* Wiesbaden.

Keller, Reiner; Hirseland, Andreas; Schneider, Werner; Viehöver, Willy (Hrsg.) (2006) *Handbuch Sozialwissenschaftliche Diskursanalyse. Band 1: Theorien und Methoden.* Opladen.

Keller, Reiner; Hirseland, Andreas; Schneider, Werner; Viehöver, Willy (Hrsg.) (2004) *Handbuch Sozialwissenschaftliche Diskursanalyse. Band 2: Forschungspraxis.* Opladen.

Keller, Reiner; Truschkat, Inga (Hrsg.) (2012) *Methodologie und Praxis der Wissenssoziologischen Diskursanalyse.* Wiesbaden.

Kennedy, Paul (2000) *Aufstieg und Fall der großen Mächte: Ökonomischer Wandel und militärischer Konflikt von 1500 bis 2000.* Frankfurt a. M..

Keough, Kelli A.; Zimbardo, Philip G.; Boyd, John N. (1999) *Who's smoking, drinking, and using drugs? Time perspective as a predictor of substance use.* In: Basic and Applied Social Psychology, 21/2, 149–164.

Keupp, Heiner (2012) *Identität und Individualisierung: Riskante Chancen zwischen Selbstsorge und Zonen der Verwundbarkeit – sozialpsychologische Perspektiven.* In: Petzold, Hilarion G. (Hrsg.) Identität. Ein Kernthema moderner Psychotherapie – interdisziplinäre Perspektiven. Wiesbaden, 77–105.

Keupp, Heiner; Ahbe, Thomas; Gmür, Wolfgang; Höfer, Renate; Mitzscherlich, Beate; Kraus, Wolfgang; Straus, Florian (2006) *Identitätskonstruktionen. Das Patchwork der Identitäten in der Spätmoderne.* 3. Auflage. Reinbek b. H.

Keupp, Heiner; Hohl, Joachim (2006) *Subjektdiskurse im gesellschaftlichen Wandel: Zur Theorie des Subjekts in der Spätmoderne.* Bielefeld.

Keuth, Herbert (1989) *Wissenschaft und Werturteil. Zu Werturteilsstreit und Positivismusstreit.* Tübingen.

Kienholz, Hans (2004) *Alpine Naturgefahren und -risiken. Analyse und Bewertung.* In: Gamerith, Werner; Messerli, Paul; Meusburger, Peter; Wanner, Heinz (Hrsg.) Alpenwelt – Gebirgswelten. Inseln, Brücken, Grenzen. Tagungsbericht und wissenschaftliche Abhandlungen (54. Deutscher Geographentag, Bern, 28. September bis 4. Oktober 2003). Heidelberg, Bern, 249–258.

Klaffke, Martin (Hrsg.) (2014) *Generationen-Management. Konzepte, Instrumente, Good-Practice-Ansätze.* Wiesbaden.

Klages, Helmut (2001) *Werte und Wertewandel.* In: Schäfers, Bernhard; Zapf, Wolfgang (Hrsg.) Handwörterbuch zur Gesellschaft Deutschlands. Opladen, 726–738.

Klausnitzer, Rudi (2013) *Das Ende des Zufalls. Wie Big Data uns und unser Leben vorhersagbar macht.* Salzburg.

Klein, Gereon (2009) *Zirkuläre, kooperative Entscheidungsvorbereitung für mittelfristige Planungsvorhaben.* In: Popp, Reinhold; Schüll, Elmar (Hrsg.) Zukunftsforschung und Zukunftsgestaltung. Berlin, Heidelberg, 293–303.

Klein, Jan Philipp; Berger, Thomas (2013) *Internetbasierte psychologische Behandlung bei Depressionen.* In: Verhaltenstherapie, 23/3/2013, 149–159.

Kleining, Gerhard (2010) *Heuristik als Basismethodologie.* In: Mey, Günter; Mruck, Katja (Hrsg.) Handbuch Qualitative Forschung in der Psychologie. Wiesbaden, 65–78.

Kluge, Sven; Lohmann, Ingrid; Steffens, Gerd (Red.) (2014) *Menschenverbesserung – Transhumanismus.* Jahrbuch für Pädagogik, Band 29. Frankfurt a. M., Berlin u. a.

Knassmüller, Monika (2005) *Unternehmensleitbilder im Vergleich. Sinn- und Bedeutungsrahmen deutschsprachiger Unternehmensleitbilder – Versuch einer empirischen (Re-)Konstruktion.* Frankfurt a. M.

Knebel, Sven K.; Schantz, Richard; Scholz, Oliver R. (2001) *Universalien.* In: Ritter, Joachim; Gründer, Karlfried; Gabriel, Gottfried (Hrsg.) Historisches Wörterbuch der Philosophie, Band 11. Darmstadt, 179–199.

Knoblauch, Hubert (2011) *Videoanalyse, Videointeraktionsanalyse und Videographie – zur Klärung einiger Missverständnisse.* In: sozialer sinn, 1, 139–147.

Knoblauch, Hubert; Schnettler, Bernt (2001) *Die kulturelle Sinnprovinz der Zukunftsvision und die Ethnophänomenologie.* In: Psychotherapie und Sozialwissenschaft. Zeitschrift für qualitative Forschung, 3/3, 182–203.

Knoblauch, Hubert; Schnettler, Bernt (2005) *Prophetie und Prognose. Zur Konstitution und Kommunikation von Zukunftswissen.* In: Hitzler, Ronald; Pfadenhauer, Michaela (Hrsg.) Gegenwärtige Zukünfte. Interpretative Beiträge zur sozialwissenschaftlichen Diagnose und Prognose. Wiesbaden, 23–44.

Knorr-Cetina, Karin (1981) *Die Fabrikation von Wissen. Versuch zu einem gesellschaftlich relativierten Wissensbegriff.* In: Stehr, Nico; Meja, Volker (Hrsg.) Wissenssoziologie. Opladen, 226–245.

Knorr-Cetina, Karin (1984) *Die Fabrikation der Erkenntnis.* Frankfurt a. M.

Koch, Gertraud; Warneken, Bernd Jürgen (Hrsg.) (2012) *Wissensarbeit und Arbeitswissen. Zur Ethnografie des kognitiven Kapitalismus.* Frankfurt a. M.

Koch, Lars (Hrsg.) (2013) *Angst. Ein interdisziplinäres Handbuch.* Stuttgart, Weimar.

Köhler-Rama, Tim (2018) *Das Rentensystem verstehen. Einführung in die Politische Ökonomie der Alterssicherung.* Frankfurt a. M.

Köller, Wilhelm (2004) *Perspektivität und Sprache. Zur Struktur von Objektivierungsformen in Bildern, im Denken und in der Sprache.* Berlin, New York.

König, Helmut; Schmidt, Julia; Sicking, Manfred (Hrsg.) (2009) *Die Zukunft der Arbeit in Europa. Chancen und Risiken neuer Beschäftigungsverhältnisse.* Bielefeld.

Kollmorgen, Raj; Merkel, Wolfgang; Wagener, Hans-Jürgen (2015) *Handbuch Transformationsforschung.* Wiesbaden.

Kondratjew, Nikolai D. (1926) *Die langen Wellen der Konjunktur.* In: Archiv für Sozialwissenschaft und Sozialpolitik, 56, 573–609.

Koselleck, Reinhart (1989) *Vergangene Zukunft. Zur Semantik geschichtlicher Zeiten.* Frankfurt a. M.

Kottje, Leonore (1993) *Zur Einführung.* In: Bergson, Henri (Hrsg.) Denken und schöpferisches Werden. Hamburg.

Krämer, Tanja (2015) *Kommt die gesteuerte Persönlichkeit?* www.spektrum.de/artikel/896270.

Krampen, Günter; Hank, Petra (2004) *Die Vertrauens-Trias: Interpersonales Vertrauen, Selbstvertrauen und Zukunftsvertrauen in der psychologischen Theorienbildung und Forschung.* In: Report Psychologie, 29/11–12, 666–676.

Kraus, Wolfgang (2000) *Das erzählte Selbst: Die narrative Konstruktion von Identität in der Spätmoderne.* Herbolzheim.

Kraus, Wolfgang (2003) *Das Regime des engen Blickes: zur Dekonstruktion des Begriffes der Zukunftsperspektive.* In: Journal für Psychologie, 11/1, 33–53.

Kreibich, Rolf (1986) *Die Wissenschaftsgesellschaft. Von Galilei zur High-Tech-Revolution.* Frankfurt a. M.

Kreibich, Rolf (1991) *Zukunftsforschung in der Bundesrepublik Deutschland.* In: Kreibich, Rolf; Canzler, Weert; Burmeister, Klaus (Hrsg.) Zukunftsforschung und Politik. Weinheim, Basel, 41–154.

Kreibich, Rolf (2005) *Zukunftsforschung und Freizeitwissenschaft.* In: Popp, Reinhold (Hrsg.) Zukunft : Freizeit : Wissenschaft. Festschrift zum 65. Geburtstag von Univ.-Prof. Dr. Horst W. Opaschowski. Berlin, Wien, Münster, 35–57.

Kreibich, Rolf (2006a) *Denn Sie Tun Nicht Was Sie Wissen.* In: Zeitschrift für Internationale Politik, 12, 6–13.

Kreibich, Rolf (2006b) *Zukunftsforschung.* ArbeitsBericht des Instituts für Zukunftsstudien und Technologiebewertung Nr. 23. Berlin.

Kreibich, Rolf (2006c) *Zukunftsfragen und Zukunftswissenschaft. Beitrag für die Brockhaus Enzyklopädie.* (21. Auflage). ArbeitsBericht des Instituts für Zukunftsstudien und Technologiebewertung Nr. 26. Berlin.

Kreibich, Rolf (2007) *Wissenschaftsverständnis und Methodik der Zukunftsforschung.* In: Zeitschrift für Semiotik, 29/2–3, 177–198.

Kreibich, Rolf (2008a) *Zukunftsforschung für die gesellschaftliche Praxis.* ArbeitsBericht des Instituts für Zukunftsstudien und Technologiebewertung Nr. 29. Berlin, 3–20. http://link.springer.com/chapter/10.1007/978-3-531-91179-3_1.

Kreibich, Rolf (2008b) *Zukunftsfragen und Zukunftswissenschaft.* ArbeitsBericht des Instituts für Zukunftsstudien und Technologiebewertung Nr. 26. Berlin, 3–20. http://link.springer.com/chapter/10.1007/978-3-531-91179-3_1.

Kreibich, Rolf (2009) *Die Zukunft der Zukunftsforschung. Ossip K. Flechtheim – 100 Jahre.* ArbeitsBericht des Instituts für Zukunftsstudien und Technologiebewertung Nr. 32. Berlin.

Kreibich, Rolf (2013) *Zukunftsforschung für Gesellschaft und Wirtschaft.* In: Popp, Reinhold; Zweck, Axel (Hrsg.) Zukunftsforschung im Praxistest. Wiesbaden, 353–383.

Kreibich, Rolf; Lietsch, Fritz (Hrsg.) (2015) *Zukunft gewinnen. Die sanfte (R)evolution für das 21. Jahrhundert – inspiriert vom Visionär Robert Jungk.* München.

Krieg, Sebastian (2016) *Zukunftsforschung in Wirtschaftsunternehmen. Eine systemtheoretische Analyse.* In: Popp, Reinhold – gemeinsam mit: Fischer, Nele; Heiskanen-Schüttler, Maria; Holz, Jana; Uhl, Andre (Hrsg.) Einblicke, Ausblicke, Weitblicke. Perspektiven der Zukunftsforschung. Wien, Zürich, Münster, 95–110.

Krings, Bettina-Johanna (2016) *Strategien der Individualisierung. Neue Konzepte und Befunde zur soziologischen Individualisierungsthese.* Bielefeld.

Krohne, Heinz Walter (2010) *Psychologie der Angst. Ein Lehrbuch.* Stuttgart.

Krüger, Oliver (2004) *Virtualität und Unsterblichkeit. Die Visionen des Posthumanismus.* Freiburg i. Brg.

Kruse, Andreas (Hrsg.) (2010) *Leben im Alter. Eigen- und Mitverantwortlichkeit in Gesellschaft, Kultur und Politik.* Heidelberg.

Kuckartz, Udo (2012) *Qualitative Inhaltsanalyse. Methoden, Praxis, Computerunterstützung.* München.

Kuhlmann, Carola (2008) *Bildungsarmut und die soziale „Vererbung" von Ungleichheiten.* In: Huster, Ernst-Ulrich; Boeckh, Jürgen; Mogge-Grotjahn, Hildegard (Hrsg.) Handbuch Armut und Soziale Ausgrenzung. Wiesbaden, 301–319.

Kuhn, Thomas (1981) *Die Struktur wissenschaftlicher Revolutionen.* Frankfurt a. M.

Kuhn, Thomas (1992) *Die Entstehung des Neuen.* Frankfurt a. M.

Kurzweil, Raymond (1999) *Homo Sapiens. Leben im 21. Jahrhundert. Was bleibt vom Menschen?* Köln.

Kurzweil, Raymond (2014) *Menschheit 2.0. Die Singularität naht.* Berlin.

Laenza, Matthias (2016) *Prävention.* In: Bühler, Benjamin; Willer, Stefan (Hrsg.) Futurologien. Ordnungen des Zukunftswissens. Paderborn, 155–167.

Lahartinger, Eva; Wechselberger, Klaus (2012) *Zwei Seiten der Angst. Das verängstigte Individuum als Produkt einer neokapitalistischen Gesellschaftsordnung.* Saarbrücken.

Lahno, Bernd (2002) *Der Begriff des Vertrauens.* Berlin.

Laitko, Hubert (2011) *Das Max-Planck-Institut zur Erforschung der Lebensbedingungen der wissenschaftlich-technischen Welt. Gründungsintention und Gründungsprozess.* In: Fischer, Klaus; Laitko, Hubert; Parthey, Heinrich (Hrsg.) Interdisziplinarität und Institutionalisierung der Wissenschaft. Jahrbuch Wissenschaftsforschung 2010. Berlin, 199–236.

Lamla, Jörn; Laux, Henning (2012) *Die Theorie reflexiver Modernisierung. Ein Blick zurück in die Zukunft.* In: Tiberius, Victor (Hrsg.) Zukunftsgenese. Theorien des zukünftigen Wandels. Wiesbaden, 129–141.

Lamnek, Siegfried (2005a) *Gruppendiskussion. Theorie und Praxis.* Weinheim, Basel.

Lamnek, Siegfried (2005b) *Qualitative Forschung. Ein Lehrbuch.* 4. Auflage. Weinheim, Basel.

La Mettrie, Julien Offray de (2015) *Der Mensch eine Maschine: französisch/deutsch.* Stuttgart.

Lang, Alfred (1997) *Fluß und Zustand.* In: Rusterholz, Peter; Moser, Rupert (Hrsg.) Zeit: Zeitverständnis in Wissenschaft und Lebenswelt. Bern, Wien, 205–255.

Lange, Stefan (2012) *Etzionis Theorie der normativen Integration und gesellschaftlichen Steuerung. Schlussfolgerungen für Zukunftsbewertung und -gestaltung.* In: Tiberius, Victor (Hrsg.) Zukunftsgenese. Theorien des zukünftigen Wandels. Wiesbaden, 143–158.

Lanier, Jaron (2013) *Wem gehört die Zukunft? Du bist nicht der Kunde der Internet-Konzerne, du bist ihr Produkt.* Hamburg.

Laplace, Pierre Simon (1932) *Philosophischer Versuch über die Wahrscheinlichkeit.* Leipzig.

Lassahn, Rudolf (1982) *Einführung in die Pädagogik.* Heidelberg.

Latour, Bruno (2007) *Eine neue Soziologie für eine neue Gesellschaft.* Frankfurt a. M.

Lausen, Jens (2010) *Technik im Gehirn: Ethische, theoretische und historische Aspekte moderner Neurotechnologie.* Köln.

Leinfelder, Reinhold (2014) *„Die Zukunft war früher auch besser." Neue Herausforderungen für die Wissenschaft und ihre Kommunikation.* In: Möllers, Nina; Schwägerl, Christian (Hrsg.) Willkommen im Anthropozän. Unsere Verantwortung für die Zukunft der Erde. Der Ausstellungskatalog (Deutsches Museum). München, 99–104.

Leinfelder, Reinhold (2016) *Das Haus der Zukunft (Berlin) als Ort der Partizipation.* In: Popp, Reinhold – gemeinsam mit: Fischer, Nele; Heiskanen-Schüttler, Maria; Holz, Jana; Uhl, Andre (Hrsg.) Einblicke, Ausblicke, Weitblicke. Perspektiven der Zukunftsforschung. Wien, Zürich, Münster, 75–94.

Leithäuser, Thomas (2001) *Psychoanalyse und tiefenhermeneutische Sozialforschung.* In: Hannoversche Schriften, 4, 118–145.

Leithäuser, Thomas (2009) *Auf gemeinsamen und eigenen Wegen zu einem szenischen Verstehen in der Sozialforschung.* In: Leithäuser, Thomas; Meyerhuber, Sylke; Schottmayer, Michael (Hrsg.) Sozialpsychologisches Organisationsverstehen. Wiesbaden, 357–372.

Leithäuser, Thomas; Meyerhuber, Sylke; Schottmayer, Michael (Hrsg.) (2009) *Sozialpsychologisches Organisationsverstehen.* Wiesbaden.

Leithäuser, Thomas; Volmerg, Birgit (1979) *Anleitung zur Empirischen Hermeneutik. Psychoanalytische Textinterpretation als sozialwissenschaftliches Verfahren.* Frankfurt a. M.

Leithäuser, Thomas; Volmerg, Birgit (1988) *Psychoanalyse in der Sozialforschung. Eine Einführung.* Opladen.

Lenz, Gunnar (2016) *Planwirtschaft.* In: Bühler, Benjamin; Willer, Stefan (Hrsg.) Futurologien. Ordnungen des Zukunftswissens. Paderborn, 133–141.

Lewin, Kurt (1942) *Time Perspective and Morale.* In: Watson, Goodwin (Hrsg.) Civilian Morale. Second Yearbook of the Society for the Psychological Study of Social Issues. Cornwall, 48–70.

Lewin, Kurt (1963) *Feldtheorie in den Sozialwissenschaften.* Bern.

Liebig, Thomas; Widmaier, Sarah (2009) *Children of Immigrants in the Labour Markets of EU and OECD Countries.* OECD, Paris.

Liebl, Franz (1996) *Strategische Frühaufklärung. Trends – Issues – Stakeholder.* München.

Liebl, Franz (2000) *Der Schock des Neuen.* Hamburg.

Liebl, Franz (2005) *Prognose oder Diagnose? Entscheidungsunterstützende Information unter Bedingungen der Unvorhersehbarkeit.* In: Hitzler, Ronald; Pfadenhauer, Michaela (Hrsg.) Gegenwärtige Zukünfte. Interpretative Beiträge zur sozialwissenschaftlichen Diagnose und Prognose. Wiesbaden, 72–78.

Liebl, Franz (2007) *Trends, Trends, Trends ... Orientierung im Zukunftsdiskurs.* In: Zeitschrift für Semiotik, 29/2–3, 231–242.

Liessmann, Konrad Paul (2007) *Zukunft kommt! Über säkularisierte Heilserwartungen und ihre Enttäuschung.* Wien, Graz, Klagenfurt.

Liessmann, Konrad Paul (Hrsg.) (2016) *Neue Menschen! Bilden, optimieren, perfektionieren.* Wien.

List, Friedrich (1831) *Schriften, Reden, Briefe. Band 7: Die politisch-ökonomische Nationaleinheit der Deutschen. Aufsätze aus dem Zollvereinsblatt und andere Schriften der Spätzeit.* Berlin.

Lorenz, Konrad (1973) *Rückseite des Spiegels. Versuch einer Naturgeschichte des menschlichen Erkennens.* München.

Lucius-Hoene, Gabriele; Deppermann, Arnulf (2004) *Narrative Identität und Positionierung.* In: Gesprächsforschung – Online-Zeitschrift zur verbalen Interaktion, 5, 166–183.

Lübbe, Hermann (1992) *Im Zuge der Zeit. Verkürzter Aufenthalt in der Gegenwart.* Berlin, Heidelberg, New York.

Lübbe, Hermann (1995) *Schrumpft die Zeit? Zivilisationsdynamik und Zeitumgangsmoral. Verkürzter Aufenthalt in der Gegenwart.* In: Weis, Kurt (Hrsg.) Was ist Zeit? Zeit und Verantwortung in Wissenschaft, Technik und Religion. München, 53–79.

Lübbe, Hermann (1997) *Modernisierung und Folgelasten. Trends kultureller und politischer Evolution.* Berlin, Heidelberg.

Lübbe, Hermann (1998) *Gegenwartsschrumpfung.* In: Backhaus, Klaus; Holger Bonus, Holger (Hrsg.) Die Beschleunigungsfalle oder der Triumph der Schildkröte. Stuttgart, 129–164.

Lübbe, Hermann (2012) *Geschichtsbegriff und Geschichtsinteresse. Analytik und Pragmatik der Historie.* 2. Auflage. Basel.

Lübbe, Hermann; Köhler, Oskar; Lepenies, Wolf; Nipperdey, Thomas; Schmidtchen, Gerhard; Roellecke, Gerd (1982) *Der Mensch als Orientierungswaise? Ein interdisziplinärer Erkundungsgang.* Freiburg, München.

Lübke, Christiane; Delhey, Jan (Hrsg.) (2019) *Diagnose Angstgesellschaft? Was wir wirklich über die Gefühlslage der Menschen wissen.* Bielefeld.

Lueger, Manfred (2010) *Interpretative Sozialforschung: Die Methoden.* Wien.

Lührmann, Thomas (2006) *Führung, Interaktion und Identität. Die neuere Identitätstheorie als Beitrag zur Fundierung einer Interaktionstheorie der Führung.* Wiesbaden.

Luhmann, Niklas (1990) *Die Wissenschaft der Gesellschaft.* Frankfurt a. M.

Luhmann, Niklas (2003) *Soziologie des Risikos.* Berlin.

Luhmann, Niklas (2014) *Vertrauen. Ein Mechanismus der Reduktion der Komplexität.* 5. Auflage. Stuttgart.

Lutz, Wolfgang (2016) *Demographischer Metabolismus: Eine prognosefähige Theorie des sozialen Wandels.* In: Bachleitner, Reinhard; Weichbold, Martin; Pausch, Markus (Hrsg.) Empirische Prognoseverfahren in den Sozialwissenschaften. Wissenschaftstheoretische und methodologische Problemlagen. Wiesbaden, 185–201.

Lux, Wolfgang (2012) *Innovationen im Handel. Verpassen wir die Megatrends der Zukunft?* Berlin, Heidelberg.

Luyckx, Koen; Lens, Willy; Smits, Ilse; Goossens, Luc (2010) *Time perspective and identity formation: Short-term longitudinal dynamics in college students.* In: International Journal of Behavioral Development, 34, 238–247.

Lyotard, Jean-François (1986) *Das postmoderne Wissen. Ein Bericht.* Herausgegeben von Peter Engelmann. Wien

Macho, Thomas; Wunschel, Anette (Hrsg.) (2004) *Science & Fiction. Über Gedankenexperimente in Wissenschaft, Philosophie und Literatur.* Frankfurt a. M.

Maciejewski, Franz (Hrsg.) (1974) *Theorie der Gesellschaft oder Sozialtechnologie. Beiträge zur Habermas-Luhmann-Diskussion.* Band 1. Frankfurt a. M.

Mackenthun, Gerald (2012) *Gemeinschaftsgefühl. Wertpsychologie und Lebensphilosophie seit Alfred Adler.* Gießen.

Mahringer, Helmut; Bock-Schappelwein, Julia (2019) *Zukunft des Arbeitsmarkts. Prognosen und politischer Gestaltungsbedarf – am Beispiel Österreich.* In: Popp, Reinhold (Hrsg.) Die Arbeitswelt im Wandel! Der Mensch im Mittelpunkt? Perspektiven für Deutschland und Österreich. Münster, New York, 99–101.

Mainzer, Klaus (2016) *Künstliche Intelligenz. Wann übernehmen die Maschinen?* Berlin, Heidelberg.

Malorny, Thomas (2016) *Partizipativ Transformation gestalten. Zur gemeinsamen Rolle von Zukunfts- und Aktionsforschung in der Großen Transformation.* In: Popp, Reinhold – gemeinsam mit: Fischer, Nele; Heiskanen-Schüttler, Maria; Holz, Jana; Uhl, Andre (Hrsg.) Einblicke, Ausblicke, Weitblicke. Perspektiven der Zukunftsforschung. Wien, Zürich, Münster, 217–234.

Mamczak, Sascha (2014) *Die Zukunft. Eine Einführung.* München.

Mandl, Christoph; Sohm, Kuno (Hrsg.) (2006) *Aufgabe Zukunft. Versäumen, planen, ermöglichen.* Zürich.

Mangelsdorf, Martina (2015) *Von Babyboomer bis Generation Z. Der richtige Umgang mit unterschiedlichen Generationen im Unternehmen.* Offenbach a. M.

Mannheim, Karl (1985) *Das utopische Bewusstsein.* Frankfurt a. M.

Maresch, Rudolf; Rötzner, Florian (Hrsg) (2004) *Renaissance der Utopie. Zukunftsfiguren des 21. Jahrhunderts.* Frankfurt a. M.

Markl, Hubert (1998) *Wissenschaft gegen Zukunftsangst.* München, Wien.

Markley, Oliver (2015a) *Introduction to the Symposium on „Intuition in Futures Work".* In: Journal of Futures Studies, 20/1, 83–90 .

Markley, Oliver (2015b) *Learning to Use Intuition in Futures Studies: A Bibliographic Essay on Personal Sources, Processes and Concerns.* In: Journal of Futures Studies, 20/1, 119–129.

Marquard, Odo (2003) *Zukunft braucht Herkunft. Philosophische Essays.* Stuttgart.

Martens, Ekkehard (Hrsg.) (1992) *Pragmatismus. Ausgewählte Texte.* Stuttgart.

Maturana, Humberto R. (2000) *Biologie der Realität.* Frankfurt a. M.

Mayntz, Renate (2009) *Sozialwissenschaftliches Erklären. Probleme der Theoriebildung und Methodologie.* Frankfurt a. M.

Mayntz, Renate; Scharpf, Fritz W. (1995) *Der Ansatz des akteurzentrierten Institutionalismus.* In: Mayntz, Renate; Scharpf, Fritz W. (Hrsg.) Gesellschaftliche Selbstregelung und politische Steuerung. Frankfurt a. M., New York.

Mayring, Philipp (2002) *Einführung in die qualitative Sozialforschung. Eine Anleitung zum qualitativen Denken.* Weinheim.

Mayring, Philipp (2008) *Qualitative Inhaltsanalyse. Grundlagen und Techniken.* Weinheim.

Mayring, Philipp; Gläser-Zikuda, Michaela (Hrsg.) (2005) *Die Praxis der Qualitativen Inhaltsanalyse.* Weinheim.

McInerney, Dennis M. (2004) *A Discussion of Future Time Perspective.* In: Educational Psychology Review, 16/2, 141–151.

Meadows, Dennis; Meadows, Donella; Zahn, Erich; Milling, Peter (1973) *Die Grenzen des Wachstums.* Reinbek b. H.

Meadows, Donella; Randers, Jorgen; Meadows, Dennis (2012) *Grenzen des Wachstums. Das 30-Jahre-Update.* Stuttgart.

Medicus, Gerhard (2003) *Zur Kritik der Evolutionären Erkenntnistheorie am Konstruktivismus.* In: Fasterding, Michael; Cramer, Friedrich (Hrsg.) Aufbruch der Wissenschaft: Forschung am Anfang des dritten Jahrtausends. Gelsenkirchen, 91–103.

Melges, Frederick T. (1990) *Time and the Inner Future: A Temporal Approach to Psychiatric Disorders.* New York.

Mercier, Luis Sebastien (1982) *Das Jahr 2440. Ein Traum aller Träume.* Frankfurt a. M. (Französische Erstauflage: 1771)

Merkel, Reinhard (2015) *Neuroenhancement aus normativ-rechtlicher Sicht.* www.spektrum.de/artikel/1133992.

Mertens, Dieter (1974) *Schlüsselqualifikationen. Thesen zur Schulung für eine moderne Gesellschaft.* In: Mitteilungen aus der Arbeitsmarkt- und Berufsforschung, 7, 36–43.

Merton, Robert K. (1948) *The self-fulfilling prophecy.* In: The Antioch Review, 8, 193–210.

Merz, German (1985) *Konturen einer neuen Aktionsforschung. Wissenschaftstheoretische und relevanzkritische Reflexionen im Blick auf die Pädagogik.* Frankfurt a. M., Bern, New York.

Mettler, Peter (1979) *Kritische Versuche zur Zukunftsforschung. Band 1: Retrognose.* Frankfurt a. M.

Metz, Karl H. (2006) *Ursprünge der Zukunft. Die Geschichte der Technik in der westlichen Zivilisation.* Paderborn.

Metzinger, Thomas (2014) *Der Ego-Tunnel. Eine neue Philosophie des Selbst: Von der Hirnforschung zur Bewusstseinsethik.* München.

Metzinger, Thomas (2015) *Verkörperung in Avataren und Robotern.* www.spektrum.de/artikel/1343313.

Mey, Günter; Mruck, Katja (2009) *Methodologie und Methodik der Grounded Theory.* In: Kempf, Wilhelm; Kiefer, Marcus (Hrsg.) Forschungsmethoden der Psychologie. Zwischen naturwissenschaftlichem Experiment und sozialwissenschaftlicher Hermeneutik. Band 3: Psychologie als Natur- und Kulturwissenschaft. Die soziale Konstruktion der Wirklichkeit. Berlin, 100–152.

Meyer, Karl Ulrich (Hrsg.) (2013) *Zukunft leben. Die demografische Chance.* Berlin.

Meyer, Thomas; Miller, Susanne (Hrsg.) (1986) *Zukunftsethik und Industriegesellschaft.* München.

Micic, Pero (2006) *Das Zukunftsradar.* Offenbach.

Mießler, Maria (1976) *Leistungsmotivation und Zeitperspektive: ein empirischer Vergleich der Ergebnisse von Volksschülern und lernbehinderten Sonderschülern.* München.

Mieth, Dietmar (2011) *Glück durch Biotechnik. Die Debatte über die biologische Verbesserung des Menschen (enhancement).* In: Thomä, Dieter; Henning, Christoph; Mitscherlich-Schönherr, Olivia (Hrsg.) Glück. Ein interdisziplinäres Handbuch. Stuttgart, 369–373.

Mietzner, Dana (2009) *Strategische Vorausschau und Szenarioanalysen. Methodenevaluation und neue Ansätze.* Wiesbaden.

Mingels, Guido (2017) *Früher war alles schlechter. Warum es uns trotz Kriegen, Krankheiten und Katastrophen immer besser geht.* München.

Minois, George (1998) *Geschichte der Zukunft. Orakel, Prophezeiungen, Utopien, Prognosen.* Düsseldorf, Zürich.

Minx, Eckard; Böhlke, Ewald (2006) *Denken in alternativen Zukünften. Szenarien, interdisziplinär erarbeitet, können aussagekräftige Modelle liefern.* In: Internationale Politik, 61/12, 14–22.

Minx, Eckard; Kollosche, Ingo (2009) *Kontingenz und zyklische Zukunftsbetrachtung. Klimawandel, Umweltmentalitäten und die Geschichte einer Erregung.* In: Popp, Reinhold; Schüll, Elmar (Hrsg.) Zukunftsforschung und Zukunftsgestaltung. Beiträge aus Wissenschaft und Praxis. Zum 70. Geburtstag von Prof. Dr. Rolf Kreibich. Berlin, Heidelberg, 161–173.

Minx, Eckard; Preissler, Harald (2005) *Zukunft denken und gestalten.* In: Internationale Politik, 60/6, 116–122.

Mittelstraß, Jürgen (Hrsg.) (1999) *Die Zukunft des Wissens. XVIII. Deutscher Kongress für Philosophie.* Konstanz.

Mittelstraß, Jürgen (2003) *Transdisziplinarität – wissenschaftliche Zukunft und institutionelle Wirklichkeit.* Konstanz.

Mittelstraß, Jürgen; Trabant, Jürgen; Fröhlicher, Peter (2016) *Wissenschaftssprache. Ein Plädoyer für Mehrsprachigkeit in der Wissenschaft.* (Herausgeber: Österreichischer Wissenschaftsrat – ÖWR). Stuttgart.

Moebius, Stephan; Reckwitz, Andreas (Hrsg.) (2008) *Poststrukturalistische Sozialwissenschaften.* Frankfurt a. M.

Möller, Jens; Strauß, Bernd; Jürgensen, Silke (Hrsg.) (2000) *Psychologie und Zukunft. Prognosen, Prophezeiungen, Pläne.* Göttingen.

Möllers, Nina; Schwägerl, Christian (Hrsg.) (2014) *Willkommen im Anthropozän. Unsere Verantwortung für die Zukunft der Erde. Der Ausstellungskatalog (Deutsches Museum).* München

Morgenroth, Olaf (2008) *Zeit und Handeln. Psychologie der Zeitbewältigung.* Stuttgart.

Moser, Heinz (1978) *Aktionsforschung als kritische Theorie der Sozialwissenschaften.* München.

Moser, Heinz (1995) *Grundlagen der Praxisforschung.* Freiburg i. Brg.

Moser, Heinz (2008) *Instrumentenkoffer für die Praxisforschung. Eine Einführung.* Zürich.

Moser, Sybille (Hrsg.) (2011) *Konstruktivistisch Forschen. Methodologie, Methoden, Beispiele.* Wiesbaden.

Motterlini, Matteo (Hrsg.) (1999) *Imre Lakatos, Paul Feyerabend: For and Against Method. Including Lakatos's Lectures an Scientific Method and the Lakatos-Feyerabend Correspondence.* Chicago.

Mückenberger, Ulrich; Timpf, Siegfried (Hrsg.) (2007) *Zukünfte der europäischen Stadt. Ergebnisse einer Enquete zur Entwicklung und Gestaltung urbaner Zeiten.* Wiesbaden.

Müller, Adrian W.; Müller-Stewens, Günter (2009) *Strategic Foresight. Trend- und Zukunftsforschung in Unternehmen – Instrumente, Prozesse, Fallstudien.* Stuttgart.

Müller, Albrecht (2004) *Die Reformlüge. 40 Denkfehler, Mythen und Legenden, mit denen Politik und Wirtschaft Deutschland ruinieren.* München.

Müller, Oliver (2010) *Zwischen Mensch und Maschine. Vom Glück und Unglück des Homo faber.* Berlin.

Müller, Thomas (2007) *Philosophie der Zeit: neue analytische Ansätze.* Frankfurt a. M.

Müller-Doohm, Stefan (2012) *Zukunftsprognose als Zeitdiagnose. Habermas' Weg von der Geschichtsphilosophie zur Evolutionstheorie bis zum Konzept lebensweltlicher Pathologien.* In: Tiberius, Victor (Hrsg.) Zukunftsgenese. Theorien des zukünftigen Wandels. Wiesbaden, 159–178.

Müller-Friemauth, Friederike; Kühn, Rainer (2017) *Ökonomische Zukunftsforschung. Grundlagen – Konzepte – Perspektiven.* Wiesbaden.

Müller-Friemauth, Friederike; Minx, Eckard (2014) *Time out of mind? Picturing presence in future research.* In: European Journal of Futures Research. (springer.com/40309) 2/2014. DOI 10.1007/s40309-014-0047-4.

Müller-Prothmann, Tobias; Dörr, Nora (2014) *Innovationsmanagement. Strategien, Methoden und Werkzeuge für systematische Innovationsprozesse.* München.

Müllert, Norbert R. (2009) *Zukunftswerkstätten. Über Chancen demokratischer Zukunftsgestaltung.* In: Popp, Reinhold; Schüll, Elmar (Hrsg.) Zukunftsforschung und Zukunftsgestaltung. Beiträge aus Wissenschaft und Praxis. Zum 70. Geburtstag von Prof. Dr. Rolf Kreibich. Berlin, Heidelberg, 269–276.

Murauer, Johann (2016) *Simulation von Strategien der Entwicklungszusammenarbeit*. In: Bachleitner, Reinhard; Weichbold, Martin; Pausch, Markus (Hrsg.) Empirische Prognoseverfahren in den Sozialwissenschaften. Wissenschaftstheoretische und methodologische Problemlagen. Wiesbaden, 258–277.

Mutius, Bernhard von (2000) *Die Verwandlung der Welt. Ein Dialog mit der Zukunft*. Stuttgart.

Mutius, Bernhard von (Hrsg.) (2008) *Die andere Intelligenz. Wie wir morgen denken werden*. Stuttgart.

Naisbitt, John (1982) *Megatrends. Ten New Directions Transforming Our Lives*. New York.

Naisbitt, John (2007) *Mind Set! Wie wir die Zukunft entschlüsseln*. München.

Nassehi, Armin (2017) *Die letzte Stunde der Wahrheit. Kritik der komplexitätsvergessenen Vernunft*. Hamburg.

Nefiodow, Leo A. (1999) *Der sechste Kondratieff. Wege zur Produktivität und Vollbeschäftigung*. Bonn.

Neuhaus, Christian (2006) *Zukunft im Management. Orientierungen für das Management von Ungewissheit in strategischen Prozessen*. Heidelberg.

Neuhaus, Christian (2009) *Zukunftsbilder in der Organisation*. In: Popp, Reinhold; Schüll, Elmar (Hrsg.) Zukunftsforschung und Zukunftsgestaltung. Beiträge aus Wissenschaft und Praxis. Zum 70. Geburtstag von Prof. Dr. Rolf Kreibich. Berlin, Heidelberg, 175–194.

Neuhaus, Christian (2013) *Wozu Zukunftsforschung? Auf dem Weg zu einem Management von Zukunftsungewissheit in Organisationen*. In: Popp, Reinhold; Zweck, Axel (Hrsg.) Zukunftsforschung im Praxistest. Wiesbaden, 23–40.

Neuhaus, Christian (2015) *Prinzip Zukunftsbild*. In: Gerhold, Lars; Holtmannpötter, Dirk; Neuhaus, Christian; Schüll, Elmar; Schulz-Montag, Beate; Steinmüller, Karlheinz; Zweck, Axel (Hrsg.) Standards und Gütekriterien der Zukunftsforschung. Ein Handbuch für Wissenschaft und Praxis. Wiesbaden, 21–30.

Neumann, Ingo (2005) *Szenarioplanung in Städten und Regionen. Theoretische Einführung und Praxisbeispiele*. Dresden.

Nickel, Rainer (2008) *Stoa und Stoiker*. Düsseldorf, Zürich.

Nida-Rümelin, Julian; Kufeld, Klaus (Hrsg.) (2011) *Die Gegenwart der Utopie. Zeitwende und Denkwende*. Freiburg, München.

Nida-Rümelin, Julian; Weidenfeld, Nathalie (2018) *Digitaler Humanismus. Eine Ethik für das Zeitalter der Künstlichen Intelligenz*. 2. Auflage. München.

Nöllke, Matthias (2015) *Kreativitätstechniken*. 7. Auflage. Freiburg.

Nowotny, Helga (2005) *Unersättliche Neugier. Innovation in der fragilen Zukunft*. Berlin.

Nowotny, Helga; Scott, Peter; Gibbons Michael (2014) *Wissenschaft neu denken: Wissen und Öffentlichkeit in einem Zeitalter der Ungewissheit*. Weilerwist-Metternich.

Nussbaum, Henrich von (Hrsg.) (1973) *Die Zukunft des Wachstums. Kritische Antworten zum „Bericht des Club of Rome"*. Düsseldorf.

Nuttin, Joseph (1985) *Future time perspective and motivation*. Hillsdale.

O'Connell, Mark (2017) *Unsterblich sein. Reise in die Zukunft des Menschen*. München.

Oeser, Erhard (2015) *Die Angst vor dem Fremden. Die Wurzeln der Xenophobie*. Darmstadt.

Oesterdiekhoff, Georg W. (2012) *Modernisierung und Zukunftschancen der Gesellschaften. Der Beitrag der Zivilisationstheorie und der strukturgenetischen Soziologie zur Prognose sozialen Wandels.* In: Tiberius, Victor (Hrsg.) Zukunftsgenese. Theorien des zukünftigen Wandels. Wiesbaden, 179–197.

Oettingen, Gabriele (1997) *Psychologie des Zukunftsdenkens. Erwartungen und Phantasien.* (Motivationsforschung, Band 16). Göttingen.

Oettingen, Gabriele (2000) *Optimismus vs. Realismus: Probleme und Lösungen einer andauernden Debatte.* In: Möller, Jens; Strauß, Bernd; Jürgensen, Silke (Hrsg.) Psychologie und Zukunft. Prognosen, Prophezeiungen, Pläne. Göttingen, 51–74.

Oettingen, Gabriele (2015) *Die Psychologie des Gelingens.* München.

Oettingen, Gabriele; Gawrilow, Caterina; Sevincer, Timur (2009) *Psychologie des Zukunftsdenkens.* In: Brandstätter, Veronika; Otto, Jürgen H. (Hrsg.) Handbuch der Allgemeinen Psychologie – Motivation und Emotion. Göttingen, 182–189.

Ogburn, William F. (1922) *Social Change. With Respect to Culture and Original Nature.* New York.

Olbertz, Jan H. (Hrsg.) (1989) *Zwischen den Fächern über den Dingen? Universalisierung versus Spezialisierung akademischer Bildung.* Opladen.

Ollenburg, Stefanie (2016) *Der Einfluss des Pragmatismus auf die Zukunftsforschung in den USA.* In: Popp, Reinhold – gemeinsam mit: Fischer, Nele; Heiskanen-Schüttler, Maria; Holz, Jana; Uhl, Andre (Hrsg.) Einblicke, Ausblicke, Weitblicke. Perspektiven der Zukunftsforschung. Wien, Zürich, Münster, 209–216.

Opaschowski, Horst W. (1994) *Zehn Jahre nach Orwell. Aufbruch in eine neue Zukunft.* Herne.

Opaschowski, Horst W. (1997) *Deutschland 2010. Wie wir morgen leben – Voraussagen der Wissenschaft zur Zukunft unserer Gesellschaft.* Hamburg.

Opaschowski, Horst W. (2004) *Deutschland 2020. Wie wir morgen leben – Prognosen der Wissenschaft.* Wiesbaden.

Opaschowski, Horst W. (2009) *Zukunft neu denken.* In: Popp, Reinhold; Schüll, Elmar (Hrsg.) Zukunftsforschung und Zukunftsgestaltung. Beiträge aus Wissenschaft und Praxis. Zum 70. Geburtstag von Prof. Dr. Rolf Kreibich. Berlin, Heidelberg, 17–24.

Opaschowski, Horst W. (2013) *Deutschland 2030. Wie wir in Zukunft leben.* Gütersloh.

Opaschowski, Horst W. (2014) *So wollen wir leben! Die 10 Zukunftshoffnungen der Deutschen.* Gütersloh.

Opaschowski, Horst W. (2015) *Mode, Hype, Megatrend? Vom Nutzen wissenschaftlicher Zukunftsforschung.* In: Aus Politik und Zeitgeschichte, 65/31–32, 40–45.

Opaschowski, Horst W. (2019) *Wissen, was wird. Eine kleine Geschichte der Zukunft Deutschlands.* Ostfildern.

Opaschowski, Horst W.; Reinhardt, Ulrich (2007) *Altersträume – Illusion und Wirklichkeit.* Darmstadt.

Opaschowski, Horst W.; Reinhardt, Ulrich (2008) *Vision Europa: Von der Wirtschafts- zur Wertegemeinschaft.* Hamburg.

Osterkamp, Ute (1977) *Grundlagen der psychologischen Motivationsforschung 1.* 2. Auflage. Frankfurt a. M.

Øverland Erik F. (Interview von Andre Uhl mit Erik Øverland) (2016) *Internationale Vernetzung in der Zukunftsforschung.* In: Popp, Reinhold – gemeinsam mit: Fischer, Nele; Heiskanen-Schüttler, Maria; Holz, Jana; Uhl, Andre (Hrsg.) Einblicke, Ausblicke, Weitblicke. Perspektiven der Zukunftsforschung. Wien, Zürich, Münster, 191–195.

Papmehl, Andre; Tümmers, Hans J. (Hrsg.) (2013) *Die Arbeitswelt im 21. Jahrhundert. Herausforderungen, Perspektiven, Lösungsansätze.* Wiesbaden.

Parment, Anders (2013) *Die Generation Y. Mitarbeiter der Zukunft motivieren, integrieren und führen.* Wiesbaden.

Pasuchin, Iwan (2012) *Bankrott der Bildungsgesellschaft. Pädagogik in politökonomischen Kontexten.* Wiesbaden.

Pausch, Markus (2012) *Zukunft und Wissenschaft in Frankreich.* In: Popp, Reinhold (Hrsg.) Zukunft und Wissenschaft. Wege und Irrwege der Zukunftsforschung. Heidelberg, 81–100.

Pausch, Markus (2018) *Soziale Innovation zwischen Emanzipation und Anpassung.* In: Momentum Quarterly, 7/1, 42–52. DOI 10.15203/momentumquarterly.vol7.no1.p42-52.

Peccei, Aurelio (1984) *Berichte an den Club of Rome.* Genf.

Peetsma, Thea; Van der Veen, Ineke (2011) *Relations between the development of future time perspective in three life domains, investment in learning, and academic achievement.* In: Learning and Instruction, 21/3, 481–494.

Peine, Alexander (2006) *Innovation und Paradigma. Epistemische Stile in Innovationsprozessen.* Bielefeld.

Peirce , Charles Sanders (1905) *Was heißt Pragmatismus.* In Martens, Ekkehard (Hrsg.) (1992) Pragmatismus, ausgewählte Texte. Stuttgart, 99–127.

Petermann, Franz (2013) *Psychologie des Vertrauens.* 4. Auflage. Göttingen.

Pethes, Nicolas (2016) *Posthumanismus.* In: Bühler, Benjamin; Willer, Stefan (Hrsg.) Futurologien. Ordnungen des Zukunftswissens. Paderborn, 363–373.

Pfadenhauer, Michaela (2005) *Prognostische Kompetenz? Über die „Methoden" der Trendforscher.* In: Hitzler, Ronald; Pfadenhauer, Michaela (Hrsg.) Gegenwärtige Zukünfte. Interpretative Beiträge zur sozialwissenschaftlichen Diagnose und Prognose. Wiesbaden, 133–143.

Pfaller, Robert (2011) *Wofür es sich zu leben lohnt.* Frankfurt a. M.

Piaget, Jean (1936) *Der Aufbau der Wirklichkeit beim Kinde.* Gesammelte Werke, Band 2. Stuttgart, 14–99.

Piaget, Jean (1974) *Psychologie der Intelligenz. Das Wesen der Intelligenz. Die Intelligenz und die sensomotorischen Funktionen. Die Entwicklung des Denkens.* 6. Auflage. München.

Piaget, Jean (1980) *Das Weltbild des Kindes.* Frankfurt a. M., Berlin, Wien.

Piaget, Jean (1983) *Das moralische Urteil beim Kinde.* Stuttgart.

Piaget, Jean; Inhelder, Bärbel (1977) *Die Psychologie des Kindes.* (Übersetzung: Lorenz Häflinger). Frankfurt am Main.

Piaget, Jean; Inhelder, Bärbel u. a. (1999) *Die Entwicklung des räumlichen Denkens beim Kinde. Jean Piaget Studienausgabe.* Gesammelte Werke, Band 6, 3. Auflage. Stuttgart.

Pillkahn, Ulf (2007) *Trends und Szenarien als Werkzeuge der Strategieentwicklung. Wie Sie unternehmerische und gesellschaftliche Zukunft planen und gestalten.* Erlangen.

Pillkahn, Ulf (2013a) *Pictures of the Future. Zukunftsbetrachtungen im Unternehmensumfeld.* In: Popp, Reinhold; Zweck, Axel (Hrsg.) Zukunftsforschung im Praxistest. Wiesbaden, 41–79.

Pillkahn, Ulf (2013b) *Die Weisheit der Roulettekugel. Innovation durch Irritation.* Erlangen.

Piper, Nikolaus (2012) *Die Angst vor dem Verlust des Arbeitsplatzes.* In: Beise, Mark; Jakobs, Hans-Jürgen (Hrsg.) Die Zukunft der Arbeit. München, 62–65.

Plattner, Hasso; Meinel, Christoph; Weinberg, Ulrich (2009) *Design thinking. Innovation lernen – Ideenwelten öffnen.* München.

Plattner, Ilse (1990) *Zeitbewusstsein und Lebensgeschichte.* Heidelberg.

Polak, Fred L. (1961) *The Image of the Future. Enlightening the Past, Orientating the Present, Forecasting the Future,* Bände 1 und 2. Leyden, New York.

Polak, Fred L. (1971) *Prognostics. A Science in the Making.* New York.

Poli, Roberto (2010) *The Many Aspects of Anticipation.* In: Foresight, 12/3, 7–17.

Polkinghorne, Donald E. (1998) *Narrative Psychologie und Geschichtsbewusstsein. Beziehungen und Perspektiven.* In: Straub, Jürgen (Hrsg.) Erzählung, Identität und historisches Bewusstsein. Frankfurt a. M., 12–45.

Popp, Reinhold (Hrsg.) (2005) *Zukunft : Freizeit : Wissenschaft. Festschrift zum 65. Geburtstag von Univ.-Prof. Dr. Horst W. Opaschowski.* Berlin, Wien, Münster.

Popp, Reinhold (2009) *Partizipative Zukunftsforschung in der Praxisfalle? Zukünfte wissenschaftlich erforschen – Zukunft partizipativ gestalten.* In: Popp, Reinhold; Schüll, Elmar (Hrsg.) Zukunftsforschung und Zukunftsgestaltung. Beiträge aus Wissenschaft und Praxis. Zum 70. Geburtstag von Prof. Dr. Rolf Kreibich. Berlin, Heidelberg, 131–143.

Popp, Reinhold (2010) *Forschung als Wegweiser in die Zukunft.* In: Wilken, Udo; Thole, Werner (Hrsg.) Kulturen Sozialer Arbeit. Profession und Disziplin im gesellschaftlichen Wandel. Wiesbaden, 39–47.

Popp, Reinhold (2011a) *Bildung und Lebensqualität im 21. Jahrhundert.* In: Popp, Reinhold; Pausch, Markus; Reinhardt, Ulrich (Hrsg.) Zukunft. Bildung. Lebensqualität. Berlin, Wien, Münster, 7–24.

Popp, Reinhold (2011b) *Denken auf Vorrat. Wege und Irrwege in die Zukunft.* Berlin, Wien, Münster.

Popp, Reinhold (2012a) *Viel Zukunft – wenig Forschung. Zukunftsforschung auf dem Prüfstand.* In: Koschnick, Wolfgang J. (Hrsg.) FOCUS-Jahrbuch 2012. Prognosen, Trend- und Zukunftsforschung. München, 135–169.

Popp, Reinhold (2012b) *Zukunft – Beruf – Lebensqualität. Arbeit zwischen Geld und Glück.* In: Kaudelka, Karin; Kilger, Gerhard (Hrsg.) Das Glück bei der Arbeit. Über Flow-Zustände, Arbeitszufriedenheit und das Schaffen attraktiver Arbeitsplätze. Bielefeld, 65–77.

Popp, Reinhold (Hrsg.) (2012c) *Zukunft und Wissenschaft. Wege und Irrwege der Zukunftsforschung.* Berlin, Heidelberg.

Popp, Reinhold (2012d) *Zukunftsforschung auf dem Prüfstand.* In: Popp, Reinhold (Hrsg.) Zukunft und Wissenschaft. Wege und Irrwege der Zukunftsforschung. Berlin, Heidelberg,1–24.

Popp, Reinhold (2013) *Participatory Futures Research. Research or practice consulting?* In: European Journal of Futures Research. (springer.com/40309) 1/2013. DOI 10.1007/s40309-013-0016-3.

Popp, Reinhold (2014) *Zukunftsthema Lebensqualität. Wohin geht die Reise?* In: Junker, Johannes; Elbing, Ulrich; Bader Roswitha (Hrsg.) Zeitsprünge. Vergangenheit, Gegenwart und Zukunft der Kunsttherapie. Nürtingen, 88–97.

Popp, Reinhold (2015a) *Die Zukunft der Arbeitswelt. Rahmenbedingungen für Freizeit und Tourismus.* In: Egger, Roman; Luger, Kurt (Hrsg.) Tourismus und mobile Freizeit. Lebensformen, Trends, Herausforderungen. Norderstedt, 57–70.

Popp, Reinhold (2015b) *Österreich 2033. Zukunft – made in Austria. Antworten auf 166 Zukunftsfragen.* Wien, Zürich, Münster.

Popp, Reinhold (2016a) *Zukunftsplanung – Zukunftsforschung – Zukunftswissenschaft.* In: Popp, Reinhold – gemeinsam mit: Fischer, Nele; Heiskanen-Schüttler, Maria; Holz, Jana; Uhl, Andre (Hrsg.) Einblicke, Ausblicke, Weitblicke. Perspektiven der Zukunftsforschung. Wien, Zürich, Münster, 155–174.

Popp, Reinhold (2016b) *Zur Zukunft der Psychotherapie-Ausbildung. Ein fiktiver Bericht vom Jubiläumskongress 2030 „40 Jahre Psychotherapiegesetz". Versuch eines vorausschauenden Essays.* In: Zeitschrift für freie psychoanalytische Forschung und Individualpsychologie, 3/1, 89–99.

Popp, Reinhold (2016c) *Zukunftswissenschaft & Zukunftsforschung. Grundlagen und Grundfragen. Eine Skizze.* Wien, Zürich, Münster.

Popp, Reinhold – gemeinsam mit: Fischer, Nele; Heiskanen-Schüttler, Maria; Holz, Jana; Uhl, Andre (Hrsg.) (2016) *Einblicke, Ausblicke, Weitblicke. Perspektiven der Zukunftsforschung.* Wien, Zürich, Münster.

Popp, Reinhold (2017) *Zukunft – Alter(n) – Lebensqualität.* In: Likar, Rudolf; Bernatzky, Günther; Pinter, Georg; Pipam, Wolfgang; Janig, Herbert; Sadjak, Anton (Hrsg.) Lebensqualität im Alter. Therapie und Prophylaxe von Altersleiden. 2. Auflage. Berlin, 27–36.

Popp, Reinhold (2018) *Zukunft:Beruf:Lebensqualität. 77 Stichworte von A bis Z.* Wien.

Popp, Reinhold (Hrsg.) (2019a) *Die Arbeitswelt im Wandel! Der Mensch im Mittelpunkt? Perspektiven für Deutschland und Österreich.* Münster, New York.

Popp, Reinhold (2019b) *Menschen – Maschinen – Märkte. Sieben zuversichtliche Zukunftsdiskurse zum Wandel der Arbeitswelt.* In: Popp, Reinhold (Hrsg.) Die Arbeitswelt im Wandel! Der Mensch im Mittelpunkt? Perspektiven für Deutschland und Österreich. Münster, New York, 11–82.

Popp, Reinhold (2019c) *Zukunftsdenken in Literatur und Wissenschaft.* In: Brandt, Stefan; Granderath, Christian; Hattendorf, Manfred (Hrsg.) 2029 – Geschichten von morgen. Berlin, 521–535.

Popp, Reinhold (2019d) *Angst und Methode in der Zukunftsforschung. Implikationen für die Katastrophenforschung.* In: Rieken, Bernd (Hrsg.) Angst in der Katastrophenforschung. Interdisziplinäre Zugänge. Münster, New York, 27–39.

Popp, Reinhold; Garstenauer, Ulrike; Reinhardt, Ulrich; Rosenlechner-Urbanek, Doris (Hrsg.) (2013) *Zukunft. Lebensqualität. Lebenslang. Generationen im demographischen Wandel.* Berlin, Wien, Münster.

Popp, Reinhold; Hofbauer, Reinhard; Pausch, Markus (2010) *Lebensqualität – Made in Austria. Gesellschaftliche, ökonomische und politische Rahmenbedingungen des Glücks.* Berlin, Wien, Münster.

Popp, Reinhold; Pausch, Markus; Reinhardt, Ulrich (Hrsg.) (2011) *Zukunft. Bildung. Lebensqualität.* Berlin, Wien, Münster.

Popp, Reinhold; Reinhardt, Ulrich; Zechenter, Elisabeth (Hrsg.) (2011) *Zukunft. Kultur. Lebensqualität.* Berlin, Wien, Münster.

Popp, Reinhold; Reinhardt, Ulrich (2012) *Lebensqualität lebenslang. Österreichische und deutsche Zukunftsbilder zum Generationenverhältnis.* In: Wirtschaftspolitische Blätter, 59/2, 317–329.

Popp, Reinhold; Reinhardt, Ulrich (2013) *Zukunft des Alltags.* Berlin, Wien, Münster.

Popp, Reinhold; Reinhardt, Ulrich (2014) *Blickpunkt Zukunft.* Berlin, Münster.

Popp, Reinhold; Reinhardt, Ulrich (2015a) *Zukunft der Freizeit. Repräsentativ erhobene Zukunftsbilder auf dem Prüfstand.* In: Freericks, Renate; Brinkmann, Dieter (Hrsg.) Handbuch Freizeitsoziologie. Wiesbaden, 109–141.

Popp, Reinhold; Reinhardt, Ulrich (2015b) *Zukunft! Deutschland im Wandel – der Mensch im Mittelpunkt.* Wien, Zürich, Münster.

Popp, Reinhold; Reinhardt, Ulrich (2019) *Zwischen Zukunftsangst und Zuversicht. 40 Meinungsbilder der Deutschen zum Wandel der Arbeitswelt.* In: Weissenberger-Eibl, Marion (Hrsg.) Zukunftsvision Deutschland. Innovation für Fortschritt und Wohlstand. Berlin, 17–66.

Popp, Reinhold; Rieken, Bernd; Sindelar, Brigitte (2017) *Zukunftsforschung und Psychodynamik. Zukunftsdenken zwischen Angst und Zuversicht.* Münster, New York.

Popp, Reinhold; Schüll, Elmar (Hrsg.) (2009) *Zukunftsforschung und Zukunftsgestaltung. Beiträge aus Wissenschaft und Praxis. Zum 70. Geburtstag von Prof. Dr. Rolf Kreibich.* Berlin, Heidelberg.

Popp, Reinhold (Hrsg.) Steinbach, Dirk; Linnenschmidt, Katja; Schüll, Elmar (2013) *Zukunftsstrategien für eine alternsgerechte Arbeitswelt. Trends, Szenarien und Empfehlungen.* Berlin, Wien, Münster.

Popp, Reinhold; Zweck, Axel (Hrsg.) (2013) *Zukunftsforschung im Praxistest.* Berlin, Heidelberg.

Popper, Karl (1957) *Das Elend des Historizismus.* Tübingen.

Popper, Karl R. (1974) *Objektive Erkenntnis. Ein evolutionärer Entwurf.* 2. Auflage. Hamburg.

Popper, Karl (1992a) *Die offene Gesellschaft und ihre Feinde. Band 1: Der Zauber Platons.* Tübingen.

Popper, Karl (1992b) *Die offene Gesellschaft und ihre Feinde. Band 2: Falsche Propheten. Hegel, Marx und die Folgen.* Tübingen.

Popper, Karl (2005) *Logik der Forschung.* Tübingen.

Popper, Karl; Niemann, Hans-Joachim (2015) *Erkenntnis und Evolution: zur Verteidigung von Wissenschaft und Rationalität.* Tübingen.

Popper, Rafael (2009) *Mapping Foresight. Revealing how Europe and other world regions navigate into the future.* European Foresight Monitoring Network. EUR 24041 EN. European Commission. Abgerufen am 27. 09. 2015 von: ec.europa.eu/research/socialsciences/.../efmn-mapping foresight_en.pdf.

Prescott, Tony (2015) *Roboter mit Ego.* www.spektrum.de/artikel/1351076.

Prisching, Manfred (Hrsg.) (2003a) *Modelle der Gegenwartsgesellschaft.* Wien.

Prisching, Manfred (2003b) *Die Etikettengesellschaft.* In: Prisching, Manfred (Hrsg.) Modelle der Gegenwartsgesellschaft. Wien, 13–32.

Pritz, Alfred (2008) *Einhundert Meisterwerke der Psychotherapie.* Wien.

Przyborski, Aglaja; Wohlrab-Sahr, Monika (2014) *Qualitative Sozialforschung. Ein Arbeitsbuch.* München.

Rabenstein, Susanne (2017) *Individualpsychologie und Neurowissenschaften: Zur neurobiologischen Fundierung der Theorien Alfred Adlers.* Münster, New York.

Radermacher, Franz Josef; Beyers, Bert (2011) *Welt mit Zukunft. Die ökosoziale Perspektive.* Hamburg.

Radkau, Joachim (2017) *Geschichte der Zukunft. Prognosen, Visionen, Irrungen in Deutschland von 1945 bis heute.* München.

Randers, Jorgen (2012) *2052. Der neue Bericht an den Club of Rome. Eine globale Prognose für die nächsten 40 Jahre.* München.

Ramge, Thomas; Mayer-Schönberger, Viktor (2017) *Das Digital: Markt, Wertschöpfung und Gerechtigkeit im Datenkapitalismus.* Berlin.

Rat für Forschung und Technologieentwicklung (Hrsg.) (2013) *Österreich 2050. FIT für die Zukunft.* Wien.

Rattner, Josef (1978) *Hans Vaihinger und Alfred Adler: Zur Erkenntnistheorie des normalen und neurotischen Denkens.* In: Zeitschrift für Individualpsychologie, 3, 40–47.

Ravenscroft, Ian (2008) *Philosophie des Geistes: Eine Einführung.* Ditzingen.

Reason, Peter; Bradbury, Hilary (2007) *The SAGE Handbook of Action Research: Participatory Inquiry.* 2. Auflage. Thousand Oaks.

Reich, Kersten (2012) *Konstruktivistische Didaktik. Das Lehr- und Studienbuch mit Online-Methodenpool.* 5. Auflage. Weinheim, Basel.

Reichert, Ramon (2016) *Data Mining.* In: Bühler, Benjamin; Willer, Stefan (Hrsg.) Futurologien. Ordnungen des Zukunftswissens. Paderborn, 169–180.

Reichertz, Jo (2003) *Die Abduktion in der qualitativen Sozialforschung.* Opladen.

Reichertz, Jo (2013) *Die Bedeutung der Abduktion in der Sozialforschung. Über die Entdeckung des Neuen.* Wiesbaden.

Reinbold, Daria (2014) *Ein Blick in die Zukunft. Über das anthropologische Bedürfnis des Menschen, die Zukunft zu wissen.* Saarbrücken.

Reinhardt, Ulrich (Hrsg.) (2011) *United Dreams of Europe.* Rottach-Egern.

Reinhardt, Ulrich (2019a) *Europas Zukunft. 40 Visionen für die Welt von morgen.* München.

Reinhardt, Ulrich (2019b) *Zukunft des Konsums.* Hamburg.

Reinhardt, Ulrich; Popp, Reinhold (2018) *Schöne neue Arbeitswelt. Was kommt, was bleibt, was geht?* Hamburg.

Reinhardt, Ulrich; Popp, Reinhold (2019) *77 Meinungsbilder der Deutschen zur Zukunft der Arbeitswelt.* In: Popp, Reinhold (Hrsg.) Die Arbeitswelt im Wandel! Der Mensch im Mittelpunkt? Perspektiven für Deutschland und Österreich. Münster, New York, 93–97.

Reinhardt, Ulrich; Roos, George T. (Hrsg.) (2009) *Wie die Europäer ihre Zukunft sehen. Antworten aus 9 Ländern.* Darmstadt.

Reis, Jack (1997) *Ambiguitätstoleranz: Beiträge zur Entwicklung eines Persönlichkeitskonstruktes.* Heidelberg.

Renn, Ortwin (2009) *Integriertes Risikomanagement als Beitrag zu einer nachhaltigen Entwicklung.* In: Popp, Reinhold; Schüll, Elmar (Hrsg.) Zukunftsforschung und Zukunftsgestaltung. Beiträge aus Wissenschaft und Praxis. Zum 70. Geburtstag von Prof. Dr. Rolf Kreibich. Berlin, Heidelberg, 553–568.

Renn, Ortwin (2014) *Das Risikoparadox. Warum wir uns vor dem Falschen fürchten.* Frankfurt a. M.

Renn, Ortwin; Meirion, Thomas (2002) *Das Potenzial regionaler Vorausschau. Schlussbericht der STRATA-ETAN-Expertengruppe „Mobilisierung des Potenzials regionaler Zukunftsforschung für eine erweiterte Europäische Union – ein entscheidender Beitrag zur Festigung der strategischen Basis des Europäischen Forschungsraums (EFR)". (Schlussbericht EUR 20589).* Luxemburg.

Renn, Ortwin; Schwarzer, Pia-Johanna; Dreyer, Marion; Klinke, Andreas (2007) *Risiko. Über den gesellschaftlichen Umgang mit Unsicherheiten.* München.

Rescher, Nicholas (1998) *Predicting the Future. An Introduction to the Theory of Forecasting.* Albany.

Reuschenbach, Bernd; Funke, Joachim; Drevensek, Annika M.; Ziegler, Nadine (2013) *Testing a German Version of the Zimbardo Time Perspective Inventory. Annales Universitatis Paedagogicae Cracoviensis.* In: Studia Psychologica, 6, 16–29.

Richter, Caroline (2017) *Vertrauen innerhalb von Organisationen. Ein soziologisches Modell.* Bielefeld.

Richter, Horst Eberhard; Meadows, Dennis (Hrsg.) (1974) *Wachstum bis zur Katastrophe? Pro und Contra zum Weltmodell.* Stuttgart.

Rid, Thomas (2016) *Maschinendämmerung. Eine kurze Geschichte der Kybernetik.* Berlin.

Riedl, Rupert (1980) *Biologie der Erkenntnis. Die stammesgeschichtlichen Grundlagen der Vernunft.* Berlin, Hamburg.

Rieger, Stefan (2016) *Nanotechnologie.* In: Bühler, Benjamin; Willer, Stefan (Hrsg.) Futurologien. Ordnungen des Zukunftswissens. Paderborn, 443–455.

Rieken, Bernd (1996) *„Fiktion" bei Vaihinger und Adler. Plädoyer für ein wenig beachtetes Konzept.* In: Zeitschrift für Individualpsychologie, 21, 280–291.

Rieken, Bernd (2007) *Angst vor dem Meer. Sturmfluten aus Sicht der volkskundlich-historischen Katastrophenforschung.* In: Volkskunde in Rheinland-Pfalz, 22, 23–48.

Rieken, Bernd (2015a) *Psychotherapie als Studium und Ausbildung: die Sigmund Freud Privatuniversität Wien.* In: Zeitschrift für Individualpsychologie, 40/2, 150–165.

Rieken, Bernd (2015b) (Hrsg.) *Wie bewältigt man das Unfassbare? Interdisziplinäre Zugänge am Beispiel der Lawinenkatastrophe von Galtür.* Münster, New York.

Rieken, Bernd (Hrsg.) (2019a) *Angst in der Katastrophenforschung. Interdisziplinäre Zugänge.* Münster, New York.

Rieken, Bernd (2019b) *Angst aus Nähe oder Distanz. Überlegungen zum Naturverständnis seit dem Mittelalter.* In: Rieken, Bernd (Hrsg.) Angst in der Katastrophenforschung. Interdisziplinäre Zugänge. Münster, New York, 15–26.

Rieken, Bernd (2019b) *Autoethnografische und tiefenpsychologische Zugänge zum Phänomen Angst in der Katastrophenforschung am Beispiel der Nordsee-Sturmflut vom 16./17. Februar 1962.* In: Rieken, Bernd (Hrsg.) Angst in der Katastrophenforschung. Interdisziplinäre Zugänge. Münster, New York, 107–126.

Riemann, Fritz (2013) *Grundformen der Angst.* München, Basel.

Ridley, Matt (2011) *Wenn Ideen Sex haben. Wie Fortschritt entsteht und Wohlstand vermehrt wird.* München.

Rinderspacher, Jürgen P. (Hrsg.) (2002) *Zeitwohlstand. Ein Konzept für einen anderen Wohlstand der Nation.* Berlin.

Rinne, Ulf; Zimmermann, Klaus F. (2016) *Die digitale Arbeitswelt heute und morgen.* In: Politik und Zeitgeschichte, 18–19, 3–9.

Ritter, Hermann (1999) *Kontrafaktische Geschichte. Unterhaltung versus Erkenntnis.* In: Salewski, Michael (Hrsg.) Was wäre wenn. Alternativ- und Parallelgeschichte: Brücken zwischen Phantasie und Wirklichkeit. Stuttgart, 13–43.

Robinson, John B. (1982) *Energy Backcasting. A Proposed Method of Policy Analysis.* In: Energy Policy, 10/4, 337–345.

Rogall, Holger (2009) *Ökologische Ökonomie – Zukunftsforschung.* In: Popp, Reinhold; Schüll, Elmar (Hrsg.) Zukunftsforschung und Zukunftsgestaltung. Beiträge aus Wissenschaft und Praxis. Zum 70. Geburtstag von Prof. Dr. Rolf Kreibich. Berlin, Heidelberg, 587–603.

Rohbeck, Johannes (2013) *Zukunft der Geschichte. Geschichtsphilosophie und Zukunftsethik.* Saarbrücken.

Roll, Martin (2004) *Strategische Frühaufklärung. Vorbereitung auf eine ungewisse Zukunft am Beispiel des Luftverkehrs.* Wiesbaden.

Rorty, Richard (1993) *Hoffnung statt Erkenntnis: Eine Einführung in die pragmatische Philosophie.* Wien.

Rorty, Richard (2000) *Philosophie & die Zukunft.* Frankfurt a. M.

Rosa, Hartmut (1999) *Bewegung und Beharrung: Überlegungen zu einer sozialen Theorie der Beschleunigung.* In: Leviathan, September 1999, 386–414.

Rosa, Hartmut (2013) *Weltbeziehungen im Zeitalter der Beschleunigung. Umrisse einer neuen Gesellschaftskritik.* 2. Auflage. Berlin.

Rosa, Hartmut (2014) *Beschleunigung. Die Veränderung der Zeitstrukturen in der Moderne.* 10. Auflage. Frankfurt a. M.

Rosa, Hartmut (2016a) *Resonanz. Eine Soziologie der Weltbeziehung.* Berlin.

Rosa, Hartmut (2016b) *Beschleunigung und Entfremdung. Entwurf einer Kritischen Theorie spätmoderner Zeitlichkeit.* 5. Auflage. Berlin.

Rosenmayr, Leopold (2011) *Im Alter noch einmal leben.* Wien, Berlin.

Roth, Caroline (2006) *Medienbilder – Selbstbilder. Wie Jugendliche über die Castingshow „Starmania" Identität konstruieren.* In: Medienimpulse, 56, 46–50.

Roth, Gerhard; Spitzer, Manfred; Caspary, Ralf (Hrsg.) (2006) *Lernen und Gehirn. Der Weg zu einer neuen Pädagogik.* Freiburg i. Brg.

Rousseau, Jean Jacques (1762/1998) *Emil oder Über die Erziehung.* 13. unveränderte Auflage. Paderborn.

Rust, Holger (1996) *Trend-Forschung: Das Geschäft mit der Zukunft.* Reinbek b. H.

Rust, Holger (1998) *Österreich 2013. Eine Querschnittsanalyse des Programmes Delphi Austria.* Studie im Auftrag des Bundesministeriums für Wissenschaft und Verkehr. Wien.

Rust, Holger (2008) *Zukunftsillusionen. Kritik der Trendforschung.* Wiesbaden.

Rust, Holger (2009) *Verkaufte Zukunft. Strategien und Inhalte der kommerziellen „Trendforscher".* In: Popp, Reinhold; Schüll, Elmar (Hrsg.) Zukunftsforschung und Zukunftsgestaltung. Beiträge aus Wissenschaft und Praxis. Zum 70. Geburtstag von Prof. Dr. Rolf Kreibich. Berlin, Heidelberg, 3–16.

Rust, Holger (2012a) *Schwache Signale, Weltgeist und „Gourmet-Sex".* In: Popp, Reinhold (Hrsg.) Zukunft und Wissenschaft. Wege und Irrwege der Zukunftsforschung. Heidelberg, 35–57.

Rust, Holger (2012b) *Strategie? Genie? Oder Zufall? Was wirklich hinter Managementerfolgen steckt.* Wiesbaden.

Rusterholz, Peter; Moser, Rupert (Hrsg.) (1997) *Zeit. Zeitverständnis in Wissenschaft und Lebenswelt.* Bern, Wien.

Saage, Richard (1991) *Politische Utopien der Neuzeit.* Darmstadt.

Saage, Richard (1997) *Utopieforschung. Eine Bilanz.* Darmstadt.

Saage, Richard (2013) *New man in utopian and transhumanist perspective.* In: European Journal of Futures Research. (springer.com/40309) 1/2013. DOI 10.1007/s40309-013-0014-5.

Saalmann, Gernot (2012) *Zur Zukunftsgenese in Bourdieus Theorie der Praxis.* In: Tiberius, Victor (Hrsg.) Zukunftsgenese. Theorien des zukünftigen Wandels. Wiesbaden, 199–229.

Sahinol, Melike (2016) *Das techno-zerebrale Subjekt. Zur Symbiose von Mensch und Maschine in den Neurowissenschaften.* Bielefeld.

Salewski, Michael (Hrsg.) (1999) *Was wäre wenn. Alternativ- und Parallelgeschichte: Brücken zwischen Phantasie und Wirklichkeit.* Stuttgart.

Schaaf, Michael (2014) *Vertrauensarbeitszeit und Home-Office – warum überhaupt arbeiten?* Hamburg.

Schaal, Bernd; Gollwitzer, Peter (2000) *Planen und Zielverwirklichung.* In: Möller, Jens; Strauß, Bernd; Jürgensen, Silke (Hrsg.) Psychologie und Zukunft. Prognosen, Prophezeiungen, Pläne. Göttingen, 149–170.

Schachinger, Helga E. (2014) *Psychologie der Politik. Eine Einführung.* Bern.

Schäcke, Mirko (2006) *Pfadabhängigkeit in Organisationen. Ursache für Widerstände bei Reorganisationsprojekten.* Berlin.

Schäfer, Armin (2016) *Psychiatrie.* In: Bühler, Benjamin; Willer, Stefan (Hrsg.) Futurologien. Ordnungen des Zukunftswissens. Paderborn, 417–429.

Schäfer, Mike S.; Kristiansen, Silje; Bonfadelli, Heinz (2015) *Wissenschaftskommunikation im Wandel.* Köln.

Schaffer, Hanne (2002) *Empirische Sozialforschung für die Soziale Arbeit.* Freiburg i. Brg.

Scharmer, C. Otto (2014) *Theorie U. Von der Zukunft her führen.* Heidelberg.

Scheibe, Susanne; Freund, Alexandra M.; Baltes, Paul B. (2007) *Toward a developmental psychology of Sehnsucht (life longings): The optimal (utopian) life.* In: Developmental Psychology, 43/3, 778–795.

Schelsky, Helmut (1966) *Planung der Zukunft.* In: Soziale Welt. Zeitschrift für sozialwissenschaftliche Forschung und Praxis. 17/2, 155–172.

Scherer, Roland; Walser, Manfred (2009) *Regionen und ihr Blick auf die Zukunft. Die Entwicklung der Zukunftsvorausschau auf der regionalen Ebene am Beispiel der Region Bodensee.* In: Popp, Reinhold; Schüll, Elmar (Hrsg.) Zukunftsforschung und Zukunftsgestaltung. Beiträge aus Wissenschaft und Praxis. Zum 70. Geburtstag von Prof. Dr. Rolf Kreibich. Berlin, Heidelberg, 357–368.

Scherf, Henning (2007) *Grau ist bunt. Was im Alter möglich ist.* Freiburg i. Brg.

Schetzke, Michael (2005) *Zur Prognostizierbarkeit der Folgen außergewöhnlicher Ereignisse.* In: Hitzler, Ronald; Pfadenhauer, Michaela (Hrsg.) Gegenwärtige Zukünfte. Interpretative Beiträge zur sozialwissenschaftlichen Diagnose und Prognose. Wiesbaden, 55–71.

Schiemann, Gregor (1998) *Ohne Telos und Verstand. Grenzen des naturwissenschaftlichen Kausalitätsverständnisses.* Vortrag am 20. Weltkongress für Philosophie, Boston, 10.08.–15.08.1998. http://www.bu.edu/wcp/Papers/Scie/ScieSchi.htm (04.03.2017).

Schmid, Kurt; Mayr, Thomas (2013) *Höherqualifizierung der Erwerbsbevölkerung: Trends, Notwendigkeiten und neue Perspektiven.* In: Niedermair, Gerhard (Hrsg.) Facetten berufs- und betriebspädagogischer Forschung. Linz, 431–456.

Schmidinger, Heinrich (Hrsg.) (1998) *Zeichen der Zeit. Erkennen und Handeln.* Innsbruck, Wien.

Schmidinger, Heinrich (2000) *Metaphysik. Ein Grundkurs.* Stuttgart.

Schmieder, Falko (2016) Überleben. In: Bühler, Benjamin; Willer, Stefan (Hrsg.) Futurologien. Ordnungen des Zukunftswissens. Paderborn, 327–337.

Schmitt, Robert; Pfeifer, Tilo (2015) *Qualitätsmanagement. Strategien – Methoden – Techniken.* 5. Auflage. München.

Schmitt, Rudolf (2010) *Metaphernanalyse.* In: Mey, Günter; Mruck, Katja (Hrsg.) Handbuch Qualitative Forschung in der Psychologie. Wiesbaden, 676–691.

Schmitt, Rudolf; Schröder, Julia; Pfaller, Larissa (2018) *Systematische Metaphernanalyse. Eine Einführung.* Wiesbaden.

Schneider, Ulrike (1980) *Sozialwissenschaftliche Methodenkrise und Handlungsforschung.* Frankfurt a. M.

Schneider, Wolfgang-Friedrich (1987) *Zukunftsbezogene Zeitperspektiven von Hochbetagten.* Regensburg.

Schneidewind, Uwe (2017) *Grüne Labore als Reallabore.* In: Stiftung „Lebendige Stadt" (Hrsg.) Grüne Labore. Experiment zum Stadtpark von morgen. Frankfurt a. M., 9–15.

Schnettler, Bernt (2004) *Zukunftsvisionen. Transzendenzerfahrung und Alltagswelt.* Konstanz.

Schnieder, Antonio; Sommerlatte, Tom (Hrsg.) (2010) *Die Zukunft der deutschen Wirtschaft. Visionen für 2030.* Erlangen.

Schödlbauer, Ulrich (Hrsg.) (2007) *Warum Reformen scheitern. Die Kultur der Gesellschaft.* Heidelberg.

Schredl, Michael (2008) *Traum.* München.

Schreyögg, Georg (2003) *Organisation: Grundlagen moderner Organisationsgestaltung. Mit Fallstudien.* Wiesbaden.

Schreyögg, Georg; Sydow, Jörg (Hrsg.) (2003) *Strategische Prozesse und Pfade.* (Managementforschung Nr. 13). Wiesbaden.

Schreyögg, Georg; Sydow, Jörg; Koch, Jochen (2003) *Organisatorische Pfade – Von der Pfadabhängigkeit zur Pfadkreation?* In: Schreyögg, Georg; Sydow, Jörg (Hrsg.) Strategische Prozesse und Pfade (Managementforschung Nr. 13). Wiesbaden. 257–294.

Schroeder, Renee; Nendzig, Ursel (2016) *Die Erfindung des Menschen. Wie wir die Evolution überlisten.* Salzburg, Wien.

Schröder, Tobias; Wolf, Ingo (2016) *Modeling multi-level mechanisms of environmental attitudes and behaviours: The example of carsharing in Berlin.* Journal of Environmental Psychology, 52, 136–148. DOI 10.1016/j.jenvp.2016.03.007.

Schubert, Hans-Joachim (2010a) *Charles Sanders Pierce – Philosophie der Kreativität.* In: Schubert, Hans-Joachim (Hrsg.) Pragmatismus – zur Einführung. Hamburg, 13–47.

Schubert, Hans-Joachim (Hrsg.) (2010b) *Pragmatismus – zur Einführung.* Hamburg.

Schüle, Christian (2012) *Das Ende der Welt. Von Ängsten und Hoffnungen in unsicheren Zeiten.* München.

Schülein, Johann A. (1979) *Aktionsforschung als soziale Praxis. Voraussetzungen und Probleme alternativer Sozialwissenschaft.* In: Horn, Klaus (Hrsg.) Aktionsforschung. Balanceakt ohne Netz? Frankfurt a. M., 281–319.

Schülein, Johann A. (2016) *Die Logik der Psychoanalyse. Eine erkenntnistheoretische Studie.* Gießen.

Schülein, Johann A.; Reitze, Simon (2012) *Wissenschaftstheorie für Einsteiger.* Wien.

Schüll, Elmar (2006) *Zur Wissenschaftlichkeit von Zukunftsforschung.* Tönning.

Schüll, Elmar; Berner, Heiko (2012) *Zukunftsforschung, Kritischer Rationalismus und das Hempel-Oppenheim-Schema.* In: Popp, Reinhold (Hrsg.) Zukunft und Wissenschaft. Wege und Irrwege der Zukunftsforschung. Berlin, Heidelberg, 185–202.

Schütz, Alfred (1972) *Tiresias oder unser Wissen von zukünftigen Ereignissen.* In: Schütz, Alfred (Hrsg.) Gesammelte Aufsätze. Band 2. Den Haag.

Schütz, Alfred (1974) *Der sinnhafte Aufbau der sozialen Welt. Eine Einleitung in die verstehende Soziologie.* Frankfurt a. M.

Schütz, Alfred; Luckmann, Thomas (1979) *Strukturen der Lebenswelt I.* Frankfurt a. M.

Schütz, Alfred; Luckmann, Thomas (1984) *Strukturen der Lebenswelt II.* Frankfurt a. M.

Schultz, Carsten; Hölzle, Katharina (Hrsg.) (2014) *Motoren der Innovation. Zukunftsperspektiven der Innovationsforschung.* Wiesbaden.

Schulze, Gerhard (1993) *Die Erlebnisgesellschaft. Kultursoziologie der Gegenwart.* Frankfurt a. M.

Schulze, Gerhard (2003) *Die beste aller Welten.* München.

Schulz-Hardt, Stefan; Frey, Dieter (2000) *Gelernte Sorglosigkeit als Zukunftshemmnis: Wenn das Management rosarot sieht.* In: Möller, Jens; Strauß, Bernd; Jürgensen, Silke (Hrsg.) Psychologie und Zukunft. Prognosen, Prophezeiungen, Pläne. Göttingen, 189–217.

Schurz, Gerhard (2016) *Wissenschaftstheoretische Grundlagen von Prognoseverfahren.* In: Bachleitner, Reinhard; Weichbold, Martin; Pausch, Markus (Hrsg.) Empirische Prognoseverfahren in den Sozialwissenschaften. Wissenschaftstheoretische und methodologische Problemlagen. Wiesbaden, 37–74.

Schwartz, Peter (1991) *The Art of the Long View. Planning for the Future in an Uncertain World.* New York.

Schwarz, Anna (2012) *Trendvorausschau in Ogburns Modell des technologisch-sozialen Kreislaufs.* In: Tiberius, Victor (Hrsg.) Zukunftsgenese. Theorien des zukünftigen Wandels. Wiesbaden, 211–229.

Schwarz, Jan Oliver (2009) *„Schwache Signale“ in Unternehmen: Irrtümer, Irritationen und Innovationen.* In: Popp, Reinhold; Schüll, Elmar (Hrsg.) Zukunftsforschung und Zukunftsgestaltung. Beiträge aus Wissenschaft und Praxis. Zum 70. Geburtstag von Prof. Dr. Rolf Kreibich. Berlin, Heidelberg, 245–254.

Schweer, Martin K. W. (Hrsg.) (1997a) *Interpersonales Vertrauen. Theorien und empirische Befunde.* Opladen.

Schweer, Martin K. W. (Hrsg.) (1997b) *Vertraut Euch!* Berlin.

Schweer, Martin K. W.; Thies, Barbara (2003) *Vertrauen als Organisationsprinzip. Perspektiven für komplexe soziale Systeme.* Bern.

Seefried, Elke (2015) *Zukünfte. Aufstieg und Krise der Zukunftsforschung 1945–1980.* Berlin.

Seligman, Martin; Railton, Peter; Baumeister, Roy; Sripada, Chandra (2016) *Homo prospectus.* New York.

Selke, Stefan; Dittler, Ullrich (Hrsg.) (2009) *Postmediale Wirklichkeiten. Wie Zukunftsmedien die Gesellschaft verändern.* Hannover.

Senghaas, Dieter (1974) *Über Struktur und Entwicklungsdynamik der internationalen Gesellschaft – Zur Problematik von Weltmodellen.* In: Richter, Horst Eberhard; Meadows, Dennis (Hrsg.) Wachstum bis zur Katastrophe? Pro und Contra zum Weltmodell. Stuttgart, 32–45.

Senghaas-Knobloch, Eva (2009) *„Soziale Nachhaltigkeit" – Konzeptionelle Perspektiven.* In: Popp, Reinhold; Schüll, Elmar (Hrsg.) Zukunftsforschung und Zukunftsgestaltung. Beiträge aus Wissenschaft und Praxis. Zum 70. Geburtstag von Prof. Dr. Rolf Kreibich. Berlin, Heidelberg, 569–578.

Senne, Stefan; Hesse, Alexander (2019) *Genealogie der Selbstführung. Zur Historizität von Selbsttechnologien in Lebensratgebern.* Bielefeld.

Sennett, Richard (1998) *Der flexible Mensch. Die Kultur des neunen Kapitalismus.* Berlin.

Siebenpfeiffer, Hania (2016a) *Astrologie.* In: Bühler, Benjamin; Willer, Stefan (Hrsg.) Futurologien. Ordnungen des Zukunftswissens. Paderborn, 379–392.

Siebenpfeiffer, Hania (2016b) *Science-Fiction.* In: Bühler, Benjamin; Willer, Stefan (Hrsg.) Futurologien. Ordnungen des Zukunftswissens. Paderborn, 307–316.

Sievers, Burkard (Hrsg.) (2008) *Psychodynamik von Organisationen. Freie Assoziationen zu unbewussten Prozessen in Organisationen.* Gießen.

Silver, Nate (2013) *Die Berechnung der Zukunft. Warum die meisten Prognosen falsch sind und manche trotzdem zutreffen.* München.

Simon, Walter (2011a) *Gabals großer Methodenkoffer: Zukunft. Grundlagen und Trends.* Offenbach.

Simon, Walter (2011b) *Gabals großer Methodenkoffer: Zukunft. Konzepte, Methoden, Instrumente.* Offenbach.

Simonis, Georg (2009) *Governanceprobleme der Zukunftsforschung. Die internationale Klimapolitik als Beispiel.* In: Popp, Reinhold; Schüll, Elmar (Hrsg.) Zukunftsforschung und Zukunftsgestaltung. Beiträge aus Wissenschaft und Praxis. Zum 70. Geburtstag von Prof. Dr. Rolf Kreibich. Berlin, Heidelberg, 605–617.

Simonis, Udo Ernst (2009) *Zukünftige Positionierung der globalen Umweltpolitik. Zur Errichtung einer Weltumweltorganisation.* In: Popp, Reinhold; Schüll, Elmar (Hrsg.) Zukunftsforschung und Zukunftsgestaltung. Beiträge aus Wissenschaft und Praxis. Zum 70. Geburtstag von Prof. Dr. Rolf Kreibich. Berlin, Heidelberg, 619–626.

Simons, Joke; Vansteenkiste, Maarten; Lens, Willy; Lacante, Marlies (2004) *Placing Motivation and Future Time Perspective Theory in a Temporal Perspective.* In: Educational Psychology Review, 16/2, 121–139.

Sinclair, Marta (Hrsg.) (2011a) *Handbook of Intuition Research.* Cheltenham, Northampton.

Sinclair, Marta (2011b) *An Integrated Framework of Intuition.* In: Sinclair, Marta (Hrsg.) Handbook of Intuition Research. Cheltenham, Northampton, 3–16.

Sindelar, Brigitte (2018) *Was das Leben verändert. Entwicklung, Umwelt, Lebensereignisse.* In: Druyen, Thomas (Hrsg.) Die ultimative Herausforderung – über die Veränderungsfähigkeit der Deutschen. Wiesbaden, 247–270.

Slater, Alan; Bremner, Gavin (2003/2006) *An Introduction to Developmental Psychology.* 4. Auflage. Malden, Oxford, Carlton.

Smith, Adam (1996) *Der Wohlstand der Nationen. Eine Untersuchung seiner Natur und seiner Ursachen.* 7. Auflage. München.

Smith, Eliot; Conrey, Frederica (2007) *Agent-Based Modeling: A New Approach for Theory Building in Social Psychology.* In: Personality and Social Psychology Review, 11/1, 87–104.

Soeffner, Hans-Georg (Hrsg.) (2004) *Auslegung des Alltags – Der Alltag der Auslegung. Zur wissenssoziologischen Konzeption einer sozialwissenschaftlichen Hermeneutik.* Konstanz.

Sorg, Reto; Würffel, Stefan Bodo (Hrsg.) (2010) *Apokalypse und Utopie in der Moderne.* München.

Sorgner, Stefan L. (2016) *Transhumanismus. Die gefährlichste Idee der Welt!?* Freiburg, Basel, Wien.

Spaemann, Robert; Löw, Reinhard (1996) *Die Frage Wozu? Geschichte und Wiederentdeckung des teleologischen Denkens.* München.

Spät, Patrick (Hrsg.) (2008) *Zur Zukunft der Philosophie des Geistes.* Paderborn.

Spangler, Gottfried; Zimmermann, Peter (Hrsg.) (2009) *Die Bindungstheorie. Grundlagen, Forschung und Anwendung.* Stuttgart.

Spengler, Oswald (1998/1923) *Der Untergang des Abendlandes. Umrisse einer Morphologie der Weltgeschichte.* München.

Sperber, Manes (1978) *Individuum und Gesellschaft. Versuch einer sozialen Charakterologie.* Stuttgart.

Spiegel, Monika; Popp, Reinhold (2019) *Zukunft – Beruf – Gesundheit. Psychosoziale und soziokulturelle Perspektiven für die Arbeitswelt.* In: Popp, Reinhold (Hrsg.) Die Arbeitswelt im Wandel! Der Mensch im Mittelpunkt? Perspektiven für Deutschland und Österreich. Münster, New York,121–135.

Spranger, Eduard (1951) *Pädagogische Perspektiven. Beiträge zu Erziehungsfragen der Gegenwart.* Heidelberg.

Spreen, Dierk; Flessner, Bernd; Hurka, Herbert M.; Rüster, Johannes (2018) *Kritik des Transhumanismus. Über eine Ideologie der Optimierungsgesellschaft.* Bielefeld.

Sprenger, Florian; Engemann, Christoph (Hrsg.) (2015) *Das Internet der Dinge.* Bielefeld.

Sprenger, Reinhard (2007) *Vertrauen führt. Worauf es in Unternehmen wirklich ankommt.* Frankfurt a. M.

Sprung, Helga (2011) *Else Frenkel-Brunswik: Wanderin zwischen der Psychologie, der Psychoanalyse und dem Logischen Empirismus.* In: Volkmann-Raue, Sibylle (Hrsg.) Bedeutende Psychologinnen des 20. Jahrhunderts. Wiesbaden, 235–246.

Stadler, Friedrich; Fischer, Kurt R. (2006) *Paul Feyerabend. Ein Philosoph aus Wien.* Wien.

Stagl, Justin (2016) *Zur Prognostik und ihrer Geschichte.* In: Bachleitner, Reinhard; Weichbold, Martin; Pausch, Markus (Hrsg.) Empirische Prognoseverfahren in den Sozialwissenschaften. Wissenschaftstheoretische und methodologische Problemlagen. Wiesbaden, 17–33.

Stagl, Sebastian (2016) *Zeitperspektive und Zeitorientierung. Eine interdisziplinäre und theoretische Annäherung.* In: Popp, Reinhold – gemeinsam mit: Fischer, Nele; Heiskanen-Schüttler, Maria; Holz, Jana; Uhl, Andre (Hrsg.) Einblicke, Ausblicke, Weitblicke. Perspektiven der Zukunftsforschung. Wien, Zürich, Münster, 29–46.

Stalder, Felix (2016) *Kultur der Digitalität.* Berlin.

Stampfl, Nora S. (2011) *Die Zukunft der Dienstleistungsökonomie. Momentaufnahme und Perspektiven.* Berlin, Heidelberg.

Stegmüller, Wolfgang (1975) *Das Problem der Induktion: Humes Herausforderung und moderne Antworten. Der sogenannte Zirkel des Verstehens.* Darmstadt.

Steinmüller, Angela; Steinmüller, Karlheinz (1999) *Visionen 1900 2000 2100. Eine Chronik der Zukunft.* Hamburg.

Steinmüller, Angela; Steinmüller, Karlheinz (2004) *Wild Cards. Wenn das Unwahrscheinliche eintritt.* Hamburg.

Steinmüller, Karlheinz (1999) *Zukünfte, die nicht Geschichte wurden. Zum Gedankenexperiment in Zukunftsforschung und Geschichtswissenschaft.* In: Salewski, Michael (Hrsg.) Was wäre wenn. Alternativ- und Parallelgeschichte: Brücken zwischen Phantasie und Wirklichkeit. Stuttgart, 43–54.

Steinmüller, Karlheinz (2000) *Zukunftsforschung in Europa. Ein Abriss der Geschichte.* In: Steinmüller, Karlheinz; Kreibich, Rolf; Zöpel, Christoph (Hrsg.) Zukunftsforschung in Europa. Baden-Baden, 37–54.

Steinmüller, Karlheinz (2006) *Die Zukunft der Technologien.* Hamburg.

Steinmüller, Karlheinz (2007) *Zeichenprozesse auf dem Weg in die Zukunft: Ideen zu einer semiotischen Grundlegung der Zukunftsforschung.* In: Zeitschrift für Semiotik, 29/2–3, 157–175.

Steinmüller, Karlheinz (2009) *Virtuelle Geschichte und Zukunftsszenarien. Zum Gedankenexperiment in Zukunftsforschung und Geschichtswissenschaft.* In: Popp, Reinhold; Schüll, Elmar (Hrsg.) Zukunftsforschung und Zukunftsgestaltung. Beiträge aus Wissenschaft und Praxis. Zum 70. Geburtstag von Prof. Dr. Rolf Kreibich. Berlin, Heidelberg, 145–159.

Steinmüller, Karlheinz (2012a) *Szenarien – Ein Methodenkomplex zwischen wissenschaftlichem Anspruch und zeitgeistiger Bricolage.* In: Popp, Reinhold (Hrsg.) Zukunft und Wissenschaft. Wege und Irrwege der Zukunftsforschung. Heidelberg, 101–137.

Steinmüller, Karlheinz (2012b) *Zukunftsforschung in Deutschland. Versuch eines historischen Abrisses. Teil 1.* In: Zeitschrift für Zukunftsforschung. 1/1, 6–19.

Steinmüller, Karlheinz (2013) *Zukunftsforschung in Deutschland. Versuch eines historischen Abrisses. Teil 2.* In: Zeitschrift für Zukunftsforschung. 2/1, 5–21.

Steinmüller, Karlheinz (2014) *Zukunftsforschung in Deutschland. Versuch eines historischen Abrisses. Teil 3.* In: Zeitschrift für Zukunftsforschung. 3/1, 5–24.

Steinmüller, Karlheinz (2016) *Antizipation als Gedankenexperiment: Science Fiction und Zukunftsforschung.* In: Popp, Reinhold – gemeinsam mit: Fischer, Nele; Heiskanen-Schüttler, Maria; Holz, Jana; Uhl, Andre (Hrsg.) Einblicke, Ausblicke, Weitblicke. Perspektiven der Zukunftsforschung. Wien, Zürich, Münster, 319–337.

Steinmüller, Karlheinz; Kreibich, Rolf; Zöpel, Christoph (Hrsg.) (2000) *Zukunftsforschung in Europa.* Baden-Baden.

Stern, Elsbeth; Koerber, Susanne (2000) *Mentale Modelle von Zeit und Zukunft.* In: Möller, Jens; Strauß, Bernd; Jürgensen, Silke M. (Hrsg.) Psychologie und Zukunft. Prognosen, Prophezeiungen, Pläne. Göttingen, 15–30.

Stieglitz, Thomas (2015) *Neuroimplantate.* www.spektrum.de/artikel/1343308.

Stolarski, Maciej; Bitner, Joanna; Zimbardo, Philip G. (2011) *Time perspective, emotional intelligence and discounting of delayed awards.* In: Time & Society, 20/3, 346–363.

Strasser, Johano (2013) *Gesellschaft der Angst. Zwischen Sicherheitswahn und Freiheit.* Gütersloh.

Strenger, Carlo (2016) *Die Angst vor der Bedeutungslosigkeit. Das Leben in der globalisierten Welt sinnvoll gestalten.* Gießen.

Sturlese, Loris (Hrsg.) (2011) *Mantik, Schicksal und Freiheit im Mittelalter.* Köln.

Suarez Müller, Fernando (2012) *Postmoderne als Zukunft ohne Ankunft. Das endlose Kommende in der postmodernistischen Philosophie.* In: Tiberius, Victor (Hrsg.) Zukunftsgenese. Theorien des zukünftigen Wandels. Wiesbaden, 231–261.

Taleb, Nassim N. (2008) *Der Schwarze Schwan. Die Macht höchst unwahrscheinlicher Ereignisse.* München, New York.

Tempel, Jürgen; Ilmarinen, Juhani (2013) *Arbeitsleben 2025. Das Haus der Arbeitsfähigkeit im Unternehmen bauen.* Hamburg.

Tetlock, Philip E.; Gardner, Dan (2016) *Superforecasting. Die Kunst der richtigen Prognose.* Frankfurt a. M.

Textor, Martin R. (2010) *Zukunftsentwicklungen. Trends in Technik, Wirtschaft, Gesellschaft und Politik.* Norderstedt.

Theisohn, Philipp (2016) *Mantik.* In: Bühler, Benjamin; Willer, Stefan (Hrsg.) Futurologien. Ordnungen des Zukunftswissens. Paderborn. 89–98.

Thomä, Dieter; Henning, Christoph; Mitscherlich-Schönherr, Olivia (Hrsg.) (2011) *Glück. Ein interdisziplinäres Handbuch.* Stuttgart.

Thomas von Aquin (2005) *Glaube, Liebe, Hoffnung.* (Hrsg. von M. Hackemann). Köln.

Thüring, Hubert (2016) *Rettung.* In: Bühler, Benjamin; Willer, Stefan (Hrsg.) Futurologien. Ordnungen des Zukunftswissens. Paderborn, 285–295.

Thüsing, Gregor (2015) *Mit Arbeit spielt man nicht! Plädoyer für eine gerechte Ordnung des Arbeitsmarkts.* München.

Tiberius, Victor (Hrsg.) (2011a) *Zukunftsorientierung in der Betriebswirtschaftslehre.* Wiesbaden.

Tiberius, Victor (2011b) *Hochschuldidaktik der Zukunftsforschung.* Wiesbaden.

Tiberius, Victor (2011c) *Grundzüge der Zukunftsforschung.* In: Tiberius, Victor (Hrsg.) Zukunftsorientierung in der Betriebswirtschaftslehre. Wiesbaden, 11–87.

Tiberius, Victor (Hrsg.) (2012a) *Zukunftsgenese. Theorien des zukünftigen Wandels.* Wiesbaden.

Tiberius, Victor (2012b) *Theorien des Wandels – Theorien der Zukunftsgenese?* In: Tiberius, Victor (Hrsg.) Zukunftsgenese. Theorien des zukünftigen Wandels. Wiesbaden, 11–54.

Tiberius, Victor (2012c) *Pfadbrechung und Pfadkreation als zukunftsgenetische Ansätze. Geplante Pfademergenz als restriktiv-indeterministischer Mittelweg.* In: Tiberius, Victor (Hrsg.) Zukunftsgenese. Theorien des zukünftigen Wandels. Wiesbaden, 263–272.

Tiberius, Victor; Rasche, Christoph (2012) *Zur Antizipation sozialen Wandels mithilfe des strukturellen Netzwerkansatzes.* In: Tiberius, Victor (Hrsg.) Zukunftsgenese. Theorien des zukünftigen Wandels. Wiesbaden, 273–280.

Toffler, Alvin (1971) *Der Zukunftsschock. Strategien für die Welt von morgen.* Bern.

Toffler, Alvin (1980) *Die Zukunftschance.* München.

Topitsch, Ernst (Hrsg.) (1980) *Logik der Sozialwissenschaften.* Hanstein.

Trentmann, Frank (2017) *Herrschaft der Dinge. Die Geschichte des Konsums vom 15. Jahrhundert bis heute.* München.

Turing, Alan (1950) *Computing Machinery and Intelligence.* In: Mind 59, 433–460.

Uerz, Gereon (2006) *ÜberMorgen. Zukunftsvorstellungen als Elemente der gesellschaftlichen Konstruktion der Wirklichkeit.* München.

Uhl, Andre (2016) *Gedanken zur externen Kommunikation in der Zukunftsforschung.* In: Popp, Reinhold – gemeinsam mit: Fischer, Nele; Heiskanen-Schüttler, Maria; Holz, Jana; Uhl, Andre (Hrsg.) Einblicke, Ausblicke, Weitblicke. Perspektiven der Zukunftsforschung. Wien, Zürich, Münster, 177–190.

Ulich, Eberhard; Wiese, Bettina S. (2011) *Life Domain Balance. Konzepte zur Verbesserung der Lebensqualität.* Wiesbaden.

Unger, Hella von (2014) *Partizipative Forschung.* Wiesbaden.

Unger, Hella von; Block, Martina; Wright, Michael T. (2007) *Aktionsforschung im deutschsprachigen Raum. Zur Geschichte und Aktualität eines kontroversen Ansatzes aus Public Health Sicht.* Berlin.

Unterbrunner, Ulrike (2011) *Geschichten aus der Zukunft. Wie Jugendliche sich Natur, Technik und Menschen in 20 Jahren vorstellen.* München.

Vaihinger, Hans (1911) *Die Philosophie des Als Ob. System der theoretischen, praktischen und religiösen Fiktionen auf Grund eines idealistischen Realismus.* Berlin.

Van Beek, Wessel; Berghuis, Han; Kerkhof, Ad; Beekman, Aartjan (2011) *Time perspective, personality, and psychopathology: Zimbardo's time perspective inventory in psychiatry.* In: Time & Society, 20/3, 364–374.

Vehlken, Sebastian; Schrickel, Isabell; Pias, Claus; Janssen, Anneke (2016) *Computersimulation.* In: Bühler, Benjamin; Willer, Stefan (Hrsg.) Futurologien. Ordnungen des Zukunftswissens. Paderborn, 181–192.

Vespignani, Allessandro (2009) *Predicting the Behavior of Techno-Social Systems.* In: Science, 325/5939, 425–428.

Vester, Frederic (1984) *Neuland des Denkens. Vom technokratischen zum kybernetischen Zeitalter.* München.

Vester, Frederic (2002) *Die Kunst vernetzt zu denken. Ideen und Werkzeuge für den Umgang mit Komplexität. Ein Bericht an den Club of Rome.* Stuttgart.

Vietta, Silvio (2016) *Die Weltgesellschaft. Wie die abendländische Rationalität die Welt erobert und verändert hat.* Baden-Baden.

Vinnai, Gerhard (1993/2005) *Die Austreibung der Kritik aus der Wissenschaft: Psychologie im Universitätsbetrieb.* Frankfurt a. M.; als Internetquelle publiziert am 29.09.2005 unter http://psydok.sulb.uni-saarland.de/volltexte/2005/547/> (05. 08. 2009).

Vogler-Ludwig, Kurt; Düll, Nicola; Kriechel, Ben (2016) *Arbeitsmarkt 2030 – Wirtschaft und Arbeitsmarkt im digitalen Zeitalter. Prognose 2016.* Bielefeld.

Vogt, Irmgard (1986) *Zeiterfahrung und Zeitdisziplin. Sozialpsychologische und soziologische Aspekte individueller Zeitperspektiven.* In: Fürstenberg, Friedrich; Mörth, Ingo (Hrsg.) Zeit als Strukturelement von Lebenswelt und Gesellschaft. Linz, 209–235.

Vollmar, Horst C. (Hrsg.) (2014) *Leben mit Demenz im Jahr 2030. Ein interdisziplinäres Szenario-Projekt zur Zukunftsgestaltung.* Weinheim, Basel.

Vollmer, Gerhard (1987) *Evolutionäre Erkenntnistheorie.* 4. Auflage. Stuttgart.

Voßkamp, Wilhelm (Hrsg.) (1985) *Utopieforschung. Interdisziplinäre Studien zur neuzeitlichen Utopie.* Bände 1–3. Frankfurt a. M.

Voßkamp, Wilhelm (2009) *Die Konstruktion des Möglichen und Machbaren. Wissenschaft und Technik in literarischen Utopien der Neuzeit.* In: Heinen, Armin; Mai, Vanessa; Müller, Thomas (Hrsg.) Szenarien der Zukunft. Technikvisionen und Gesellschaftsentwürfe im Zeitalter globaler Risiken. Berlin, 43–55.

Vowinckel, Jonte C.; Westerhof, Gerben J.; Bohlmeijer, Ernst T.; Webster, Jeffrey D. (2015) *Flourishing in the now: Initial validation of a present-eudaimonic time perspective scale.* In: Time & Society, 1–12, DOI 10.1177/0961463X15577277.

Wagenführ, Horst (1970) *Industrielle Zukunftsforschung.* München.

Wagner, Peter (1995) *Soziologie der Moderne.* Franfurt a. M.

Wagner, Thomas (2015) *Robokratie. Google, das Silicon Valley und der Mensch als Auslaufmodell.* Köln.

Wallner, Friedrich (1992) *Acht Vorlesungen über den Konstruktiven Realismus.* Wien.

Wallner, Friedrich (2002) *Die Verwandlung der Wissenschaft. Vorlesungen zur Jahrtausendwende.* Hamburg.

Wanner Matthias; Hilger, Annaliesa; Westerkowski, Janina; Rose, Michael; Stelzer, Franziska; Schäpke, Niko (2018) *Towards a Cyclical Concept of Real-World Laboratories.* In: disP – The Planning Review, 54/2, 94–114, DOI 10.1080/02513625.2018.1487651.

Waschkuhn, Arno (2003) *Politische Utopien. Ein politiktheoretischer Überblick von der Antike bis heute.* München.

Waterkamp, Rainer (1978) *Handbuch politische Planung.* Opladen.

Watzlawick, Paul (Hrsg.) (2004) *Die erfundene Wirklichkeit. Wie wissen wir, was wir zu wissen glauben? Beiträge zum Konstruktivismus.* München.

Watzlawick, Paul (2006) *Anleitung zum Unglücklichsein.* Wiesbaden.

Watzlawick, Paul; Beavin, Janet H.; Jackson, Don D. (1985) *Menschliche Kommunikation. Formen, Störungen, Paradoxien.* 7. Auflage. Bern, Stuttgart, Wien.

Weber, Hannelore (2000) *Bewältigung von kritischen Lebensereignissen.* In: Möller, Jens; Strauß, Bernd; Jürgensen, Silke (Hrsg.) Psychologie und Zukunft. Prognosen, Prophezeiungen, Pläne. Göttingen, 219–239.

Weber, Max (1934) *Die protestantische Ethik und der Geist des Kapitalismus.* Tübingen.

Weber, Max (1980/erstmals 1920) *Wirtschaft und Gesellschaft. Grundriss der verstehenden Soziologie.* Tübingen.

Weber, Thomas P. (2005) *Science Fiction.* Frankfurt a. M.

Wehrlin, Ulrich (Hrsg.) (2011) *Future Management – Zukunftsmanagement: Gemeinsam die Zukunft erfolgreich gestalten! Wettbewerbsvorteile durch Qualität der strategischen Anpassung.* München.

Weichbold, Martin (2016) *Die Frage nach der Zukunft. „Künftiges" als Gegenstand von Befragungen.* In: Bachleitner, Reinhard; Weichbold, Martin; Pausch, Markus (Hrsg.) Empirische Prognoseverfahren in den Sozialwissenschaften. Wissenschaftstheoretische und methodologische Problemlagen. Wiesbaden, 130–151.

Weidenfeld, Werner; Turek, Jürgen (2002) *Wie Zukunft entsteht. Größere Risiken – weniger Sicherheit – neue Chancen.* München.

Weidner, Daniel (2016) *Prophet.* In: Bühler, Benjamin; Willer, Stefan (Hrsg.) Futurologien. Ordnungen des Zukunftswissens. Paderborn, 197–207.

Weidner, Daniel; Willer, Stefan (Hrsg.) (2013) *Prophetie und Prognostik. Verfügungen über Zukunft in Wissenschaften, Religionen und Künsten.* München.

Weiler, Julia A.; Daum, Irene (2008) *Mentales Zeitreisen. Neurokognitive Grundlagen des Zukunftsdenkens.* In: Fortschritte der Neurologie Psychiatrie, 76, 539–548.

Weinstein, Neil D. (1980) *Unrealistic optimism about future life events.* In: Journal of Personality and Social Psychology, 39/1980, 806–820.

Weinstein, Neil D. (1984) *Why it won't happen to me.* In: Health Psychology, 3, 431–457.

Weinstein, Neil D.; Klein, William M. (1996). *Unrealistic Optimism: Present and Future.* In: Journal of Social and Clinical Psychology, 15/1, 1–8.

Weis, Kurt (Hrsg.) (1995) *Was ist Zeit?* München.

Weisbord, Marvin; Janoff, Sandra (2001) *Future Search – Die Zukunftskonferenz. Wie Organisationen zu Zielsetzungen und gemeinsamem Handeln finden.* Stuttgart.

Weissenberger-Eibl, Marion (2004) *Unternehmensentwicklung und Nachhaltigkeit.* 2. Auflage. Rosenheim.

Weissenberger-Eibl, Marion (2017) *Innovationsforschung – ein systemischer Ansatz. Merkmale, Methoden und Herausforderungen.* In: Präsident der Sächsischen Akademie der Wissenschaften zu Leipzig (Hrsg.) Denkströme, 17, 33–56.

Weissenberger-Eibl, Marion (2018) *Schöne digitale Arbeitswelt – Wie sieht die Arbeit im Jahr 2030 aus?* In: Anderson, Kai; Volkens, Bettina (Hrsg.) Digital human. Der Mensch im Mittelpunkt der Digitalisierung. Frankfurt a. M., 113–224.

Weissenberger-Eibl, Marion (Hrsg.) (2019) *Zukunftsvision Deutschland. Innovation für Fortschritt und Wohlstand.* Berlin.

Weizsäcker, Carl Friedrich von (1991) *Der Mensch in seiner Geschichte.* München.

Weizsäcker, Carl Friedrich von (1992) *Zeit und Wissen.* München.

Weizsäcker, Ernst Ulrich von (2009) *Neuausrichtung des technischen Fortschritts.* In: Popp, Reinhold; Schüll, Elmar (Hrsg.) Zukunftsforschung und Zukunftsgestaltung. Beiträge aus Wissenschaft und Praxis. Zum 70. Geburtstag von Prof. Dr. Rolf Kreibich. Berlin, Heidelberg, 501–522.

Wellensiek, Sylvia (2011) *Handbuch Resilienz-Training. Widerstandskraft und Flexibilität für Unternehmen und Mitarbeiter.* Weinheim, Basel.

Weller, Christian (2018) *Veränderung, Veränderungskompetenz und persönliches Wachstum. Konzeptionelle Klärungen für eine explorative Studie.* In: Druyen, Thomas (Hrsg.) Die ultimative Herausforderung – über die Veränderungsfähigkeit der Deutschen. Wiesbaden, 29–64.

Wells, Herbert G. (1901) *Anticipations of the Reaction of Mechanical and Scientific Progress upon Human Life and Thought.* New York.

Welsch, Wolfgang (1990) *Ästhetisches Denken.* Stuttgart.

Welskopp, Thomas (2012) *Kontingenz als Prognose. Die Modellierung von Zukunft in der Strukturierungstheorie à la Giddens.* In: Tiberius, Victor (Hrsg.) Zukunftsgenese. Theorien des zukünftigen Wandels. Wiesbaden, 281–296.

Welzer, Harald; Giesecke, Dana; Tremel, Luise (Hrsg.) (2014) *FUTURZWEI. Zukunftsalmanach 2015/16. Geschichten vom guten Umgang mit der Welt.* Frankfurt a. M.

Werbik, Hans; Benetka, Gerhard (2016) *Zur Kritik der Neuropsychologie. Eine Streitschrift.* Gießen.

Werner, Emmy E.; Smith, Ruth S. (1992) *Overvcoming the Odds. High Risk Children from Birth to Adulthood.* Ithaca, London.

Werner, Julia (2016) *Design Thinking – die vielen Väter der Methode und ihre heutige Anwendung.* In: Popp, Reinhold – gemeinsam mit: Fischer, Nele; Heiskanen-Schüttler, Maria; Holz, Jana; Uhl, Andre (Hrsg.) Einblicke, Ausblicke, Weitblicke. Perspektiven der Zukunftsforschung. Wien, Zürich, Münster, 339–356.

Wernert, Andreas (2006) *Hermeneutik – Kasuistik – Fallverstehen.* Stuttgart.

Wernet, Andreas (2009) *Einführung in die Interpretationstechnik der Objektiven Hermeneutik.* Wiesbaden.

Widdershoven, Guy A. M. (1993) *The story of life: Hermeneutic perspectives on the relationship between narrative and life history.* In: Josselson, Ruthellen; Lieblich, Amia (Hrsg.) The Narrative Study of Lives. Band 1. Newbury Park, 1–20.

Wiechmann, Thorsten (Hrsg.) (2019) *ARL Reader Planungstheorie. Band 1: Kommunikative Planung – Neoinstitutionalismus und Governance.* Wiesbaden.

Wilhelmer, Doris; Nagel, Reinhart (2013) *Foresight-Managementhandbuch. Das Gestalten von Open Innovation.* Heidelberg.

Willer, Stefan (2013) *Zwischen Planung und Ahnung. Zukunftswissen bei Kant, Herder und Schillers „Wallenstein".* In: Weidner, Daniel; Willer, Stefan (Hrsg.) Prophetie und Prognostik. Verfügungen über Zukunft in Wissenschaften, Religionen und Künsten. München, 299–324.

Willer, Stefan (2016a) *Zukunftswissen, Zukunftsrede, Zukunftsmusik. Futurologie in den Kulturwissenschaften.* In: Popp, Reinhold – gemeinsam mit: Fischer, Nele; Heiskanen-Schüttler, Maria; Holz, Jana; Uhl, Andre (Hrsg.) Einblicke, Ausblicke, Weitblicke. Perspektiven der Zukunftsforschung. Wien, Zürich, Münster, 357–370.

Willer, Stefan (2016b) *Stratege.* In: Bühler, Benjamin; Willer, Stefan (Hrsg.) Futurologien. Ordnungen des Zukunftswissens. Paderborn, 245–256.

Willer, Stefan (2016c) *Weltkulturerbe.* In: Bühler, Benjamin; Willer, Stefan (Hrsg.) Futurologien. Ordnungen des Zukunftswissens. Paderborn, 143–153.

Willer, Stefan (2016d) *Wunsch.* In: Bühler, Benjamin; Willer, Stefan (Hrsg.) Futurologien. Ordnungen des Zukunftswissens. Paderborn, 51–61.

Willer, Stefan (2016e) *Zeitreisender.* In: Bühler, Benjamin; Willer, Stefan (Hrsg.) Futurologien. Ordnungen des Zukunftswissens. Paderborn, 257–269.

Wilms, Falko E. P. (Hrsg.) (2006) *Szenariotechnik. Vom Umgang mit der Zukunft.* Bern, Stuttgart, Wien.

Wirth, Uwe (2016) *Konjektur.* In: Bühler, Benjamin; Willer, Stefan (Hrsg.) Futurologien. Ordnungen des Zukunftswissens. Paderborn, 27–37.

Wissing, Simone (2004) *Das Zeitbewusstsein des Kindes. Eine empirisch-qualitative Studie zur Entwicklung einer Typologie der Zeit bei Kindern im Grundschulalter.* Dissertation: Hochschule Heidelberg.

Wiswede, Günter (2012) *Einführung in die Wirtschaftspsychologie.* 5., aktualisierte Auflage. München, Basel.

Witzer, Brigitte (2011) *Risikointelligenz.* Berlin.

Wohlrab-Sahr, Monika (1997) *Individualisierung: Differenzierungsprozess und Zurechnungsmodus.* In: Beck, Ulrich; Soop, Peter (Hrsg.) Individualisierung und Integration. Opladen, 23–36.

Zander, Margherita (2010) *Armes Kind – starkes Kind? Die Chancen der Resilienz.* 3. Auflage. Wiesbaden.

Zander, Margherita (Hrsg.) (2011) *Handbuch Resilienzförderung.* Wiesbaden.

Zapf, Wolfgang (Hrsg.) (1979) *Theorien des sozialen Wandels.* Königstein/Ts.

Zapf, Wolfgang (1989) Über soziale Innovationen. In: Soziale Welt, 40/1–2, 170–183.

Zech, Rainer (2015) *Qualitätsmanagement und gute Arbeit: Grundlagen einer gelingenden Qualitätsentwicklung für Einsteiger und Skeptiker.* Wiesbaden.

Zenger, Erich (1998) *Prophetie und Prophezeiung.* In: Schmidinger, Heinrich (Hrsg.) (1998) Zeichen der Zeit. Erkennen und Handeln. Innsbruck, Wien, 68–109.

Ziegler, René (2010) *Ambiguität und Ambivalenz in der Psychologie: Begriffsverständnis und Begriffsverwendung.* In: Zeitschrift für Literaturwissenschaft und Linguistik, 40, 125–171.

Zimbardo, Philip; Boyd, John (1999) *Putting Time in Perspective: A Valid, Reliable Individual- Differences Metric.* In: Journal of Personality and Social Psychology, 77, 1271–1288.

Zimbardo, Philip; Boyd, John (2011) *Die neue Psychologie der Zeit – und wie sie unser Leben verändern wird.* Heidelberg.

Zimmerli, Walther (1997) *Zeit als Zukunft – Aktuelle Wandlungen des Zeitverständnisses in Wissenschaft, Technik und Lebenswelt.* In: Rusterholz, Peter; Moser, Rupert (Hrsg.) Zeit: Zeitverständnis in Wissenschaft und Lebenswelt. Bern, Wien, 255–273.

Zmerli, Sonja; Feldman, Ofer (Hrsg.) (2015) *Politische Psychologie. Handbuch für Studium und Wissenschaft.* Baden-Baden.

Zolles, Christian (2016) *Apokalypse.* In: Bühler, Benjamin; Willer, Stefan (Hrsg.) Futurologien. Ordnungen des Zukunftswissens. Paderborn, 275–284.

Zulehner, Paul M. (2016) *Entängstigt euch! Die Flüchtlinge und das christliche Abendland.* Ostfildern.

Zweck, Axel (2013) *Zukunftsthemen erschließen am Beispiel des Vereins Deutscher Ingenieure.* In: Popp, Reinhold; Zweck, Axel (Hrsg.) Zukunftsforschung im Praxistest. Berlin, Heidelberg, 121–141.

Zweck, Axel (2014) *Beiträge der Innovationsforschung für die Zukunftsforschung.* Zeitschrift für Zukunftsforschung, 2, 18–40.

Zweck, Axel; Holtmannspötter, Dirk; Braun, Matthias; Hirt, Michael; Kimpeler, Simone; Warnke, Philine (2015) *Gesellschaftliche Veränderungen 2030. Ergebnisse zur Suchphase von BMBF-Foresight. Zyklus II.* Düsseldorf.

Zwick, Michael M.; Renn, Ortwin (2008) *Risikokonzepte jenseits von Eintrittswahrscheinlichkeit und Schadenserwartung.* In: Felgentreff, Carsten; Glade, Thomas (Hrsg.) Naturrisiken und Sozialkatastrophen. Berlin, Heidelberg, 77–97.

Zwingmann, Christian; Murken, Sebastian (2000) *Religiosität, Zukunftsbewältigung und Endzeiterwartungen.* In: Möller, Jens; Strauß, Bernd; Jürgensen, Silke (Hrsg.) Psychologie und Zukunft. Prognosen, Prophezeiungen, Pläne. Göttingen, 255–278.

REGISTER

A

B

C

D

E

F

G

H

I

J

K

L

M

N

O

P

Q

R

S

T

U

V

W

X

Y

Z

ÜBER DEN AUTOR

UNIV.-PROF. DR. REINHOLD POPP (*1949) ist einer der wenigen Hochschullehrer im deutschsprachigen Raum, die sich systematisch mit den Grundlagen und Grundfragen der interdisziplinären prospektiven Forschung beschäftigen. Er leitet das „Institute for Futures Research in Human Sciences" an der Sigmund Freud PrivatUniversität in Wien. In enger Kooperation mit diesem Institut lehrt er an der Exzellenzuniversität FU Berlin, wo er auch Gründungsmitglied des Masterstudiengangs für Zukunftsforschung ist. Darüber hinaus ist er Dozent für Zukunfts- und Innovationsforschung an mehreren Universitäten in Deutschland, Österreich und der Schweiz, Kooperationspartner wichtiger Institute für vorausschauende Forschung und renommierter Institutionen für zukunftsbezogene Wissenschaftskommunikation (u. a. Futurium Berlin) sowie Berater von Politik und Wirtschaft. Reinhold Popp ist Autor bzw. Herausgeber mehrerer Standardwerke der zukunftsbezogenen Forschung und einer Vielzahl weiterer Publikationen (Springer Verlag, Springer Gabler, Springer VS, Suhrkamp Verlag, LIT Verlag, Waxmann Verlag) sowie Mitbegründer und Mitherausgeber der wissenschaftlichen Fachzeitschrift „European Journal of Futures Research" (SpringerOpen – ein Teil von Springer Nature).
Weit über die Welt der Wissenschaft hinaus ist Professor Popp durch seine Interviews, Kolumnen und Kommentare in Presse, Hörfunk und Fernsehen sowie durch seine lebendigen Vorträge auch einer breiten Öffentlichkeit bekannt. Er leitet seine Analysen und Prognosen aus wissenschaftlich fundierten Zukunftsstudien ab und entwirft plausible Bilder der Zukunft, jenseits von destruktiver Weltuntergangsstimmung und unkritischem Alles-wird-gut-Optimismus.

www.reinhold-popp.at

WEITERS ERHÄLTLICH:

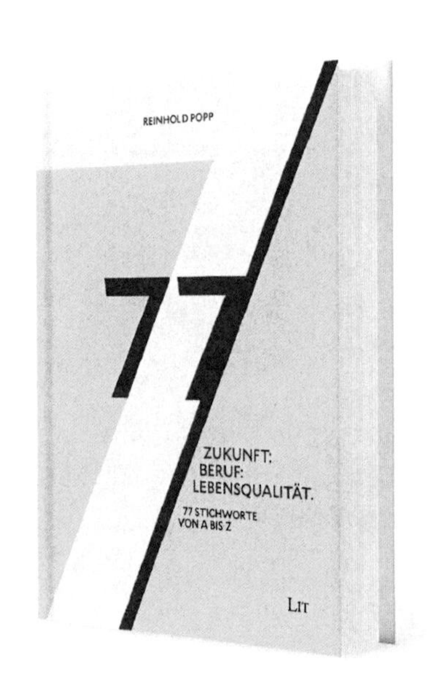

Reinhold Popp

ZUKUNFT:BERUF: LEBENSQUALITÄT.
77 Stichworte von A bis Z

192 Seiten, gebunden, 2018
29.90 EUR, 29.90 CHF
ISBN 978-3-643-50842-3

Popp, Reinhold – gemeinsam mit Fischer, Nele; Heiskanen-Schüttler, Maria; Holz, Jana; Uhl, Andre

EINBLICKE, AUSBLICKE, WEITBLICKE.
Aktuelle Perspektiven in der Zukunftsforschung

456 Seiten, gebunden, 2016
29.90 EUR, 29.90 CHF
ISBN 978-3-643-90663-2

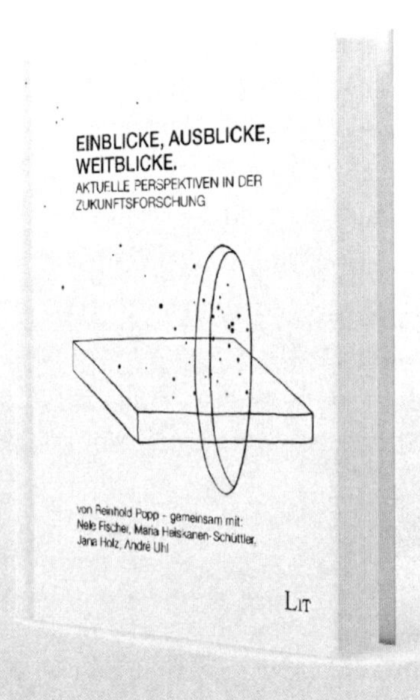

Reinhold Popp | Ulrich Reinhardt

ZUKUNFT!
Deutschland im Wandel –
der Mensch im Mittelpunkt

432 Seiten, gebunden, 2015
24.90 EUR, 24.90 CHF
ISBN 978-3-643-90688-5

Reinhold Popp

ÖSTERREICH 2033.
Zukunft – Made in Austria.
Antworten auf 166 Zukunftsfragen

416 Seiten, gebunden, 2015
29.90 EUR, 29.90 CHF
ISBN 978-3-643-50655-9